机械制造工程实训

主　编　夏　重
副主编　蔡　擎　张晓洪
参　编　王正云　王　妍　周利平　李金宽

机械工业出版社

本书根据教育部普通高等学校工程训练教学指导委员会的指导精神和卓越工程师培养计划实施的基本要求，以及国内外高等工程基础教育发展状况，结合编者多年教学实践经验编写而成。本书分为上、下两篇共 11 章内容：上篇为传统机械制造技术，内容包括机械制造实训基础知识，热处理，铸造，锻压，焊接，车削加工，铣削、刨削、磨削加工，钳工与装配；下篇为现代机械制造技术，内容包括数控加工基础知识、数控加工、特种加工。各章均以基本技能训练为宗旨，明确实训目的，加强学生安全意识和操作规范等，以便于实训教学，巩固知识。

本书可作为普通高等院校本科、专科工程训练教学用书，也可供高职高专、成人高校相关专业选用，还可作为相关工程技术人员的参考用书。

图书在版编目（CIP）数据

机械制造工程实训/夏重主编. —北京：机械工业出版社，2021. 1
（2022. 2 重印）
ISBN 978-7-111-67361-3

Ⅰ. ①机…　Ⅱ. ①夏…　Ⅲ. ①机械制造工艺 – 高等学校 – 教材
Ⅳ. ①TH16

中国版本图书馆 CIP 数据核字（2021）第 017673 号

机械工业出版社（北京市百万庄大街 22 号　邮政编码 100037）
策划编辑：侯宪国　责任编辑：侯宪国
责任校对：张晓蓉　封面设计：马精明
责任印制：常天培
北京机工印刷厂印刷
2022 年 2 月第 1 版第 2 次印刷
184mm × 260mm · 19 印张 · 471 千字
3 001—4 900 册
标准书号：ISBN 978-7-111-67361-3
定价：59. 80 元

电话服务　　　　　　　　网络服务
客服电话：010-88361066　机 工 官 网：www. cmpbook. com
　　　　　010-88379833　机 工 官 博：weibo. com/cmp1952
　　　　　010-68326294　金 书 网：www. golden – book. com
封底无防伪标均为盗版　机工教育服务网：www. cmpedu. com

前　　言

本书根据教育部普通高等学校工程训练教学指导委员会的指导精神和卓越工程师培养计划实施的基本要求，以及国内外高等工程基础教育发展状况，结合编者多年教学实践经验编写而成。本书打破传统教材的编排方法，以学生产出为导向，以学生工程能力与工程素质培养为核心，要求学生不但要掌握基础知识、基本操作，还应具备基本操作技能，既要学习各工种基本工艺知识，了解设备原理和工作过程，又要掌握综合工程实践能力。本书在原有金工实训强调培养动手能力、学习工艺知识的基础上，增加了现代加工技术知识，增强工程意识和提高工程素质，注重创新意识和创新能力的培养，为提高学生的专业技能、向大学生课外科技活动创新平台和加工平台提供思路。

全书分上、下两篇共11章内容：上篇为传统机械制造技术，内容包括机械制造实训基础知识，热处理，铸造，锻压，焊接，车削加工，铣削、刨削、磨削加工，钳工与装配；下篇为现代机械制造技术，内容包括数控加工基础知识，数控加工，特种加工。各章均以基本技能训练为宗旨，明确实训目的，加强学生安全意识和操作规范等，以便于实训教学，巩固知识。本书可作为普通高等院校本科、专科工程训练教学用书，也可供高职高专、成人高校相关专业选用，还可作为相关工程技术人员的参考用书。

本书由夏重担任主编并负责全书统稿，蔡擎、张晓洪担任副主编，由张均富教授担任主审。参与编写的教师及分工为：夏重编写了第一、六章，蔡擎编写了第二、三章，王正云编写了第四、五章，张晓洪编写了第七章，王妍编写了第八章，周利平编写了第九、十章，李金宽编写了第十一章。

由于编者水平和经验有限，书中难免存在不妥之处，恳请各位同行和读者批评指正。

编　者

目　　录

下篇 现代机械制造技术

上篇　传统机械制造技术

第一章　机械制造实训基础知识

第一节　机械产品制造生产过程概述

一、机械产品

制造业作为国民经济的物质基础和产业主体，以各种产品满足人民的物质文化生活和社会经济发展的需要。在国际标准中，"产品"被定义为"过程的结果"，分为四个通用类别。

1）服务。服务是企业为了满足顾客需要，和顾客之间的接触活动以及企业内部活动所产生的结果，是在服务的供方和需方接触面上至少需要完成一项活动的结果。服务通常是无形产品，可以是在顾客提供的有形产品上完成的活动，如机床调试；也可以是在顾客提供的无形产品上完成的活动，如工艺修订；还可以是无形产品的交付，如企业管理咨询；或者为顾客创造氛围，如促销。

2）软件。软件是通过承载媒体表达的信息所组成的一种知识产物，通常是无形产品，可以以方法、记录、论文或程序的形式存在，如计算机程序、概念、观点等。

3）硬件。硬件指具有特定形状的可分离的有形产品，通常由制造的、建造的或装配的零件、部件和（或）组件组成，其量具有计数的特性，如机床、刀具、机械零件等。

4）流程性材料。流程性材料指通过将原材料转化为某一预定形态所形成的有形产品，其量具有连续的特性，如机床润滑油、切削液。

机械产品作为机械制造工程这个过程的结果，一般由流程性材料、硬件、软件、服务和（或）它们组合而成。一个完整的机械产品的硬件可以解体为若干零部件和元器件。而在生产制造机械产品时则先分别加工制造零部件，再装配为一个完整的机械产品。为了制造品种繁多、形状尺寸各异、性能质量不同的零部件和产品，就要根据不同的设计，选用不同的材料，由掌握了相应技能的人员使用不同的设备和工艺方法制造。

机械制造企业生产的产品既可能是具备一定的功能和质量的、完整的、交付给顾客的最终产品，也可能只是最终产品的一部分，例如毛坯、零件、组件、部件、配件或其他半成品，但它们都是预期提供给顾客或顾客所要求的产品。在生产制造预期产品过程中，有时伴有如废液、废气、废料等非预期产物，国际标准约定这些非预期产物不属于"产品"的范畴。

二、机械制造生产过程及工艺过程

1. 机械制造工程

机械制造工程是机械制造企业从最初识别机械产品市场的需求到最终满足用户需求的全过程中所进行的一系列过程的总和，包括企业在市场调研和开发研究的基础上，设计机械产品、制造工艺与装备，策划市场营销，制造产品实体，实施市场营销，使机械产品在性能、质量、数量、价格和交货期等方面满足用户的需求或符合对用户的市场协议，同时获得企业满意的经济效益的全部工程活动。这些活动中直接涉及产品形成的过程。例如，市场营销调研，产品开发设计，过程策划和开发，采购、生产或服务的提供、验证，包装和贮存，销售和分发，安装和投入运行，技术支持和售后服务，使用寿命结束的处置或再生利用等。

按照系统工程的观点，企业是一个开放系统（见图1-1）。机械制造工程就是企业系统一系列转换过程的总和。过程是一组将输入转化为输出的相互关联或相互作用的活动。一个过程的输出将直接成为下一个过程的输入。企业输入是将土地、资本、劳动力等各种生产要素，转换成具有用户满意的性能、质量、数量、价格和交货期的机械产品和服务并输出。机械制造工程作为劳动转换过程，是企业全体人员在劳动分工和协作的条件下，

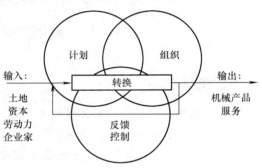

图1-1　机械制造工程系统

按照一定的标准、方法和步骤（如技术标准、工作标准、工作程序和工艺规程等），使用一定的劳动工具（如厂房、机床、设备和工具、能源）或借助于自然力（如自然冷却、时效、自然干燥等），作用于劳动对象（如原材料、毛坯、零部件、信息），生产和销售具有一定使用价值的机械产品。企业是营利性组织，要赢利才能生存发展。机械制造工程作为转换过程还必须是价值的增值过程。产出的价值（实现销售收入）应高于投入与转换的总价值（总成本费用），才有赢利的基础。因此，机械制造工程是劳动转换过程和价值增值过程的总和。

2. 机械制造生产过程

制造业生产过程有流程式生产过程和加工装配式生产过程两种基本类型。在流程式生产过程中，原材料投入生产线后顺序而下，经过连续的作业和一定的程序后产出产品，如钢铁冶炼。在加工装配式生产过程中，先由原材料生产毛坯、制造零件，然后装配成组件、部件、总成及最终产品。机械产品结构、制造工艺和生产组织复杂，所需要的工艺装备和设备繁多，具有多品种、多零件、多工艺阶段、多工种、多工序、社会化大生产和专业化协作的特点，且多以加工装配式生产过程为主。

对于机械制造生产过程，一般有狭义和广义两种理解。

狭义而言，机械制造生产过程是通过各种生产手段对加工对象的形状、尺寸和性能进行改变，使之转化成为机械产品的一组相互关联、相互作用的活动。国际生产加工技术研究会（CIEP）曾提出"制造"的概念，也是作为广义的"生产"概念：制造是企业的产品设计、原材料选择、计划、加工、质量保证、管理、销售等一系列活动，是产品的直接生产过程和

与产品生产过程有关的其他生产活动和过程的总和。机械制造生产过程一般由以下几部分组成。

（1）生产技术准备过程　生产技术准备过程是指机械产品在投入生产前所进行的各种技术准备工作，例如产品开发、产品设计、工艺设计、工艺装备的设计制造、标准化、材料定额和工时定额、劳动组织、厂房与设备的配置、市场营销策划等。

（2）基本生产过程　基本生产过程是指机械制造企业生产市场销售的产品即基本产品的过程。机械制造企业的基本生产过程一般包括下料、铸造、锻压、切削加工、热处理、表面处理、电化学处理、铆焊、钳工、装配、涂装等工艺与作业。

（3）辅助生产过程　辅助生产过程是为保证基本生产过程的正常进行所必需的各种辅助产品的生产过程，例如各种动力（压缩空气、蒸汽、供水、发电等）、专用设备、工具、夹具、量具、模具、刃具的生产，厂房维修，设备的安装、维修等。

（4）生产服务过程　生产服务过程是为基本生产过程和辅助生产过程所做的各种生产服务活动，例如供应、运输、包装、储存、检验、试验、发送、售后服务等。

（5）附属生产过程　附属生产过程是指机械制造企业在基本生产过程和辅助生产过程以外为进行综合利用和提高效益而进行的其他生产过程，例如铁屑的烧结回用。

生产技术准备过程是整个机械制造生产过程是否有效率和有效益的前提，而基本生产过程是其核心，其余过程都应服从和服务于生产技术准备过程和基本生产过程。当然，并非每一个机械制造企业的生产过程都必须完整地包括以上所有的过程，这与产品的复杂程度、企业的生产规模和能力、装备的技术水平与工艺方法、专业化生产及社会化协作的能力及水平、企业的经营管理水平以及经济市场化的水平等都有关系。近年来，传统的"高投入、高消耗、高污染"的生产模式已被否定。依靠技术创新，提高资源利用率和能源效率，降低对自然资源和生态环境的破坏，技术、经济与环境协调可持续发展成为生产过程的发展趋势，现代信息技术和现代制造技术融合而出现的高级制造技术（Advanced Manufacturing Technology，AMT）更是使机械制造生产过程越益突破传统模式并发生了前所未有的变化。

在机械制造生产过程中，原材料等有形物的形态转换、空间转换和时间转换是物质的流动，称为生产过程的物质流。信息等无形物的形态转换、空间转换和时间转换称为生产过程的信息流。价值形态的转换和增值，称为生产过程的价值流。对机械制造生产过程中的物质流、信息流和价值流需要进行策划和有效的管理，使之受控制地运行。管理是为了适应市场需求，实现企业的经营目标，提高企业的经济效益，而对机械制造生产过程进行计划、组织、指挥、协调和控制（见图1-1）。广义生产管理包括对生产过程的全部物质流、信息流和价值流的管理，一般包括经营战略与计划、市场营销、人事组织与劳动工资、生产、产品开发与技术、质量、教育培训、设备基建、物资、资本及财务、成本、安全技术与环境保护、后勤保障等。狭义生产管理只涉及生产计划、生产过程组织、劳动组织与定额、物资定额与供应、工艺技术、设备工具、质量、安全生产与环境保护、成本及生产服务等过程的管理。

3. 机械制造工艺过程

"工艺"即"工作技艺"，如技术、技巧、手艺、操作方法、诀窍等，是生产者利用各种生产设备和工具对各种原材料、毛坯、半成品或零部件等劳动对象进行加工和处理，从而制造产品的方法和技艺的总称。机械制造生产过程中典型的工艺有：

1）变态加工。改变原材料的性质，如熔炼钢铁、有色金属等。

2）成形加工。在不改变原材料量的情况下，改变其形状或结构，如铸造、锻压等成形加工。

3）连接加工。使不同的材料或工件结合成为一体，如焊接、粘接、电镀、涂覆等。

4）分离加工。从材料或工件上切除一部分，使之成为形状、尺寸、精度及表面粗糙度符合要求的零件，如切削加工、切割等。

5）热处理。通过加热、冷却及化学处理改变材料的组织、性能或表面成分与质量。

6）装配。把零件组装成组件、部件及产品。

机械制造生产过程因企业的产品、生产能力和组织机构的不同而不同，但都必须包含工艺过程，或由工艺过程和非工艺过程（辅助工艺过程和非工艺过程）组成。

1）直接使用各种工艺和装备改变劳动对象的几何形态、尺寸精度、物理化学性能及组合关系等，生产毛坯、零部件和产品的过程称为工艺过程。

2）辅助工艺过程是为实现基本工艺过程而进行的辅助性生产工艺过程。

3）非工艺过程包括对各道工序的毛坯、零件、半成品及成品进行检查、试验；原材料、工件、半成品及成品的运输和移动；凝固、时效、冷却、干燥等自然过程；因工艺、技术或经营理念等原因必须进行的零部件和成品的工序间等待、包装、储存等。

机械制造工艺过程一般按工艺流程顺序分为准备阶段、加工阶段和装配阶段三个工艺阶段。准备阶段主要是用下料及熔炼、铸造、锻压、切割等变态、成形和分离等工艺为后续生产阶段提供铸件、锻件等毛坯和材料；加工阶段主要是用切削加工、冲压、铆焊、电镀等连接和分离加工以及热处理、表面处理等工艺对毛坯或材料加工，获得必要的几何形状、尺寸、精度、表面粗糙度及各种性能的零件；装配阶段则是按照装配工艺将各种零件装配调试成组件、部件及最终产品。

机械加工工艺过程的各工艺阶段由若干道按一定顺序排列的不同工种的工序、装夹、工位、工步和进给组成。工序指在一个工作地，由一个或一组操作人员，对一定的劳动对象（如工件）连续进行的工艺过程作业（如加工、装配）。装夹是工序的组成部分，是一个工件在一次夹持下所完成的工作。在一道工序中应采取适当的夹具，尽量减少装夹次数。工位指一次装夹后，工件在机床上所占的每个位置。在机械制造工艺中采用多工位加工可以减少装夹次数及时间，提高加工精度与质量。工序还可以进一步细分为工步。工步是加工表面、切削刀具和切削用量中的转速和进给量不变时所完成的那部分工艺过程。如车削加工工序就可分为粗车外圆、精车外圆等工步。进给指在一个工步内被加工表面的切削余量较大时，需要分几次切削，每进行一次切削就称为一次进给。

工序是工艺过程的基本组成单位。在机械产品生产过程中，每个零件按照工艺规程顺次经过各道工序才能生产出来。如图 1-2 所示为轮坯零件，其工艺过程分为四道工序：

工序 1：在锯床上按毛坯图下料。

工序 2：在车床上车削端面 C，镗孔，内孔倒角，车削 $\phi223$mm 外圆。

工序 3：在车床上车削端面 A，内孔倒角，车削平面 B。

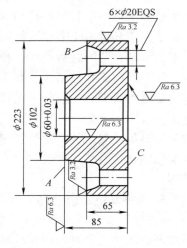

图 1-2　轮坯

工序4：在钻床上钻削6个$\phi20$mm的小孔。

工序也是以下各项工作的基础：制定劳动定额，配备人员，核定工作量和劳动报酬；制定物资定额，核定各类主辅材料的消耗；核定生产能力，确定生产组织形式，安排生产作业计划；进行产品质量检验，建立质量管理和质量保证体系；成本核算等。工序的划分取决于产品和零件的技术质量要求、采用的工艺方法和设备以及生产的类型及组织等因素。一般来说，产品及零件的技术质量要求越高，加工工序特别是精加工工序数目越多；生产工艺方法和设备的技术水平和专用化程度越低，工序的划分越粗；大批量生产条件下劳动分工细，设备和工艺专用化程度高，工序划分细。机械加工工序划分特点见表1-1。

表1-1 机械加工工序划分特点

	工序分散	工序集中
优点	1. 使用通用机床和工具，调整方便 2. 对工人技术水平要求低，操作容易熟练 3. 便于工序平行加工	1. 减少工件装卸次数，节约时间，提高生产效率 2. 采用多工位、多刀多刃工艺、高效和专用机床 3. 便于组织管理
缺点	1. 多次装卸工件，辅助时间多 2. 基本时间不能重合，辅助时间多，效率低 3. 工序数目多，组织管理复杂	1. 工艺装备技术要求高，数量多，投入大 2. 工人技术水平要求高，不易提高操作熟练程度 3. 不便组织平行加工

三、机械产品质量

1. 质量的概念

质量的概念最初仅用于产品，以后逐步扩展到服务、过程、体系、组织及其组合。典型的质量概念有符合性质量、适用性质量和广义质量三种。

（1）符合性质量 符合性质量以"符合"现行标准的程度作为衡量依据，认为只要符合标准就是合格的产品，符合标准的程度反映了产品质量的一致性。其局限性在于标准本身是否满足顾客的需求，若标准本身不能满足顾客的需求，即使百分之百地符合，质量也无从谈起。

（2）适用性质量 适用性质量以适合顾客需要的程度作为衡量依据。把产品是否满足顾客的需求摆在质量的首位，从"使用要求"和"满足程度"两个方面来认识和定义产品质量，认为产品质量就是产品的"适用性"，产品在使用时能成功地满足用户需要的程度。适用性质量的概念比符合性质量更能体现质量的本质。

（3）广义质量 广义质量概念被定义为"一组固有特性满足要求的程度"。

1）"特性"是可区分的特征。如物理的（如机械的、电的、化学的特性）、感官的（如嗅觉、触觉、味觉、视觉、听觉）、行为的（如诚信、文明、礼貌、正直）、时间的（如准时性、可靠性、可用性）、人体工效的（如生理的特性、有关人身安全的特性）、功能的（如汽车的最高速度、最大扭矩、最低油耗）等。特性可以是固有的，也可以是人为赋予的。"固有特性"是指某事或某物本来就有的，尤其是那种永久的特性。它是产品、过程和体系的一部分。"赋予特性"不是固有的，而是完成产品后因不同要求而对产品增加的特性。产品、过程或体系与要求有关的固有特性就是质量特性，而人为赋予产品、过程和体系的特性就不是质量特性。有时固有特性和赋予特性是相对的，某种产品的赋予特性可能在另一种产品上就是固有特性。如轴的直径尺寸、发动机的功率、钢的强度等就是固有特性，它的价格、交货期等就不是固有特性而是赋予特性。对一批轴而言，交货期是赋予特性，但对运输它的企业而言它就是固有特性。

2）"要求"指明示的、通常隐含的或必须履行的需要或期望。在合同等文件规定的情况下要求是明示的；法律法规或强制性标准下要求是必须履行的；其他情况下需要是隐含的。隐含是指组织、顾客或其他相关方的惯例或一般做法，需要或期望是不言而喻的，产品的生产者和营销者应加以识别和确定。顾客是购买产品的组织或个人，产品质量首先必须满足顾客的要求，兼顾满足组织的自身利益、原材料和零部件供应方的利益和社会的利益等要求，以"满足要求的程度"综合评价产品质量。"要求"往往转化为可以测量的质量特性指标，如性能、寿命、可信性（可用性、可靠性、维修性）、安全性、环境性、经济性和美学性等，对产品进行检测、比较、评价和判定，满足要求为"合格（符合）"，未满足要求为"不合格（不符合）"。未满足与预期或规定用途有关的要求即为缺陷。顾客使用有缺陷的产品产生的不良后果可能导致生产销售者的法律责任。例如，汽车制动系统的设计缺陷导致用户在行车过程中因制动失灵发生事故，汽车生产销售者将承担由此而来的法律责任。

质量概念的广义性既反映了产品质量要符合标准的要求，又反映了产品质量要满足顾客需求的本质。它以顾客为关注焦点，涵盖整个生产经营。它不仅适用于制造业，也适用于包括服务业、政府等营利或非营利的各行各业的组织，制造、支持性、销售等所有的过程，有形、无形、待销和自用等所有的产品。质量不仅是产品质量，还可以是某项活动、过程、组织或人员的工作质量，质量管理体系的运行质量，活动或过程、产品、组织、体系以及它们的组合的综合质量。不同国家、不同地区、不同民族、不同的消费群体可划分为不同的细分市场，不同的细分市场因为自然环境条件、经济和技术发展水平、消费习惯和购买力、社会制度和法律、文化风俗习惯和历史时期等的不同对质量的要求也不同，企业应针对性地提供不同质量特性要求和不同质量等级的产品。

2. 机械产品质量的形成

机械产品质量形成于从最初识别市场需求到最终满足用户要求的全过程的各个阶段，图1-3 所示的质量环归纳了机械产品质量的形成。

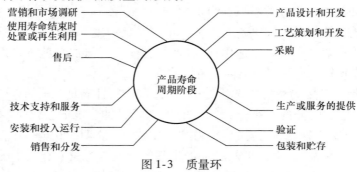

图1-3　质量环

1）与确定产品需要有关的质量。指及时、有效而准确地确定用户的需求，不断地满足市场需求，不断地完善产品质量。

2）与产品设计有关的质量。指在规定等级内影响预期性能的产品设计特性，在不同的生产和使用条件下影响产品稳健性的产品设计特性。

3）与产品设计的符合性有关的质量。指产品质量符合产品设计，为用户提供的产品所设计的特性和价值上能始终保持一致。

4）与产品保障有关的质量。指为了向用户提供所设计的特性和价值而在整个产品使用寿命周期内提供的保障。

3. 机械产品质量特性指标

机械产品质量特性是指产品、过程或体系与要求有关的固有特性。产品质量特性是产品质量适用性的基础。产品质量特性包括：结构、性能、精度、化学成分、服务等内在特性，外观、形状、颜色、气味、包装等外在特性，成本、价格、购置费用、维持费用、处置费用等经济特性，交货期、质量保证与售后服务等商业特性，以及安全、环境、美学、舒适等。质量概念的核心是"满足要求"，顾客的"要求"有的能够测量，有的不能够测量，但都必须转化为能够测量的产品质量特性指标，以作为检测评价产品质量的技术依据。

质量特性指标就是组成产品质量的各种要素，通常归纳为性能、寿命、可信性、安全性、经济性等质量特性指标。

1）性能。指对产品使用目的提出的各项要求，是产品适合使用的程度，故又称适用性。性能指标包括：物质方面的如物理性能、化学成分、尺寸、规格、表面粗糙度；结构方面的如结构简单紧凑、便于拆装、维修方便、标准化互换性好、工艺性好等；操作方面的如操作简单方便、灵活轻巧，符合人机工程学原则；外观方面的如造型、色泽、包装等。

2）寿命。指产品的使用期限。寿命指标全面反映了产品所用材料的强度、耐磨性、耐蚀性等质量好坏，结构的刚度，精度保持性等综合质量。简单机械产品的寿命以使用时限表示。复杂的、价值昂贵的机械产品往往经修复而延长其寿命，寿命指标也可以用规定的修理间隔时间来表示。

3）可信性。可信性是描述可用性及其影响因素（可靠性、维修性和保障性）的一个集合术语，要求机械产品不仅新投入使用时各项质量指标达到规定的要求，在预期的使用期限内和规定的条件下保证产品的精度稳定性、性能持久性、零部件耐用性和安全性。常用的可靠性指标有可靠度、成功率、失败率和瞬时故障率等。

4）安全性。指产品将伤害（对人）或损害（如对环境）的风险限制在可接受的水平，也就是产品在操作或使用过程中保证安全的程度，一般用事故频率和事故严重度来表示。

5）经济性。经济性包括用户和企业双方的利益、成本和风险。产品要在用户满意的同时，具有较低的企业制造成本、用户购置成本和使用成本，较好的效益和较低的风险。

通常根据对顾客满意的影响程度将产品质量特性是指标分为关键质量特性指标、重要质量特性指标和次要质量特性指标。关键质量特性是指标指若超过规定的质量特性指标值会直接影响产品安全性或产品功能的丧失。重要质量特性指标是指若超过规定的质量特性指标值将导致产品功能的部分丧失。次要质量特性指标是指若超过规定的质量特性指标值暂不会影响产品功能，但可能在今后的运行中引起产品功能的逐渐衰减或丧失。产品质量指标有时矛盾地存在于一个统一的产品之中，要综合地合理地选用和确定。

四、产品装配与调试

任何产品（机器）都是由零件组成的，将零件按规定的技术要求和装配工艺组装成组件、部件和整机，并经过调试使之成为合格产品的过程称为装配。

装配是机器制造过程的最终工序。机器质量的好坏，不仅取决于零件的加工质量，装配质量的好坏也将直接影响着机器质量。因此，装配在机械制造业中占有很重要的地位。

装配就是把加工好的零件按一定的顺序和技术要求连接到一起，成为一部完整的机器（或产品），它必须可靠地实现机器（或产品）设计的功能。机器的装配工作一般包括：组装、调整、检验、试机等，它不仅是制造机器所必需的最后阶段，也是对机器的设计思想、零件的加工质量和机器装配质量的总检验。

任何机器都是由零件、套件、组件、部件等组成的，为保证有效地进行装配工作，通常将机器划分为若干能进行独立装配的部分，称为装配单元。

零件是组成机器的最小单元，它是由整块金属或其他材料制成的。零件一般都预先装成套件、组件、部件后再安装到机器上。

套件是在一个基准零件上，装上一个或若干个零件构成。它是最小的装配单元。

组件是在一个基准零件上，装上若干套件或零件而构成的。例如，机床主轴箱中的主轴，在基准轴件上装上齿轮、套、垫片、键及轴承的组合件称为组件。

部件是在一个基准零件上，装上若干组件、套件或零件而构成的。部件在机器中能完成一定的或完整的功用，如车床的主轴箱装配就是部件装配。

在一个基准零件上，装上若干部件、组件、套件和零件就成为整个机器，把零件和部件装配成最终产品的过程，称之为总装。例如，卧式车床就是以床身为基准零件，装上主轴箱、进给箱、溜板箱等部件及其他组件、套件、零件而组成。

五、机械产品包装与储存

1. 产品包装的概念

产品包装是为了在流通与储存的过程中保护产品、方便储运、促进销售，按一定的技术方法而采用的容器、材料以及辅助物的总称。

2. 机械产品包装与储存的容器和防护措施

1）机械产品包装与储存常用的容器有木箱和托盘。木箱包括普通木箱、普通滑木箱、框架木箱；托盘包括平托盘、塑料平托盘和木制平托盘。包装容器可以在很大程度上使产品免受在储存和运输过程中的外界物理损伤，但并不能防止如浸水、潮湿、细菌侵害、冲击等外界环境条件的损害，因此有必要在容器包装的基础上增加防护措施。

2）机械产品包装与储存常用的防护措施有防水包装、防潮包装、防锈包装、防霉包装和缓冲包装等五种防护措施。防水包装、防潮包装是为防止水、潮气侵入包装件而影响产品质量所采取一定防护措施的包装。防锈包装是在产品表面涂刷防锈油（脂）或用气相防锈塑料薄膜或气相防锈纸包封产品等防止产品锈蚀措施的包装。防霉包装是为防止产品长霉影响产品质量而采取的一定防护措施的包装。冲击和振动是货物在流通过程中主要的危害因素，缓冲包装（防振包装）是防止产品在受到机械冲击和震动时被损坏的一项重要措施。

六、机械产品零件毛坯制造

选定机械零件的金属材料后，先要将所选用的金属材料使用不同的工艺方法制成与成品机械零件形状尺寸相近似的毛坯，再将毛坯进行加工等工艺使之成为形状、尺寸和性能符合质量要求的成品机械零件。机械制造工程中的毛坯主要有铸造毛坯件、锻压毛坯件、焊接毛坯件和型材毛坯件四种。

1. 铸造毛坯件

铸造毛坯件使用的金属材料主要是铸铁、铸钢（碳的质量分数为 0.15% ~ 0.55%）和有色金属。铸造毛坯件是使用量最大的毛坯，它不受机械零件的形状和尺寸的限制，制造成本低，生产率高，铸造及切削加工工艺性能好。但是由于铸造毛坯件是金属材料从液态浇注而成，温度变化梯度大，应力及变形大，金属内部组织结构变化复杂，缺陷多，力学性能较差，一般用于力学性能要求不高的机械零件。

2. 锻压毛坯件

锻压毛坯件主要用碳钢、合金钢制造，有自由锻毛坯件和模锻毛坯件两类。锻压件组织结构细密，内部缺陷少，可以获得符合机械零件载荷分布的合理的纤维组织，使其具有比铸造毛坯件好的力学性能，特别是模锻毛坯件还具有生产率高、加工余量小、质量好的优点。但是，锻压毛坯件生产成本高，一般用于制造力学性能要求高的机械零件。

3. 焊接毛坯件

焊接毛坯件主要用于低碳钢的钢板、角钢、槽钢等型材焊接而成的罩壳、容器、机架、箱体等金属结构件。焊缝性能好坏对焊接毛坯件力学性能影响很大。

4. 型材毛坯件

型材毛坯件是直接选用与机械零件形状和尺寸相近的方钢、圆钢等型材备料而成。型材经轧制而成，组织结构细密均匀，力学性能好，使用方便，适宜于没有成型要求的钢件和有色金属件。

七、机械产品零件制造基本切削加工

机械产品在零件的制造过程中常常需要进行各类切削加工，其切削基本形式有车削、铣削、钻削、镗削、刨削、磨削等。钳工属于金属切削加工（基本形式有錾削、锉削、锯削、刮削，以及钻孔、铰孔、攻螺纹、套螺纹等）。

1. 车削

车削主要用于加工各种回转面（内、外圆柱面，圆锥面，成形回转面等）及回转体的端面，加工各种螺纹。车削常用的刀具有各种车刀、钻头、丝锥、板牙等。通常，车床主运动由主轴带动工作旋转完成，进给运动由刀架的纵横向移动完成。机械产品中由回转表面构成的零件很多，车床的工艺范围又较广，因此，车床的使用十分广泛。车床近几年发展迅速，以良好的适应性而被广泛应用。

2. 铣削

铣削是用铣刀在铣床加工各种水平、垂直的平面，沟槽、键槽、形槽、燕尾槽、螺纹、螺旋槽，以及齿轮、链轮、花键轴、棘轮等各种成形表面，也可以用锯片铣刀进行切断等工作。铣床是一种应用广泛的机床，铣床的运动有铣刀的旋转运动和工件的进给运动。一般情况下，铣床具有相互垂直的三个方向上的调整移动，同时，其中任何一个方向上的调整移动也可成为进给运动。

3. 钻削

钻床主要是用钻头钻削加工精度要求不高、尺寸较小的孔，此外，还可以完成扩孔、铰孔、锪孔、攻螺纹和锪端面等工作。在钻床上加工时，工件不动，刀具做旋转运动，同时沿轴向移动，完成进给运动。

4. 镗削

镗削是在镗床上进行的切削孔、门的加工。镗床是一种用途广泛的孔加工机床。镗床主要是用镗刀镗削大、中型工件上铸出的或已钻出的孔，特别适用于加工分布在不同位置上、孔距精度和相互位置精度要求都很高的孔系。镗床除可以镗孔外，还可以进行钻孔、扩孔、铰孔、铣削等加工。镗床主要有卧式镗床、坐标镗床、金刚镗床等。

5. 刨削

刨削主要用于加工平面、斜面、沟槽和成形表面，附有仿形装置时还可以加工一些空间曲面等。刨削的生产率虽然没有铣削高，但由于机床和刀具的制造、调整比较简单，在单件和小批生产中仍占有一定的地位。在刨床上用刨刀对工件进行切削加工的过程称为刨削加工。这种加工方法通过刀具和工件之间产生相对的直线往复运动来达到刨削工件表面的目的。牛头刨床是刨削加工中最常用的机床。

6. 磨削

磨削是一种常用的半精加工和精加工方法，砂轮是磨削的主要切削工具，磨削类机床是以磨料、磨具（砂轮）、砂带、油石、研磨料为工具进行磨削加工的机床，它们是基于精加工和硬表面加工的需要而发展起来的。磨削加工广泛用于零件表面的精加工，尤其是淬硬钢件和高硬度特殊材料的精加工。磨削加工较易获得高的加工精度和小的表面粗糙度值，在一般加工条件下，精度为 IT5 级以上，表面粗糙度为 $Ra1.25 \sim 0.01\mu m$，在高精度外圆磨床上进行精密磨削时，尺寸精度可达 IT2 级，圆度可达 $0.001\mu m$，表面粗糙度可控制在 $Ra0.04 \sim 0.01\mu m$ 内。近年来，由于科学技术的发展，对机器及仪器零件的精度和表面粗糙度要求越来越高，各种高硬度材料应用日益增多，同时，由于磨削本身工艺水平的不断提高，所以磨床的使用范围日益扩大，在金属切削机床中所占的比重不断上升。目前在工业发达国家中，磨削加工机床在金属切削机床中所占的比重为 30% ~ 40%。

八、金属切削机床

1. 机床的类型及型号

金属切削机床的类型很多，为了方便使用和管理，每一种机床都赋予了一个型号，即机床型号。

2. 通用机床型号的编制方法

机床的型号由汉语拼音字母和阿拉伯数字按一定规律排列组成，适用于各类通用机床和专用机床（组合机床除外）。其中：△表示数字；○表示大写汉语拼音或英文字母；括号中表示可选项，当无内容时不表示，有内容时则不带括号；●表示大写汉语拼音字母或阿拉伯数字，或两者兼有之。

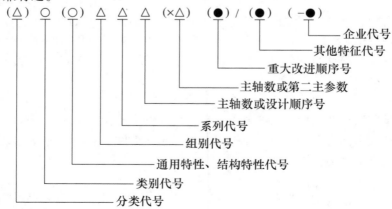

例如：CQ6132A

C—类别代号：车床类；

Q—通用特性：轻型车床；

6—组代号：落地及卧式车床；

1—系代号：普通卧式车床型；

32—主参数：车床能加工工件最大直径的 1/10，即 320mm；

A—车床改进序列代号。

机床的类别代号以机床名称汉语拼音第一个字母表示，并一律按汉语名称读音。其中磨床由于种类较多，又分 3 个分类，分类用数字 + 字母表示，但第一分类不予标注数字，见表 1-2。

表 1-2　机床的类和分类代号

类别	车床	钻床	镗床	磨床			螺纹加工	铣床		刨插床	拉床	锯床	其他机床
代号	C	Z	T	M	2M	3M	Y	S	X	B	L	G	Q
读音	车	钻	镗	磨	二磨	三磨	牙	丝	铣	刨	拉	锯	其

注：具体的机床类型和型号可以参阅国家标准。

3. 机床设备的保养与维护

机床设备的使用情况直接影响着企业的生产效率和经济效益，而设备的保养和维护及管理方式又直接决定着设备的使用，可见设备的保养维护和管理是十分重要的。

设备的保养和维护不但要根据机床使用说明书的要求进行，除了每日的例行保养，擦净机床的表面，每天需要检查储油器，根据操作手册填加规定的油外，还要定期进行一些检查和检修，切削液应该每 6 个月更换 1 次，排出的切削液应妥善处理，应遵守对环保的规定和法律，因为大多数类型的冷却剂都被认为是危险废品，传动润滑油需要每年更换 1 次。

对于机床设备的保养和维护还应制定和健全规章制度，建立完善的维修档案，坚持设备运行中的巡回检查，把设备的保养和维护纳入整体质量体系的管理之中。

此外，还应积极做好机床设备的预防性维修。所谓预防性维修，就是要把有可能造成设备故障和出了故障后难以解决的因素排除在故障发生之前。正确使用是减少设备故障、延长设备使用寿命的关键，它在预防性维修中占有很重要的地位。有资料表明机床设备有三分之一的故障是人为造成的，而且一般性维护（如注油、清洗、检查等）是由操作者进行的。解决的方法是：强调设备管理、使用和维护意识，加强业务、技术培训，提高操作人员素质，使他们尽快掌握机床性能，严格执行设备操作规程和维护保养规程，保证设备运行在合理的工作状态之中。

第二节　金属材料

一、机械工程常用金属材料

机械工程常用材料可分为金属材料和非金属材料两大类，此外在现代机械制造工程中也越来越多地使用复合材料。常用的机械工程材料如图 1-4 所示。

金属材料分为黑色金属和有色金属。黑色金属指铁和铁与其他元素形成的铁基合金，即一般所称的钢铁材料。有色金属是指除铁与铁合金以外的各种金属及其合金。合金是以一种基体金属为主（其质量分数超过50%），加入其他金属或非金属（合金元素），经熔炼、烧结或其他工艺方法冶炼成的金属材料。此外还有粉末冶金材料、烧结材料等。由于金属材料具有制造机械产品及零件所需要的各种性能，容易生产和加工，所以成为制造机械产品的主要材料，占机械产品总量的80%以上。合金材料可以通过调节其不同的成分和进行不同的加工处理获得比纯金属具有更多样化的和更好的综合性能，是机械工程中用途最广泛、用量最大的金属材料。钢铁材料是最常用和最廉价的金属材料，其他常用的金属材料有铝、铜及其合金等。

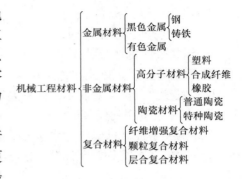

图1-4 常用机械工程材料

1. 钢铁材料

钢铁材料以铁为基体金属，以碳为主要的合金元素形成的合金材料，包括钢和铸铁等。从理论上讲，钢中碳的质量分数为0.02%～2.11%。碳的质量分数低于0.02%的为纯铁，高于2.11%的就是铸铁了。此外，在一般的钢铁材料中，都会含有很少量的硅、锰、硫、磷，它们是因为钢铁冶炼而以杂质的形态存在于其中的。为了改善钢铁材料的性能，有意识地加入其他合金元素则成为合金钢或合金铸铁。

钢的种类繁多，可按化学成分、品质、冶炼方法、金相组织和用途等进行分类。按化学成分，钢可分为碳素钢（以碳为主要合金元素）和合金钢（合金元素为非碳）两大类；按含碳量，钢可分为低碳钢（碳的质量分数低于0.25%）、中碳钢（碳的质量分数0.25%～0.6%）、高碳钢（碳的质量分数高于0.6%）；按在机械制造工程中的用途，钢可分为结构钢、工具钢和特殊性能钢三大类；按钢中所含S、P等有害杂质的多少，钢可分为普通钢、优质钢和高级优质钢三大类。机械产品常用的钢的分类如图1-5所示。

铸铁因具有较好的力学性能，减振性、减摩性、低缺口敏感性等使用性能，良好的铸造性能、切削加工性能等工艺性能，且生产工艺简单，成本低，成为机械制造工程中用途最广、用量最大的金属材料。铸铁常按其所含碳的组织形态不同来分类。例如，所含碳以石墨态来分有灰铸铁（片状石墨）、球墨铸铁（球状石墨）、蠕墨铸铁（蠕虫状石墨）、可锻铸铁（团絮状石墨），碳以化合物（Fe_3C）态存在其中的

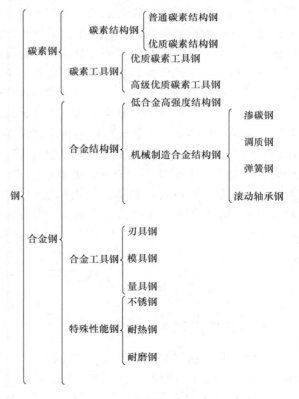

图1-5 钢的分类

为白口铸铁。但是铸铁中石墨碳的存在,特别是灰铸铁中片状石墨碳的存在严重地降低了铸铁的抗拉强度,尽管对抗压强度的影响不大,也使铸铁的综合力学性能远不如钢好。

2. 有色金属

机械工程中常用的有色金属有铜及其合金、铝及其合金、滑动轴承合金等。

工业纯铜(紫铜)以其良好的导电性、导热性和耐大气腐蚀而广泛地应用于导电、导热的机械产品和零部件。铜合金主要有以锌为主要合金元素的黄铜、以镍为主要合金元素的白铜和以锌、镍以外的其他元素为合金元素的青铜。铜合金一般用作对物理性能或化学性能有一定要求的机械产品和零部件。

工业纯铝也有较好的导电性、导热性和耐大气腐蚀性,而密度仅为铜的三分之一,价格又远较铜低廉,在很多场合都可代替铜。铝合金因加入的合金元素不同而表现出不同的使用性能和工艺性能,按其工艺性能可分为变形铝合金和铸造铝合金。变形铝合金塑性好,适于锻压加工,力学性能较高。铸造铝合金铸造性好,用于生产铝合金铸件。铝及其合金还广泛地应用于电器、航空航天器和运输车辆等。

滑动轴承合金主要用作制造滑动轴承内衬。它既可以在软的金属基体上均匀分布着硬的金属化合物质点,如锡基轴承合金、铅基轴承合金;也可以在硬的金属基体上均匀分布着软的质点,如铜基轴承合金、铝基轴承合金。

3. 粉末冶金与功能材料

粉末冶金是用金属或金属化合物粉末做基体原料,经压制成型、烧结等工艺直接制造机械零件。它是一种不需熔炼的冶金工艺。机械制造工程中常用的粉末冶金材料包括粉末冶金结构材料类、摩擦及减摩材料类、多孔材料类、工具材料类、磁性材料类、电工材料类、耐蚀材料及耐热材料类、难熔金属和重金属类和其他材料类等多种类型。粉末冶金结构材料一般用铁基粉末生产机械零件。粉末冶金工具材料主要是硬质合金。硬质合金又有金属陶瓷硬质合金和钢结硬质合金两大类。金属陶瓷硬质合金如钨钴类、钨钴钛类等,由金属碳化物粉末(如 WC、TiC)和黏结剂(如 Co)混合制成,一般只用作刀具。钢结硬质合金是金属碳化物粉末(如 WC、TiC)和由合金钢粉末为黏结剂制成,可作各种机械零件和刀具。

功能材料则是指各种具有特殊的物理化学性能如电、磁、声、光、热和特殊的理化效应的材料。机械制造工程中广泛地应用如磁性材料、电阻材料、热膨胀材料、超导材料、纳米材料、非晶态材料、形状记忆合金等功能材料。例如,磁性材料就是现代电力、电子、能源、信息等机械产品不可缺少的一类基础功能材料。有时能否制备满足产品特殊物理化学性能的功能材料是现代产品开发和产品制造的关键和核心。

二、金属材料的性能

机械制造工程中常用的金属材料的性能主要有以下 2 个方面:

1. 金属材料的使用性能

金属材料的使用性能指金属材料制成零件时,在正常工作状态下所具有的物理、化学和力学等性能。金属的使用性能可用密度、熔点、导电性、导热性、导磁性、耐酸性、耐碱性、抗氧化性、强度、硬度、刚度、弹性、塑性、韧性等指标来衡量。它们是进行机械产品及零部件设计时材料选用的基本依据,对机械产品及零部件的性能、质量、加工的工艺性及成本都有着关键的影响。

机械产品对金属材料的使用性能的要求主要集中在材料的耐蚀性、耐磨性和耐疲劳性三个方面。生产现场最常用的力学性能指标则是强度和硬度。

强度是金属材料在外力作用下抵抗变形与断裂的能力。根据外力的作用方式不同可分为抗拉强度、抗压强度、抗弯强度、抗扭强度、抗疲劳强度等。强度指标是设计产品零件时选用金属材料的基本依据之一。硬度是金属材料表面抵抗更硬物体压入的能力。在压缩状态下不同深度的金属所承受的应力及引起的变形不同，故硬度值是压痕附近局部区域内金属材料的弹性、微量塑性变形能力、塑性变形强化能力、大量塑性变形抗力等力学性能的综合反映。大量试验数据证实金属材料的硬度和强度、冷成形性、焊接性、可加工等力学性能和工艺性能都有关系，可大致评价金属材料的强度等力学性能和工艺性能，而且测定金属材料的硬度设备简单、操作方便、成本低、不破坏产品零件，因此往往标记在零件图样上作为企业现场使用及检验标准的性能指标。常用的测定金属材料硬度的方法有布氏硬度试验法和洛氏硬度试验法。

布氏硬度试验法是用一个直径为 D 的碳化钨合金球作为压头，在载荷 p 的作用下压入被测试材料或零件的表面，保持一定时间后卸载，通过测量表面被压形成的压痕直径 d，计算出被测试材料或零件的表面布氏硬度值，布氏硬度值用 HBW 表示。布氏硬度试验法一般用于测量处于退火、正火和调质状态的钢，以及灰铸铁、有色金属等硬度不很高的金属材料。但因其压痕较大，不宜测试薄板和成品件，且布氏硬度试验法较为烦琐。

洛氏硬度试验法是用一锥顶角为 120° 的金刚石圆锥体或直径为 1.5875mm（或 3.175mm）碳化钨合金球为压头，在规定载荷作用下压入被测试的材料或零件表面，以压痕的深度衡量硬度值，并直接在洛氏硬度计上读数，洛氏硬度值用 HR 表示。洛氏硬度试验法操作简单迅速，压痕小，可测定薄板件，也适宜测试成品零件。根据试验规范不同，常用的洛氏硬度分为 HRA、HRB、HRC 三种。其中 HRC 广泛用于测定一般的经淬火、调质处理的钢的硬度。

金属材料的使用性能是由其化学成分（钢铁材料中碳的含量、合金元素的种类含量）和组织结构（生产、加工和热处理工艺所致）决定的。例如，结构钢中含碳量增加，钢的强度、硬度增加，塑性、韧性降低。钢中含硫、磷量增加使钢的力学性能急剧下降，含硫量大导致热脆性，含磷量大导致冷脆性。锰和硅可以提高钢的强度和硬度，减少硫、磷对钢的力学性能的影响。镍、铬、钼、钨、钒、钛、锰、硅等合金元素的加入不仅改善了材料的力学性能，还可获得高耐蚀性、高耐热性、高耐磨性、高电磁性等特殊的物理化学性能。

2. 金属材料的工艺性能

金属材料的工艺性能指用金属材料加工制造机械零件及产品时的适应性，即能否或易于加工成零部件的性能，它是物理、化学和力学性能的综合。金属材料的工艺性能一般包括铸造性能、锻造性能、焊接性能、切削加工性能和热处理性能等。

铸造性能好的金属材料具有良好的液态流动性和收缩性等，能够顺利充满铸型型腔，凝固后得到轮廓清晰、尺寸和力学性能合格，以及变形、缺陷符合要求的铸件。

锻造性能好的金属材料具有良好的固态金属流动性，变形抗力小，可锻温度范围宽等，容易得到高质量的锻件。

焊接性能好的金属材料焊缝强度高，缺陷少，邻近部位应力及变形小。

切削加工性能好的金属材料易于切削，切屑易脱落，切削加工表面质量高。

热处理性能好的金属材料经热处理后组织和性能容易达到要求，变形和缺陷少。

钢铁材料中碳和合金元素种类的含量对工艺性能影响很大。例如，硫、磷、铅等合金元素可改善钢的切削加工性能。硫、磷、硅使钢的焊接性能和冷冲压性能变坏。镍、铬、钼、锰、硼等合金元素都对钢的热处理性能有良好的作用。金属材料的工艺性能不同，加工制造的工艺方法、设备工装、生产效率及成本效益都不相同，有时甚至会因此而影响产品零件的设计。因此，在机械产品开发时，必须对设计进行工艺性分析和审查，既要考虑产品和零件结构的工艺性，又要考虑材料的工艺性。

三、常用钢铁材料的牌号及用途

1. 碳素钢

碳素钢的牌号是以其含碳量为基础确定的。

（1）碳素结构钢　碳素结构钢的牌号由力学性能指标中的"屈服强度"的汉语拼音的第一个字母"Q"、屈服强度的数值（MPa）、质量等级符号（A、B、C、D——从左至右质量依次提高）及工艺方法符号（F、B、Z、TZ—从左至右依次为沸腾钢、半镇静钢、镇静钢、特殊镇静钢）四部分顺序组成。如Q235AF即为屈服强度为235MPa、质量等级为A级的沸腾钢。碳素结构钢一般以热轧空冷的各种型钢、薄板状态供应，主要用作冲压件、焊接结构件和对力学性能要求不高的机械零件。

（2）优质碳素结构钢　优质碳素结构钢的牌号用钢中碳的平均质量分数（含碳量）的万倍的两位数字表示。例如，45钢就是平均含碳量$w(C)=0.45\%$的优质碳素结构钢。含锰量较高的优质碳素结构钢还应将锰元素符号标示于钢号后，如15Mn。在制造机械零件常用的优质碳素结构钢中，15、20等含碳量较低的优质碳素结构钢具有较好的塑性，其强度、硬度都较低，常用作冲压件、焊接件和力学性能要求不高的渗碳件；40、45钢在经过调质处理后，具有较好的综合力学性能，是制造轴、齿轮、螺栓、螺母等基础机械零件用量最多的钢铁材料之一；60、65等含碳量较高的优质碳素结构钢经淬火和随后的中温回火后，具有较高的弹性极限和屈强比（屈服强度与抗拉强度之比），一般用于力学性能要求不高的小型弹簧。

（3）碳素工具钢　碳素工具钢分为优质碳素工具钢和高级优质碳素工具钢。优质碳素工具钢的牌号顺序包括字母T、表示碳的平均质量分数（含碳量）的千倍的数字。对于S、P的质量分数各小于0.03%的高级优质碳素工具钢还要在数字后加字母A。例如，T10A钢表示平均含碳量$w(C)=1.0\%$的高级优质碳素工具钢。碳素工具钢经过热处理后具有很高的硬度。含碳量增加，碳素工具钢的硬度和耐磨性增加，但韧性则降低。碳素工具钢适合于制造小型的手动工具，如各种钳工工具中就有用T7、T8钢制作的凿子，用T9、T10、T11钢制作的丝锥、钻头，用T12、T13钢制作的锉刀、刮刀等。

2. 合金钢

不同种类的合金钢牌号的编号方法不同。低合金高强度结构钢的牌号由代表屈服强度的汉语拼音的第一个字母"Q"、规定的最小上屈服强度的数值（MPa）、交货状态代号、质量等级符号（B、C、D、E、F—从左至右质量依次提高）四部分顺序组成，如Q355ND。此类钢属低碳、低合金钢，具有良好的塑性、韧性、冷冲压性和焊接性的同时，强度和耐蚀性明显高于相同含碳量的碳素钢，常用于锅炉、车辆、船舶、桥梁等。

合金结构钢牌号用两位数字＋元素符号＋数字的形式表示。合金结构钢牌号中号首数字表示平均碳质量分数的万分之几，牌号中标明主要合金元素及平均含量的百分之几。含量少于 1.5％时一般只标出合金元素符号而不标出含量，高级优质钢则在其后加 A。合金结构钢中的滚动轴承钢牌号前加 G，并标明平均铬质量分数的千分之几，如 40Cr、20CrMnTi、18Cr2Ni4W、38CrMoAlA、60Si2Mn、GCr15。合金结构钢比碳素结构钢具有更好的性能，用于制造比较重要的、服役条件比较恶劣的、有特殊使用性能或工艺性能要求的机械零件，如传动轴、变速齿轮、连杆、弹簧、滚动轴承等。

合金工具钢有较高的含碳量，一般还含有 Cr、Ni 、Mo、W、V、Ti、Si、Mn 等合金元素。合金工具钢的牌号与合金结构钢牌号表示大体相同，合金元素及含量的表示法同合金结构钢一样，不同的只是在合金工具钢中，当平均碳质量分数≥1.0％时不标出，当平均碳质量分数 <1.0％时，号首一位数字为平均碳质量分数的千分之几（作为例外，高速钢的含碳量不标出），如 Cr12MoV、5CrMnMo、9SiCr、W18Cr4V、W6Mo5Cr4V2。合金工具钢特别是高速钢用作刀具比碳素工具钢具有更高的红硬性，即在高温下可保持硬度≥60HRC，广泛用于制造各种刀具。而模具钢、量具钢等合金工具钢则用于制造各种冷热模具和量具。

特殊性能钢牌号与合金工具钢牌号表示基本相同。在特殊性能钢牌号中，当平均碳质量分数≤0.03％时，号首数字以三位表示；当平均碳质量分数≥0.04％时，号首数字以两位表示；其余牌号号首数字表示平均含碳量的千分之几。合金元素及含量的表示法同合金结构钢。如 022Cr19Ni10N、06Cr18Ni11Ti、20Cr13。特殊性能钢用量最多的是不锈钢和耐热钢，它们广泛地用于各种化工设备、医疗器械、高温下工作的零件等。

3. 铸铁

灰铸铁的牌号为"灰铁"汉语拼音字头 HT 加表示其最低抗拉强度（MPa）的三位数字组成。如 HT100、HT150、HT350。灰铸铁的抗拉强度、塑性、韧性较低，抗压强度、硬度、耐磨性、吸振性较好，缺口敏感性低，工艺性能较好，价格较低廉，广泛用于机器设备的床身、底座、箱体、工作台等，其商品产量占铸铁总产量的 80％以上。

球墨铸铁的牌号为"球铁"汉语拼音字头 QT 加表示其最低抗拉强度（MPa）和最小伸长率（％）的两组数字组成，如 QT600－3。球墨铸铁强化处理后比灰铸铁有着更好的力学性能，又保留了灰铸铁的某些优良性能和价格低廉的优点，可部分代替碳素结构钢用于制造曲轴、凸轮轴、连杆、齿轮、气缸体等重要零件。

蠕墨铸铁的牌号为"蠕铁"汉语拼音缩写 RuT 加表示其最低抗拉强度（MPa）的三位数字组成。蠕墨铸铁的力学性能介于灰铸铁和球墨铸铁之间，用途如制造柴油机气缸套、气缸盖、阀体等。

可锻铸铁的牌号为"可铁"汉语拼音字头 KT 加表示黑心可锻铸铁的汉语拼音字头 H（或白心可锻铸铁 B、珠光体可锻铸铁 Z）加表示其最低抗拉强度（MPa）和最小伸长率（％）的两组数字组成，如 KTH300－06。可锻铸铁的力学性能优于灰铸铁，常用于制作管接头、低压阀门、活塞环、农机具等。

白口铸铁硬度极高，难以机械加工，可作耐磨件。

四、金属材料的选用

在机械制造工程中，不仅要选择适宜制作机械零件的材料牌号，还要合理选用商品材料的形状和规格。

1. 钢铁材料商品

市场供应的钢铁材料商品有铸锭、型材、板材、管材、线材和异型截面材等钢材。

（1）铸锭　将冶炼的生铁或钢浇注到砂型或金属型中而成为铸锭供应市场。生铁是由铁矿石在高炉中冶炼而成。生铁锭是生产各种铸铁件和铸钢件的主要原材料，铸钢锭则是生产大型锻压件和各种型材的坯料。

（2）型材　冶金企业生产的钢锭除一小部分直接作为商品供应市场以外，绝大部分是轧制成各种型材、板材、管材、线材和异型截面材料供应市场。

1）型钢。机械制造企业常用的型钢有圆钢、方钢、扁钢、六角钢、八角钢、工字钢、槽钢、等边角钢、不等边角钢等。型钢的规格以反映其断面形状特征的主要尺寸来表示。如圆钢 20 表示直径 $d = 20$mm 的圆钢，2 号等边角钢尺寸规格 $20 \times 20 \times 3$ 表示边宽 $b = 20$mm、边厚 $d = 3$mm 的等边角钢，如图 1-6、图 1-7 所示。

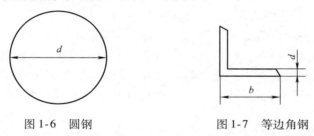

图 1-6　圆钢　　　　　　图 1-7　等边角钢

2）钢板。公称厚度 $\delta \leqslant 4$mm 的钢板为薄钢板，$\delta > 4$mm 的钢板为厚钢板。钢带一般是厚度为 $0.05 \sim 7$mm、宽度为 $4 \sim 520$mm 的长钢板。市场以张供应的商品钢板规格以厚度×宽度×长度来表示，以卷供应的商品钢板和钢带规格以厚度×宽度来表示。

3）钢管。钢管按质量分为无缝钢管和有缝钢管两类，无缝钢管是用钢锭或钢坯进行冷轧或热轧连续轧制而成，管子轴向无连接缝；有缝钢管是用板材卷压成管焊接而成，管子轴向有焊缝，因而强度不如无缝钢管。钢管截面形状以圆形为多，还有扇形、方形或其他异形截面。圆形截面无缝钢管的规格以截面圆的外径×管壁厚度来表示。低压流体输送用焊接有缝钢管的规格以近似截面圆的内径的名义尺寸来表示，称为公称口径。

4）钢丝。钢丝的规格以公称直径的毫米数或相应的线号来表示，线号越大，直径越小。

为便于现场识别商品钢材的牌号，供应商出厂时或企业内部管理中都会按标准（GB、YB）在钢材两端面涂上不同颜色的油漆标识，如 Q235 钢为红色，20 钢为棕色 + 绿色，45钢为白色 + 棕色，40Cr 钢为绿色 + 黄色，60Mn 钢为绿色三条，42CrMo 钢为绿色 + 紫色，20CrMnTi 钢为黄色 + 黑色，GCr15 钢为蓝色一条，W18Cr4V 钢为棕色一条 + 蓝色一条。

2. 金属材料选用的基本原则

在进行新产品开发时，存在零部件所用的金属材料的选用问题。在改进老产品时或老产品的零部件发生早期失效时，也存在重新选用金属材料的问题。所谓早期失效是指机械产品未达到预期寿命而发生零部件完全破坏，不能再继续工作；或者严重损伤，不能保证工作的安全性；或者继续工作时不能保证实现预期的功能。产生早期失效的原因有设计不合理、材料选用不当、加工工艺不当和安装使用不当等。只有按照一定的原则合理正确地选用金属材料才能保证机械产品的功能和质量。

机械零件选用金属材料时，主要考虑零件的工作条件对材料的使用性能的要求，零件的制造对材料的工艺性能的要求，以及材料的经济成本。

选用材料应能满足零件的工作条件对材料的使用性能的要求，这是选材的基本出发点。选用材料时对零件的工作条件对使用性能的要求主要考虑以下几点：

1）零件的工作环境和服役情况，特别是承受载荷的情况和磨损情况。

2）零件的形状、尺寸和重量所受的限制。

3）零件的重要性。

选用的材料在能满足零件的制造对材料工艺性能要求的同时还要考虑材料的经济成本，既要现有的工艺技术和装备条件能够加工制造，又要考虑材料本身的价格及加工工艺的成本。加工工艺的成本费用与零件生产的工艺路线有关。一般钢铁材料零件的工艺路线大体可以归纳为三类。对于性能要求不高的零件：毛坯（铸造/锻压）→最终热处理（退火/正火）→切削加工→零件成品。对于性能要求较高的零件：毛坯（铸造/锻压）→预备热处理（退火/正火）→切削粗加工→最终热处理（淬火、回火）→切削精加工→零件成品。对于性能要求较高的精密零件：毛坯（铸造/锻压）→热处理（退火/正火）→切削粗加工→热处理（淬火、回火）→切削半精加工→表面化学热处理（渗氮）/稳定化热处理（时效）→切削精加工→稳定化热处理→零件成品。在权衡工艺性能和经济成本时，视零件的重量、工艺路线和加工量的大小不同。

在具体选材时，应根据机械零件的功能用途、工作环境、受力情况，查阅材料标准和手册，初步选择能满足要求的材料，再从选材的角度进行产品和零件的结构分析，考察能否用更廉价、更通用的材料或经热处理强化后部分或全部代替初选的材料，为此有时甚至还可在不影响产品和零件的功能的前提下，修改结构设计，以满足选材的基本原则。

3. 典型零件选材举例

（1）轴 轴是机械产品的主要零件和基础零件之一。在工作状态下，轴会受到往复循环的应力的作用，有时还有冲击载荷的作用，其失效形式主要是疲劳裂纹和断裂。同时在轴颈与轴承配合处还因相互摩擦而磨损。因此，轴类零件的材料应具有较高的强度、塑性、韧性、疲劳强度等综合力学性能，承受摩擦磨损处还应有高的硬度和耐磨性。

在轴类零件选材时，形状简单、尺寸不大、承载较小和转动速度较低的轴可选用45钢、球墨铸铁等碳素钢或铸铁材料，不经热处理或经热处理制成；形状复杂、尺寸较大、承载较大和转动速度较高的轴可选用45、40Cr、35CrMo、42CrMo、40CrNi、38CrMoAl等碳素钢或合金钢经热处理制成，或者选用20、20Cr、20CrMnTi等合金渗碳钢经渗碳淬火和回火热处理制成。承受较大交变载荷、转速高、摩擦大、精度高的重要轴类可选用38CrMoAl等渗氮合金钢经调质和渗氮热处理制成。例如，C6132车床的主轴就是选用45钢锻造毛坯经以下工艺路线制造的：

下料→锻造→正火→粗加工→调质→精加工→局部表面淬火→低温回火→精磨→成品

（2）齿轮 齿轮也是机械产品的主要零件和基础零件之一。齿轮的失效形式主要是齿面的疲劳裂纹、磨损和折断。齿轮的工作条件和失效形式要求其材料应具有高的弯曲疲劳强度和接触疲劳强度，齿面应有高的硬度和耐磨性，心部则要有足够的强度和韧性。

对于工作较平稳，无强烈的冲击，负荷不大，转速不太高，形状不太复杂，尺寸不太大的齿轮，可选用20、45、40Cr、40MnB等低碳钢、中碳结构钢、中碳低合金钢等经调质、表面淬火或渗碳淬火制造。对于工作条件较恶劣，负荷较大，转速较高，且频繁受到强烈的冲击，形状复杂，尺寸大的齿轮，对材料性能和热处理质量的要求高，可选用20CrMo、20CrMnTi、18Cr2Ni4W、40Cr、42CrMo等合金钢，经调质、表面淬火或渗碳淬火等热处理制造。例如，用20CrMnTi钢锻造毛坯按以下工艺路线制造汽车齿轮。

下料→锻造→正火→机加工（制齿）→渗碳→淬火→低温回火→喷丸→精磨→成品

第三节　切削加工概述

金属进行切削加工的实质，就是让刀具与工件之间产生相对运动，通过刀具和工件之间的相对运动，切除工件毛坯上多余金属，形成一定形状、尺寸和质量的表面，从而获得所需的尺寸、形状、位置精度和表面粗糙度的机械零件。零件的这种加工过程常称为切削加工或机械加工。虽然各种类型机床的具体用途和加工方法各不相同，但其基本工作原理是一样的，切削加工一般是在常温下进行的，不需要加热，传统上也常称之为冷加工。由于现代机械产品的精度和性能要求越来越高，对零件的加工质量也提出了更高的要求，切削加工劳动量在机械制造所占的比例很大，因此，掌握切削加工这一过程的基本规律，对于正确地指导和实施生产，实现优质、高效率、低耗有着十分重要的意义。

机械加工通常分为车、铣、刨、磨、镗、钻、拉、插及齿形加工等。到目前为止，机器上的零件，除少数零件采用精密铸造、精密锻造或粉末冶金等无屑加工方法直接获得外，绝大部分零件都需经过切削加工才能获得或保证其精度。

一、机械加工的切削运动

为了加工出各种零件形状的表面，要实现切削过程，工件和刀具之间必须存在准确的相对运动，而且刀具必须具有合理的切削角度，刀具材料必须具有一定的切削性能，这是切削过程必须具备的基本条件。通过机床提供的各种运动形式，在切削过程中加工出各种表面，而各种机床上具体实现何种形式的切削运动也是划分机床及切削加工方法类别的主要依据。图1-8所示就是目前常见机床上实现的主要切削运动形式。

切削加工是靠刀具和工件之间作一定的相对运动来实现的，按其特性以及在切削过程中的作用不同，切削运动可以分为主运动和进给运动。

（1）主运动　主运动是切除工件上的被切削层，使之转变为切屑的主要运动。没有这个运动，切削加工就无法进行。它可以是旋转运动，也可以是往复直线运动，主运动的速度高，消耗的功率大，如车床工件的旋转、铣床铣刀的旋转、磨床砂轮的旋转、钻床和镗床的刀具旋转、牛头刨床的刨刀及龙门刨床的工件直线往复移动等都是主运动。对旋转主运动，其主轴转速的单位为r/min；对直线往复主运动，其直线往复速度的单位为mm/双行程。

（2）进给运动　进给运动是不断地把被切削层投入切削，以逐渐切出整个工件表面的运动。进给运动的速度较低，消耗的功率也较小。没有这个运动，就不能进行连续切削。车

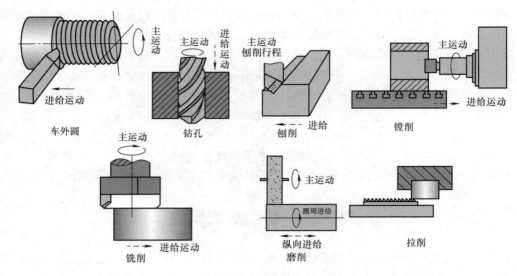

图 1-8　切削运动形式

床刀具相对于工件做纵向直线运动，铣削的进给运动是工件的移动，磨削的进给运动是工件的旋转运动，钻削的进给运动是钻头的轴向移动。进给运动速度的单位：

1）min/r 用于车床、钻床、镗床等。

2）mm/min 用于铣床等。

3）mm/双行程用于刨床等。

在任何切削加工中，必定有且通常只有一个主运动，但进给运动可能有一个或几个，也可能没有，如图 1-9 所示为拉床的工作运动。

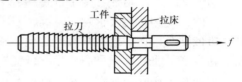

图 1-9　拉床的工作运动

二、切削用量的定义及其选择

在切削过程中，工件上存在三个不断变化着的表面，即待加工表面——工件上即将被切去切屑的表面；已加工表面——工件上切去切屑后形成的表面；过渡表面——工件上正被切削刃切削的表面，它在切削过程中不断变化，但总处于待加工表面和已加工表面之间（见图 1-10）。

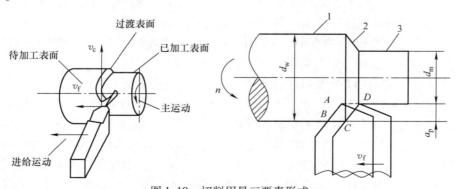

图 1-10　切削用量三要素形式

1—待加工表面　2—过渡表面　3—已加工表面

20

切削用量是切削速度 v_c、进给量 f（或进给速度 v_f）和背吃刀量 a_p 三者的总称。切削用量的三要素是切削加工技术中十分重要的工艺参数。

（1）切削速度 v_c　切削速度 v_c 是指单位时间内，刀刃上选定点相对于工件沿主运动方向的位移。刀刃上各点的切削速度可能是不同的。

当主运动为旋转运动时，其切削速度（m/min）为：

$$v_c = \frac{\pi d n}{1000}$$

式中　d——工件或刀具上相对于刀刃选定点处的直径（mm）；

　　　n——主运动的转速（r/min）。

当主运动为往复直线运动时，切削速度取其往复行程的平均速度（m/s）：

$$v_c = \frac{2Ln_r}{1000 \times 60}$$

式中　L——主运动行程长度（mm）；

　　　n_r——主运动每分钟往复次数（次/min）。

（2）进给量 f（或进给速度 v_f）　　进给速度 v_f 是指单位时间内，刀刃上选定点相对于工件沿进给运动方向的位移。进给量 f 是指在主运动的一个循环内，工件与刀具在进给运动方向上的相对位移。在实际生产中，进给量也称为走刀量，单位为 mm/r（旋转运动）或 mm/行程（往复直线运动）。因此，进给速度 v_f（mm/s）与进给量 f 之间有如下关系：

$$v_f = f\frac{N}{60}$$

式中，N 为主运动速度 n（旋转运动）或 n_r（往复直线运动）。

（3）背吃刀量 a_p　　背吃刀量指在通过切削刃基点并垂直于工作平面的方向上测量的吃刀量。对外圆车削和平面刨削来说，背吃刀量 a_p（mm）就等于已加工表面和待加工表面之间的垂直距离。

$$a_p = \frac{d_w - d_m}{2}$$

式中　d_w——待加工表面直径（mm）；

　　　d_m——已加工表面直径（mm）。

三、工件的装夹和定位原理

在机械加工过程中，工件受到切削力、离心力、惯性力等的作用，为了保证在这些外力作用下，工件仍能在夹具中保持已由定位元件确定的加工位置，而不致发生振动或位移，夹具结构中应设置夹紧装置将工件可靠夹牢。

为了加工出符合技术要求的表面，必须在加工前将工件装夹在机床上或夹具中。工件的装夹包括定位和夹紧两个过程。

工件在夹具中定位的任务是：使同一工序中的所有工件都能在夹具中占据正确的位置。一批工件在夹具上定位时，各个工件在夹具中占据的位置不可能完全一致，但各个工件的位置变动量必须控制在加工要求所允许的范围之内。

将工件定位后的位置固定下来，称为夹紧。工件夹紧的任务是：使工件在切削力、离心力、惯性力和重力的作用下不离开已经占据的正确位置，以保证机械加工的正常进行。安装就是工件从定位到夹紧的整个过程。

1. 机床夹具的组成和作用

机床夹具的种类和结构虽然繁多，但它们的组成均可概括为下面4个部分。

1）定位装置。定位装置的作用是使工件在夹具中占据正确的位置。

2）夹紧装置。夹紧装置的作用是将工件压紧夹牢，保证工件在加工过程中受到外力作用时不离开已经占据的正确位置。

3）夹具体。夹具上的所有组成部分，需要通过一个基础件使其连接成为一个整体，这个基础件称为夹具体。

4）其他装置或元件。用夹具安装工件时，一般都用调整法加工。如为了调整刀具的位置，在夹具上设有确定刀具（如铣刀等）位置或引导刀具（孔加工用刀具）方向的元件。此外按照加工要求，有些夹具上还设有其他装置，如分度装置、连接元件等。

机床夹具的作用如下：

1）保证加工质量。

2）提高劳动生产率，降低成本。

3）扩大机床工艺范围。

4）改善工人劳动条件，保障生产安全。

2. 机床夹具的分类

夹具有多种分类方法，一般按适用工件的范围和特点可分为通用夹具、专用夹具、组合夹具和可调夹具，或者按适用的机床分为车床夹具、铣床夹具、钻床夹具、镗床夹具等。夹紧装置的种类很多，但其结构均由动力装置和夹紧装置两部分组成。

（1）动力装置　夹紧力的来源，一是人力，二是某种装置所产生的力。能产生力的装置称为夹具的动力装置。常用的动力装置有：气动装置、液压装置、电动装置、电磁装置、气－液联动装置和真空装置等。

（2）夹紧装置　接受和传递原始作用力使之变为夹紧力并执行夹紧任务的部分，一般由下列机构组成。

1）接受原始作用力的机构，如手柄、螺母及用来连接气缸活塞杆的机构等。

2）中间递力机构，如铰链、杠杆等。

3）夹紧元件，如各种螺钉压板等。

其中，中间递力机构在传递原始作用力至夹紧元件的过程中可以起到改变作用力的方向、改变作用力的大小以及自锁等作用。

3. 工件在夹具中的定位原理

1）工件定位的基本原理：六点定则。任何一个自由刚体，在空间均有六个自由度，即沿空间坐标轴 X、Y、Z 三个方向的移动和绕此三坐标轴的转动。工件定位的实质就是限制工件的自由度。

由此可见，工件安装时主要紧靠机床工作台或夹具上的这六个支承点，它的六个自由度即全部被限制，工件便获得一个完全确定的位置。

工件定位时，用合理分布的六个支承点与工件的定位基准相接触来限制工件的六个自由度，使工件的位置完全确定，称为"六点定则"。

六点定则是工件定位的基本法则，用于实际生产时，起支承作用的是一定形状的几何体，这些用来限制工件自由度的几何体就是定位元件。

2）完全定位、不完全定位和欠定位。加工时，工件的六个自由度被完全限制了的定位称为完全定位，但生产中并不是任何工序都需要采用完全定位的。究竟应该限制几个自由度和哪几个自由度，应由工件的加工要求来决定。

例如，在一个长轴上铣一个两头不通的键槽，加工要求除了键槽本身的宽度、深度和长度外，还需保证槽距轴端的尺寸及槽对外圆轴线的对称度。此时绕工件轴线转动的自由度就不必限制而只要限制五个自由度即行了。工件的六个自由度没有被完全限制的现象称为不完全定位。在平面磨床上磨削平板零件的平面也是不完全定位的一个例子。

在满足加工要求的前提下，采用不完全定位是允许的。但是根据加工要求应该限制的自由度而没有限制是不允许的，它必然不能保证加工要求，这种现象称为欠定位。

3）过定位现象。工件的某个自由度被重复限制的现象称为过定位。一般情况下应当尽量避免过定位。但是，在某些条件下，过定位的现象不仅允许，而且是必要的。此时应当采取适当的措施提高定位基准之间及定位元件之间的位置精度，以免产生干涉。

如车削细长轴时，工件装夹在两顶尖间，已经限制了所必须限制的五个自由度（除了绕其轴线旋转的自由度以外），但为了增加工件的刚度，常采用跟刀架，这就重复限制了除工件轴线方向以外的两个移动自由度，出现了过定位现象。此时应仔细地调整跟刀架，使它的中心尽量与顶尖的中心一致。

四、定位基准的分类及选择

零件上用以确定其他点、线、面的位置所依据的那些点、线、面称为基准。根据其作用的不同，可分为设计基准、工艺基准两大类。

1. 设计基准

在零件图上用以确定其他点、线、面的基准，称为设计基准。

2. 工艺基准

零件在加工、测量、装配等工艺过程中使用的基准统称工艺基准。工艺基准又可分为：

1）装配基准。在零件或部件装配时用以确定它在机器中相对位置的基准。

2）测量基准。用以测量工件已加工表面所依据的基准。例如，以内孔定位用百（千）分表测量外圆表面的径向圆跳动，则内孔就是测量外圆表面径向圆跳动的测量基准。

3）工序基准。在工序图中用以确定被加工表面位置所依据的基准。所标注的加工面的位置尺寸称工序尺寸。工序基准也可以看作工序图中的设计基准。图 1-11 所示为钻孔工序的工序图，图 1-11a、b 分别表示两种不同的工序基准和相应的工序尺寸。

4）定位基准。用以确定工件在机床上或夹具中正确位置所依据的基准。如轴类零件的中心孔就是车、磨工序的定位基准。如图 1-12 所示的齿轮加工中，从图 1-12a 可看出，在加工端面 E 及内孔 F 的第一道工序中，是以毛坯外圆面 A 及端面 B 确定工件在夹具中的位置的，故 A、B 面就是该工序的定位基准。图 1-12b 是加工齿轮端面 B 及外圆 A 的工序，用 E、F 面确定工件的位置，故 E、F 面就是该工序的定位基准，由于工序尺寸方向的不同，作为定位基准的表面也就不同。

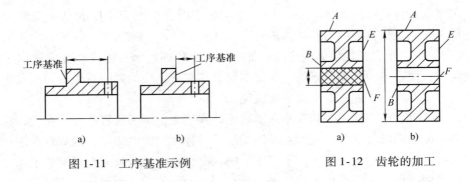

图 1-11　工序基准示例　　　　图 1-12　齿轮的加工

作为基准的点、线、面有时在工件上并不一定实际存在（如孔和轴的轴线、某两面之间的对称中心面等），在定位时是通过有关具体表面起定位作用的，这些表面称定位基面。例如，在车床上用顶尖拨盘安装一根长轴，实际的定位表面（基面）是顶尖的锥面，但它体现的定位基准是这根长轴的轴线。因此，选择定位基准，实际上就是选择恰当的定位基面。

根据定位基面表面状态，定位基准又可分为粗基准和精基准。凡是以未经过机械加工的毛坯表面作定位基准的，称为粗基准，粗基准往往在第一道工序第一次装夹中使用。如果定位基准是经过机械加工的，称为精基准。精基准和粗基准的选择原则是不同的。

五、工件的安装方式

1. 使用夹具安装

工件放在通用夹具或专用夹具中，依靠夹具的定位元件获得正确位置，如图 1-13 所示。

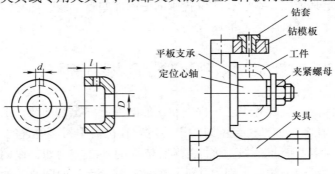

图 1-13　工件夹具安装

2. 找正安装

以工件待加工表面上划出的线痕或以工件的实际表面作为定位依据，用划线盘或百分表找正工件的位置，如图 1-14 所示。

划线找正的定位精度不高，为 0.2~0.5mm，多用于批量较小、位置精度较低以及大型零件等不便使用夹具的粗加工；用百分表找正，则适用于定位精度要求较高的工件。

六、常见零件表面加工方法

1. 表面加工方法的选择

在选择零件各表面的加工方法时，主要应从以下几个方面来考虑。

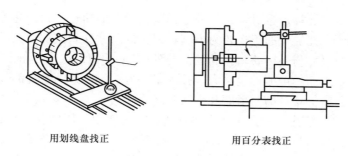

用划线盘找正　　　　　　　　　用百分表找正

图 1-14　工件找正安装

1）零件的结构。零件的结构包括组成零件各表面的性质和尺寸的大小及结构的复杂程度。各种典型表面都有其相适应的加工方法。例如，外圆表面的加工，主要以车、磨为主；孔的加工，则以钻、铰、车、镗、磨等为主；平面加工又以铣、刨、插、拉、车、磨等为主；精密螺纹加工以车、磨、研为主；齿形的主要加工方法有滚、插、拉、磨、剃、珩、研等。

2）各种加工方法所能达到的加工精度和表面粗糙度。任何一种加工方法能获得的加工精度和表面粗糙度都有一个相当大的范围，而高精度的获得一般要以高成本为代价，不适当的高精度要求会导致加工成本急剧上升。

3）工件材料的性质。加工方法的选择，常受工件材料性质的限制。例如，淬火钢淬火后应采用磨削加工；而有色金属磨削困难，常采用金刚镗或高速精密车削来进行精加工。

4）工件的结构形状和尺寸。以内圆表面加工为例，回转体零件上较大直径的孔可采用车削或磨削；箱体上 IT7 级的孔常用镗削或铰削，孔径较小时宜用铰削，孔径较大或长度较短的孔宜选用镗削。

5）生产率和经济性。选择加工方法一定要考虑生产类型，这样才能保证生产率和经济性要求。

2. 外圆柱面加工

外圆表面是轴类、圆盘类和套筒类零件的主要表面或辅助表面，在零件加工中，外圆柱表面的加工占有很大的比重。

（1）外圆柱表面的车削　车削是外圆表面加工的主要方法。单件、小批量生产中常采用普通卧式车床；成批、大量生产中多采用高生产率的多刀半自动车床、液压仿形车床或数控车床。外圆表面的车削可分为粗车、半精车、精车和精细车。

（2）外圆表面的磨削　磨削是外圆表面精加工的主要方法。它既能加工淬火的黑色金属零件，也可以加工不淬火的黑色金属和非金属零件。外圆磨削分粗磨、精磨、精密磨削、超精密磨削和镜面磨削，后三种磨削属于光整加工。粗磨后工件的精度可达到 IT8 ~ IT9，表面粗糙度为 $Ra1.6 ~ 0.8\mu m$，精磨后工件的精度可达 IT6 ~ IT7，表面粗糙度为 $Ra0.8 ~ 0.2\mu m$。

外圆表面的光整加工：外圆表面的光整加工是提高零件表面质量的重要手段，主要方法有高精度磨削、超精加工、研磨、双轮珩磨、抛光及滚压等。

3. 内圆柱面加工

内圆面的加工就是常说的孔类零件加工。孔是轴类、盘套类、支架和箱体类零件的主要表面，如轴承孔、定位孔等，也可以是零件的辅助表面，如油孔、紧固孔等。

与外圆表面相比，孔加工的工作较为不利，刀具的尺寸受到被加工孔尺寸的限制，对刀具的刚度影响很大。尺寸与精度要求相同的孔与外圆面，孔加工往往需要花费更多的工时，刀具的消耗量和产生废品的可能性也较大。孔加工的方法要比外圆表面的加工方法多样，常用的有钻、扩、铰、镗、拉、磨、珩磨和研磨等。

（1）钻孔、扩孔和铰孔　钻孔用钻头在各类机床上实现。用麻花钻头钻孔的精度较低，一般为 IT11～IT13，表面粗糙度为 $Ra12.5\mu m$。麻花钻头的直径一般不大于 80mm。钻孔大多是扩孔、铰孔前的粗加工和加工螺纹底孔。扩孔是用扩孔钻对已经钻出、铸造出和锻造出的孔进行的加工，常用于铰孔等精加工前的准备工序，也作为要求不高的孔的最终加工。扩孔的加工精度可达到 IT10，表面粗糙度为 $Ra6.3～3.2\mu m$。扩孔的加工质量和生产率比钻孔高。铰孔是孔的精加工方法之一，一般精度达到 IT8～IT6，表面粗糙度为 $Ra1.6～0.4\mu m$。铰孔时加工余量小，切削速度低。

（2）镗孔　镗孔是用镗刀对已钻出的孔或毛坯孔进一步加工的方法，可用来粗、精加工各种零件上不同尺寸的孔。对于直径较大的孔，几乎全部采用镗孔的方法。镗孔一般有三种方式：

1）工件旋转，刀具做进给运动。在车床上加工盘类零件属于这种方式。

2）工件不动，刀具做旋转和进给运动。这种加工方式是在镗床类机床上进行的。

3）刀具旋转，工件做进给运动。这种方式适合于镗削箱体两壁相距较远的同轴孔系，容易保证孔与孔、孔与平面间的位置精度。

（3）磨孔　磨孔是孔精加工方法之一，精度可达 IT7，表面粗糙度为 $Ra1.6～0.4\mu m$。磨孔与磨外圆比，工作条件较差。砂轮直径受到孔径的限制，磨削速度低；砂轮轴受到工件孔径和长度的限制，刚度差而容易变形等。磨孔的质量和生产率都不如磨外圆。但是磨孔的适应性好，在单件、小批量生产中应用很广。

（4）拉孔是一种高生产率的精加工方法　拉孔是预先把拉刀套入工件经过预加工（钻孔或扩孔）的通孔中。工件不动，拉床起动后拖动拉刀低速进行拉削。拉刀是一种多齿刀具，其尺寸是逐渐增大每齿只切下一层较薄的金属。拉孔的精度可达 IT8～IT7，表面粗糙度为 $Ra0.8～0.4\mu m$。拉孔的生产率高，但由于拉刀结构复杂，一般用于大批量生产中。

（5）珩磨孔　珩磨是孔光整加工的方法之一，常在专用的珩磨机上用珩磨头进行加工。珩磨时，工件固定在机床工作台上，主轴驱动珩磨头做旋转和往复运动，使珩磨头上磨条在孔的表面切去极薄的一层金属，其切削轨迹成交叉而不重复的网纹。

4. 平面加工

平面是盘形和板形零件的主要表面，也是箱体、支架类零件的主要表面之一。平面的加工方法有车、刨、铣、磨、研磨、刮削等。

（1）车平面　车削适用于回转体零件上的端面加工，通常在车削内、外圆面的同一次装夹中加工出端面，以保证端面与内、外圆轴线的垂直度。

（2）刨平面　在刨床上用刨刀对工件进行的切削加工称为刨削加工。刨削加工主要用来加工平面。但是由于刨削时回程不切削，空程时间约占刨削过程时间的 1/3，并且往复主运动速度受惯性力的限制而较低，因此刨削的生产率低，多用于单件、小批量生产中。

（3）铣平面　铣平面是平面加工中最常用的一种方法，与刨削加工相比它具有较高的生产率。铣刀有较多的刀齿，能连续地依次参加切削，没有空程损失。主运动是旋转运动，故切削速度可以较高。此外还可以进行多刀、多件加工。由于工作台移动速度较低，有可能在移动的工作台上装卸工件，使辅助时间与机动时间重合。铣平面有周铣和端铣两种方式，周铣适于在中小批量生产中铣削较狭长的平面，端铣适于在大批量生产中铣削宽大的平面。铣平面可以在卧式铣床上进行，也可以在立式铣床上进行。工件可以夹紧在机用虎钳上也可以用螺栓压板直接压紧在工作台面上。

（4）磨平面　平面的磨削可以得到较高的工作质量，一般可以达到 IT7～IT6 级精度，表面粗糙度为 $Ra0.8～0.2\mu m$。平面磨削常见有四种方式，其中圆周磨削法应用最多。它的特点是砂轮与工件接触面积小，排屑和冷却条件好，工件发热变形小，砂轮圆周表面磨粒磨损均匀，能获得较好的加工质量。

刮削平面和研磨平面：刮削和研磨平面是为了获得很高的精度和很小的表面粗糙度。在传统加工中是利用刮刀和研磨平板手工操作的。在现代制造中，也逐步采用机械进行研磨。

5. 螺纹加工

螺纹是零件上最常见的表面之一。螺纹的种类很多，从牙形上看有三角形螺纹、矩形螺纹、梯形螺纹、锯齿形螺纹和圆弧螺纹；按螺距分有米制螺纹、寸制螺纹、模数螺纹；按螺旋线分有左旋螺纹和右旋螺纹之分，其中以米制右旋三角形螺纹最常见。螺纹常见的加工方法有车削、铣削、滚压（搓板和滚轮）、磨削，以及用板牙套螺纹和丝锥攻螺纹。

在车床上车螺纹是常用的螺纹加工方法，所用刀具简单，适应性广，使用通用设备能加工未淬硬的各种材料、不同截形和尺寸的内、外螺纹，可以车外螺纹也可以车内螺纹。

6. 齿形面加工

齿轮齿形面的加工有成形法和展成法。

（1）成形法　成形法是用与被切齿轮齿槽形状相符合的成形铣刀切出齿形的方法。

铣削时，工件在卧式铣床上用分度头卡盘和尾座顶尖装卡，用一定模数的盘形（或指形）铣刀进行铣削。当加工完一个齿槽后，接着对工件分度，再继续对下一齿槽进行铣削。

（2）展成法　这是利用齿轮刀具与被切齿轮互相啮合运转而切出齿形的方法。插齿加工和滚齿加工就是利用展成法来加工齿形的。

第四节　刀具的组成及结构

一、车刀的种类

车刀是金属切削加工中应用最为广泛的刀具之一。车刀的种类很多，分类方法也不同。通常车刀按用途、形状、结构和材料等进行分类。

按用途分类有内、外圆车刀，端面车刀，切断车刀，切槽车刀，螺纹车刀和滚花车刀（见图1-15）。

按结构分类有焊接式和机械夹固式车刀；机械夹固式按其能否刃磨又分重磨车刀和可转位车刀两种（见图1-16、图1-17）。

按材料分类有高速钢车刀、硬质合金制车刀。常用高速钢制造的车刀有右偏刀、尖刀、切刀、成形刀、螺纹刀、中心钻、麻花钻（钻头和铰刀也是车床上常用的刀具），应用广

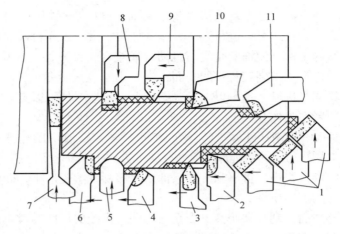

图 1-15　焊接式车刀的种类

1—45°端面车刀　2—90°外圆车刀　3—外螺纹车刀　4—70°外圆车刀　5—成形车刀
6—90°左外圆车刀　7—切断车刀　8—内孔车槽车刀　9—内螺纹车刀
10—95°内孔车槽车刀　11—75°内孔车槽车刀

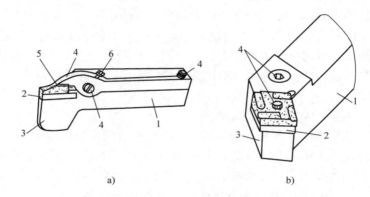

图 1-16　机夹式车刀结构

1—刀柄　2—垫块　3—刀体　4—夹紧元件　5—挡屑块　6—调节螺钉

泛。常用硬质合金制造的车刀有右偏刀、尖刀、车刀，多用于高速车削。

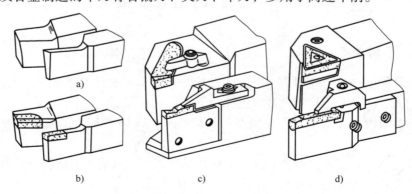

图 1-17　车刀结构类型

a）整体式车刀　b）焊接式车刀　c）机夹式车刀　d）机夹式可转位车刀

二、车刀的组成和几何角度

1. 车刀的组成

车刀是由刀头和刀体两大部分组成的，刀头即车刀的切削部分，刀体用于在刀架上夹持和固定车刀。如图 1-18 所示，车刀的切削部分一般由三个面、两条切削刃和一个刀尖组成。

1）前刀面：刀具上切屑流过的表面。

2）主后面：刀具上同前刀面相交成主切削刃的后刀面，该面与工件上的过渡表面相对。

3）副后面：刀具上同前刀面相交形成副切削刃的后刀面，该面与工件上的已加工表面相对。

4）主切削刃：前刀面和主后刀面的交线，它担负主要的切削工作。

5）副切削刃：前刀面和副后刀面的交线，它担负部分切削工作。

6）刀尖：主切削刃与副切削刃的连接处的一部分切削刃，通常刃磨成一小段圆弧或一小段直线。

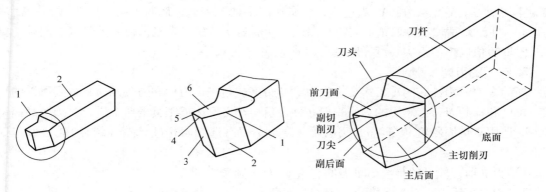

图 1-18　车刀刀头

1—主切削刃　2—主后面　3—副后面　4—刀尖　5—副切削刃　6—前刀面

2. 车刀几何角度

车刀几何角度是刀具结构的核心，它直接影响切削力、刀头强度、刀具寿命和工件加工质量等，是车刀制造和刃磨的技术依据。车刀角度包括前角 γ_o，后角 α_o，主偏角 κ_r，副偏角 κ_r'，刃倾角 λ_s，其值是在一个由基面、切削平面和主剖面 3 个互相垂直的辅助平面组成的坐标系中计量的，需要综合考虑刀具材料性能、工件材料性能、加工精度和刀具寿命等因素。直头外圆车刀的几何角度如图 1-19 所示。

（1）前角 γ_o　前角的大小主要影响切削刃的锋利程度和切削刃的强度。前角越大刀刃越锋利，但是过大的前角会使刀刃部分强度降低，容易崩刃。一般情况下，工件材料强度、硬度较高或为脆性材料，刀具材料硬脆，粗加工或断续切削时，γ_o 均取小值，反之 γ_o 可以取大一些，用高

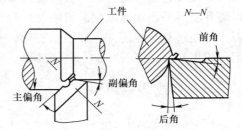

图 1-19　直头外圆车刀的几何角度

29

速钢车刀车削钢件时 γ_o 取 $15° \sim 25°$。

（2）后角 α_o　后角的主要作用是减少刀具后刀面与工件之间的摩擦，并配合前角调整刀的锋利度和强度。α_o 一般取值 $6° \sim 12°$，粗加工或切削较硬材料时取小些，精加工或切削较软材料时取大些。

（3）主偏角 κ_r　主偏角不同则切削力在轴向和径向的分解力就不同。主偏角的大小影响切削刃实际参与切削的长度及切削力的分解，从而影响刀具寿命、散热条件、刀尖强度以及工件的表面粗糙度。减小主偏角会增加切削刃的实际长度，总切削负荷增加，但单位长度切削刃上的负荷减小，使刀具寿命得以提高但会使刀具对工件的径向作用力加大，易将细长工件顶弯。通常 κ_r 选择 $45°$、$60°$、$75°$、$90°$ 几个。

（4）副偏角 κ_r'　副偏角影响副后面与工件已加工表面间的摩擦以及已加工表面粗糙度数值大小，κ_r' 较小时，可减小切削残留面积，减小表面粗糙度值，通常 κ_r' 取值为 $5° \sim 15°$，精加工时取小值。

（5）刃倾角 λ_s　刃倾角主要影响切屑的流向和刀头的强度。当 $\lambda_s = 0$ 时，切屑沿垂直于主切削刃方向流出；当刀尖为切削刃最低点时，λ_s 为负值，切屑流向已加工表面；当刀尖为主切削刃上最高点时，λ_s 为正值，切屑流向待加工表面，此时刀头强度较低。一般 λ_s 为 $-5° \sim +5°$。精加工时取正值或零，以避免切屑划伤已加工表面，粗加工时或切削硬、脆材料时取负值以提高刀尖强度，断续车削时 λ_s 可取 $-12° \sim 15°$。

3. 车刀的刃磨

新的车刀或用钝后的车刀需要进行刃磨，刃磨包括三个刀面和刀尖圆弧，得到所需的形状、角度和锋利刀刃。车刀的刃磨一般在砂轮机、车刀磨床或工具磨床上进行。刃磨高速钢车刀时选用氧化铝砂轮（白色），刃磨硬质合金车刀时选用碳化硅砂轮（绿色）。一般步骤如下：

1）刃磨前刀面目的是磨出车刀的前角 γ_o 及刃倾角 λ_s。

2）刃磨主后刀面目的是磨出车刀的主偏角 κ_r 和主后角 α_o。

3）刃磨副后刀面目的是磨出车刀的副偏角 κ_r' 和副后角 α_o'。

4）刃磨刀尖圆弧段，在主刀刃与副刀刃之间磨刀尖圆弧，以提高刀尖强度和改善散热条件。

在砂轮机刃磨时人应站在砂轮侧面，以防砂轮破碎伤人，车刀应在砂轮圆周面上左、右移动，使砂轮磨耗均匀，不会出现沟槽。刃磨高速钢车刀时，刀头发热后应置于水中冷却，以防升温过高而回火软化。刃磨硬质合金车刀时，刀头发热后应将刀杆置于水中冷却，避免刀头升温过高急冷而产生裂纹。砂轮刃磨完成以后，还应该用油石细磨各面，降低各面和切削刃的粗糙度，以提高加工表面的质量和车刀寿命。

三、切削刀具材料

在切削过程中，刀具的切削部分要承受很大的压力、摩擦、冲击和很高的温度。因此，刀具材料必须具备高硬度、高耐磨性、足够的强度和韧性，还需具有高的耐热性（红硬性），即在高温下仍能保持足够硬度的性能。常用刀具材料主要有高速钢和硬质合金。

1. 高速钢

高速钢是以钨、铬、钒、钼为主要合金元素的高合金工具钢。高速钢淬火后硬度为

63～67HRC，其红硬温度为 550～600℃，允许的切削速度为 25～30m/min。高速钢有较高的抗弯强度和冲击韧度，可以进行铸造、锻造、焊接、热处理和零件的切削加工，有良好的磨削性能，刃磨质量较高，故多用来制造形状复杂的刀具，如钻头、铰刀、铣刀等，也常用于制作低速精加工车刀和成形车刀。常用的高速钢牌号有 W18Cr4V 和 W6Mo5Cr4V2 两种。

2. 硬质合金

硬质合金是用高耐磨性和高耐热性的 WC（碳化钨）、TiC（碳化钛）和 Co（钴）的粉末经高压成形后再进行高温烧结而制成的，其中 Co 起黏结作用，硬质合金的硬度为 74～82HRC，有很高的红硬温度，在 800～1000℃的高温下仍能保持切削所需的硬度。硬质合金刀具切削一般钢件的切削速度可达 100～300m/min，可用这种刀具进行高速切削，其缺点是韧性较差，较脆，不耐冲击，硬质合金一般制成各种形状的刀片，焊接或夹固在刀体上使用。常用的硬质合金有钨钴和钨钛钴两大类。

（1）钨钴类　该类硬质合金由碳化钨和钴组成，适用于加工铸铁、青铜等脆性材料。含钴量越高，其承受冲击的性能就越好。

（2）钨钛钴类　该类硬质合金由碳化钨、碳化钛和钴组成，加入碳化钛可以增加合金的耐磨性，可以提高合金与塑性材料的黏结温度，减少刀具磨损，也可以提高硬度；但韧性差、更脆、承受冲击的性能也较差，一般用来加工塑性材料。碳化钛的含量越高，红硬性越好；但钴的含量越低，韧性越差，越不耐冲击。

3. 特种刀具材料

（1）涂层刀具材料　这种材料是在韧性较好的硬质合金基体上或高速钢基体上，采用化学气相沉积（CVD）法或物理气相沉积（PVD）法涂覆一薄层硬质和耐磨性极高的难熔金属化合物而得到的刀具材料。常用的涂层材料有 TiC、TiN、Al_2O_3 等。

（2）陶瓷材料　其主要成分是 Al_2O_3，陶瓷刀片的硬度可达 78HRC 以上，能耐 1200～1450℃的高温，故能承受较高的切削温度。但其抗弯强度低，怕冲击，易崩刃，主要用于钢、灰铸铁、淬火铸铁、球墨铸铁、耐热合金及高精度零件的精加工。

（3）金刚石　金刚石材料分为人造金刚石和天然金刚石两种。一般采用人造金刚石作为切削刀具材料，其硬度高，可达 10000HV（一般的硬质合金仅为 1300～1800HV）。其耐磨性是硬质合金的 80～120 倍，但韧性较差，对铁族亲和力大，因此一般不适合加工黑色金属，主要用于有色金属以及非金属材料的高速精加工。

（4）立方氮化硼（CBN）　立方氮化硼是人工合成的一种高硬度材料，其硬度可达 7300～9000HV，可耐 1300～1500℃的高温，与铁族亲和力小，但其强度低，焊接性差，目前主要用于加工淬硬钢、冷硬铸铁、高温合金和一些难加工的材料。

第五节　切削加工零件的技术要求

切削加工零件的技术要求一般包括加工精度、表面质量、零件的材料及热处理和表面处理（如电镀、发蓝、发黑等）等。加工精度是指工件加工后，其实际的尺寸、形状和相互位置等几何参数与理想几何参数相符合的程度，它包括尺寸精度、形状精度和位置精度。表面质量则是指工件加工后的表面粗糙度、表面层的冷变形强化程度、表面层残余应力的性质和大小以及表面层金相组织等。在以上这些技术要求中，加工精度和表面粗糙度要由切削加工来保证。

一、零件尺寸精度、几何公差及其选择

1. 尺寸精度

尺寸精度是指零件的实际尺寸相对于理想尺寸的准确程度，它包括表面本身的尺寸和表面间的尺寸，用尺寸公差来控制。公差是指允许尺寸的变动量。

1）零线：公差带图（见图1-20）中，确定偏差的一条基准直线称为零线。它代表公称尺寸，零线以上为正偏差，零线以下为负偏差。

2）尺寸公差带：公差带图中，由代表上、下偏差的两条直线所限定的区域称为尺寸公差带，简称公差带。

例：一根轴的直径为 $\phi 60\text{mm} \pm 0.015\text{mm}$

公称尺寸：$\phi 60\text{mm}$

上极限尺寸：$\phi 60.015\text{mm}$

下极限尺寸：$\phi 59.985\text{mm}$

零件合格的条件：$\phi 60.015\text{mm} \geqslant$ 实际尺寸 $\geqslant \phi 59.985\text{mm}$。

上极限偏差 $= 60.015\text{mm} - 60\text{mm} = +0.015\text{mm}$

下极限偏差 $= 59.985\text{mm} - 60\text{mm} = -0.015\text{mm}$

公差 $=$ 上极限尺寸 $-$ 下极限尺寸 $=$ 上极限偏差 $-$ 下极限偏差 $= 0.015\text{mm} - (-0.015)\text{mm} = 0.030\text{mm}$

国家标准中将尺寸公差分为20级，即IT01、IT0、IT1、IT2、…、IT18，IT表示标准公差，数字表示公差等级，从IT01～IT18，精度等级依次降低，公差值依次增大。常用的为IT6～IT11，IT12～IT18为未注公差尺寸的公差等级。

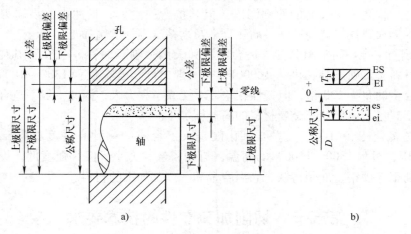

a)   b)

图1-20　公差带图

2. 形状精度和位置精度

形状精度是指零件上的线、面要素的实际形状相对于理想形状的准确程度。例如，车削 $\phi 25_{-0.014}^{0}$ 的轴，加工后可能出现多种形式，如图1-21所示。这些形状误差如果超出允许范围，不但会影响使用性能，有时还无法装配。位置精度是指零件上点、线、面要素的实际位

置相对于理想位置的准确程度。机械加工零件的要素的形状及位置不可能做到绝对准确，但为满足产品的使用要求，就需要对这些形状位置的误差加以控制。形状精度和位置精度用几何公差来表示。国家标准中规定的控制零件形状公差的项目有六项，控制位置公差的项目有八项，见表1-3。为便于理解几何公差各项的意义，下面列出一些示意图（图1-22和图1-23）。

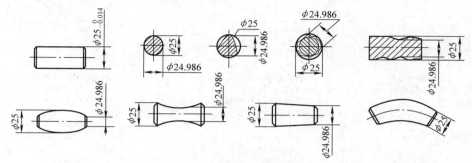

图 1-21　轴加工误差常见形式

表 1-3　几何公差项目与符号

类别	项目	符号	类别	项目	符号	类别	项目	符号
形状公差	直线度	—	方向公差	平行度	//	其他有关符号	最大实体要求	Ⓜ
	平面度	▱		垂直度	⊥		延伸公差带	Ⓟ
	圆度	○		倾斜度	∠		包容要求（单一要素）	Ⓔ
	圆柱度	⌭	位置公差	同轴（同心）度	◎		理论正确尺寸	50
形状、方向或位置公差	线轮廓度	⌒		对称度	=		基准目标的标注	⌀2/A1
	面轮廓度	⌓		位置度	⊕			
			跳动公差	圆跳动	↗			
				全跳动	⌰			

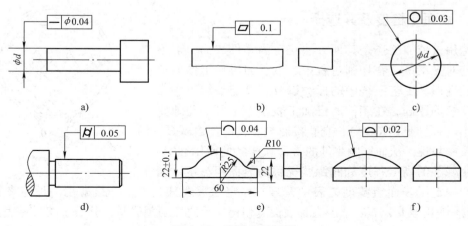

图 1-22　形状公差图例

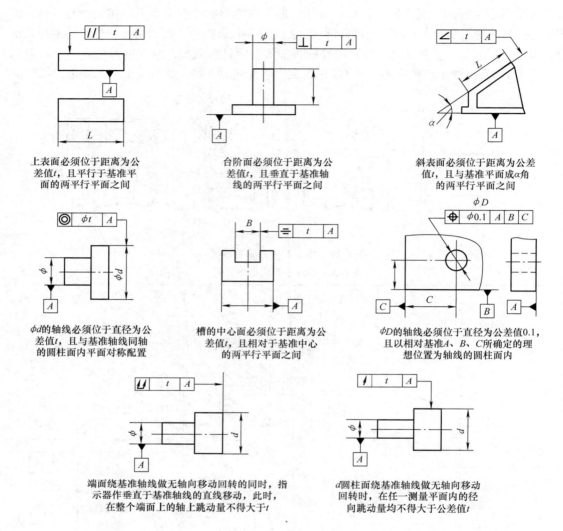

图 1-23　位置公差图例

二、表面粗糙度及其选择

　　无论用机械加工还是其他方法获得的零件表面，都不可能是绝对光滑的。在切削过程中，由于切屑与工件分离时的塑性变形、工艺系统中的振动以及刀具与被加工表面之间的摩擦等原因，在工件的已加工表面上不可避免地要产生微小峰谷（见图 1-24），它直接影响零件的配合性质、耐磨性及密封性，从而影响零件的寿命和产品的使用性能。这些微小峰谷的高低程度和间距状况称为表面粗糙度。国

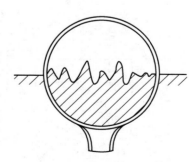

图 1-24　表面粗糙度示意图

家标准中规定了表面粗糙度的表示符号、评定参数及其允许值。最常用的评定参数是 Ra（轮廓算术平均偏差），Ra 值越大，表面越粗糙，反之表面越光滑，其表示符号见表 1-4。

表1-4　表面粗糙度的符号

符号	意义及说明
✓	用任何方法获得的表面
✓	用去除材料的方法获得的表面，如车削、铣削、磨削等形成的表面等
✓	用不去除材料的方法获得的表面，如铸造、锻造形成的表面
✓ ✓ ✓	横线上用于标注有关参数和说明
✓ ✓ ✓	表示所有表面具有相同的表面粗糙度要求

通常，粗加工（如粗车、粗铣、钻孔等）所能达到的 Ra 值大于 $12.5\mu m$，半精加工（如半精车、粗磨、铰孔、拉削等）后的 Ra 值为 $1.6 \sim 6.3\mu m$，精加工（如精铰、刮削、精磨、精拉等）后的 Ra 值为 $0.2 \sim 0.8\mu m$，Ra 值小于 $0.2\mu m$ 时则要用精密加工（如精密磨削、研磨、抛光、镜面磨削等）的方法才能达到。

表面粗糙度的测量方法很多，如比较法、干涉法、光切法、针描法及散射法等，生产中最常用的方法是比较法。将工件上的被测表面对照粗糙度样板，用肉眼判断或借助放大镜进行比较。这种方法操作简单、方便，但测量误差大，而且不能测出具体的 Ra 值。后几种方法利用较精密的测量仪器进行测量，精度较高，能测出具体的 Ra 值。表面粗糙度特征及常见的加工方法见表1-5。

表1-5　表面粗糙度特征及常见的加工方法

表面微观特性		$Ra/\mu m$	加工方法	应用举例
粗糙表面	微见加工痕迹	$20 \sim 80$	粗车、粗刨、粗铣、钻、毛锉、锯断	半成品粗加工过的表面，非配合的加工表面，如轴端面、倒角、钻孔、齿轮和带轮侧面、键槽底面、垫圈接触面等
半光表面	微见加工痕迹	$10 \sim 40$	车、刨、铣、镗、钻、粗铰	轴上不安装轴承、齿轮处的非配合表面，坚固件的自由装配表面，轴和孔的退刀槽等
	微见加工痕迹	$5 \sim 20$	车、刨、铣、镗、磨、拉、粗刮、滚压	半精加工表面，如箱体、支架、盖面、套筒等和其他零件接合而无配合要求的表面，需要发蓝的表面等
	看不清加工痕迹	$2.5 \sim 10$	车、刨、铣、镗、磨、拉、刮、滚压、铣齿	接近于精加工表面，如箱体上安装轴承的镗孔表面、齿轮的工作面
光表面	可辨加工痕迹方向	$1.25 \sim 6.3$	车、镗、磨、拉、刮、精铰、磨齿、滚压	圆柱销、圆锥销、与滚动轴承配合的表面，普通车床导轨面，内、外花键定心表面等
	微辨加工痕迹方向	$0.63 \sim 3.2$	精铰、精镗、磨、刮、滚压	要求配合性质稳定的配合表面，工作时受交变应力的重要零件，较高精度车床的导轨面

（续）

表面微观特性		Ra/μm	加工方法	应用举例
光表面	不可辨加工痕迹方向	0.32 ~ 1.6	精磨、珩磨、研磨、超精加工	精密机床主轴锥孔、顶尖圆锥面、发动机曲轴、凸轮轴工作表面，高精度齿轮齿面
极光表面	暗光泽面	0.16 ~ 0.8	精磨、研磨、普通抛光	精密机床主轴颈表面，一般量规工作表面，气缸套内表面，活塞销表面等
	暗光泽面	0.08 ~ 0.4	超精磨、精抛光、镜面磨削	精密机床主轴颈表面，滚动轴承的滚珠，高压液压泵中柱塞和柱塞配合的表面
	镜状光泽面	0.04 ~ 0.2		
	镜面	0.01 ~ 0.05	镜面磨削、超精研	高精度量仪、量块的工作表面，光学仪器中的金属镜面

第六节　常用量具

现代化的工业生产，处处离不开测量，测量是精细加工和过程自动化的基础，没有测量就没有现代化的制造业。在设计和生产过程中，为了检查、监督生产过程和产品质量需对生产过程中的各道工序和产品的各种参数进行测量，以便在线实时监控。

在切削加工过程中，为了确定所加工的零件是否达到零件制造及装配图样要求（包括加工精度和表面粗糙度安装位置精度），就必须用工具对工件进行测量，这些测量工具简称为量具。没有量具，就无法判定出合格的零件和正确的装配关系。由于零件形状多种多样，精度要求也不尽相同，这就需要用不同的量具进行测量。量具的种类很多，本节仅介绍常用的几种。

一、量具的种类

1. 金属直尺

金属直尺是最简单的长度量具，可直接用来测量工件的尺寸（见图 1-25），其规格有 150mm、300mm、500mm、1000mm 等几种。最小刻度为 0.5mm，测量精度为 0.25mm，一般用来测量精度要求不高的工件。

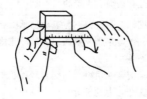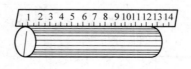

图 1-25　金属直尺及应用示例

2. 游标卡尺

游标卡尺是一种比较精密的量具，它可以测量出工件的内径、外径、长度及深度尺寸等。按其用途可分为通用游标卡尺和专用游标卡尺两大类。通用游标卡尺按测量精度可分为0.10mm、0.05mm、0.02mm三个精度，按其尺寸测量范围有0~125mm、0~150mm、0~200mm、0~300mm、0~500mm等多种规格。图1-26所示为精度为0.02mm、规格为0~150mm的通用游标卡尺，其结构主要由尺身和游标尺所组成。利用尺身和游标尺之间刻线间距的差值原理而得出不同的分度值，现说明它的读数原理和方法。

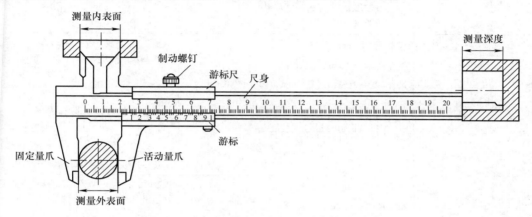

图1-26　0.02mm游标卡尺及读数方法

（1）读数原理　当尺身、游标尺的内外测量爪贴合时，游标尺上的零线对准尺身上的零线（见图1-27），尺身上49mm（49格）正好等于游标尺上的50格，那么，游标尺每格长度=49/50mm=0.98mm；尺身与游标尺每格相差0.02mm。

（2）读数方法（图1-27）　先由游标尺零线以左的主尺上读出最大整数22mm，然后由游标尺零线以右与尺身刻线对准的刻线数9乘上尺身、游标尺每格之差0.02mm，读出小数0.18mm，把读出的整数和小数相加即为测量的尺寸22.18mm。

（3）使用游标卡尺应注意的事项

1）检查零线。使用前应先擦净卡尺，合拢内外测量爪，检查尺身、游标尺的零线是否重合，若不重合，记下误差，测量时用它来修正读数。按规定，尺身、游标尺误差太大，应送计量部门检修。

2）放正卡尺，用力适当。测量时，应使内外测量爪与工件表面逐渐接触，最后达到轻微接触，内外测量爪不得用力压紧工件，以免内外测量爪变形或磨损，降低测量精度。其间还要注意放正卡尺，切记歪斜，以免测量不准（见图1-28、图1-29）。

3）防止松动。卡尺若需取下来读数，应先拧紧制动螺钉将其锁紧，再取下卡尺。

4）读数时，视线要垂直卡尺并对准所读刻线，以免读数不准。

5）不得用卡尺测量表面粗糙度和正在运动的工件。

6）不得用卡尺测量高温工件，否则会使卡尺受热变形，影响测量。

专用游标卡尺有游标深度卡尺和游标高度卡尺两种（见图1-30），分别用来测量深度和高度。游标高度卡尺还可用于精密划线。

精度值	刻线原理	读数方法及示例
0.1mm	尺身1格=1.0mm 游标尺1格=0.9mm，共10格 尺身、游标尺每格之差=1mm−0.9mm=0.1mm 零线 1mm 尺身 0.9mm 游标尺	读数=游标尺零位以左的尺身整数+游标尺与尺身对齐刻度线格数×精度值 90 100 尺身 0.4mm 游标尺 读数=90.00mm+4×0.1mm=90.4mm
0.05mm	尺身1格=1.0mm 游标尺1格=0.95mm，共20格 尺身、游标尺每格之差=1mm−0.95mm=0.05mm 尺身 1 2 游标尺 5 10 15 20	读数=游标尺零位以左的尺身整数+游标尺与尺身对齐刻度线格数×精度值 3 4 尺身 游标尺 0 5 10 15 读数=30.00mm+11×0.05mm=30.55mm
0.02mm	尺身1格=1.0mm 游标尺1格=0.98mm，共50格 尺身、游标尺每格之差=1mm−0.98mm=0.02mm 尺身 0 1 2 3 4 5 游标尺 0 1 2 3 4 5 6 7 8 9 0	读数=游标尺零位以左的尺身整数+游标尺与尺身对齐刻度线格数×精度值 2 3 尺身 游标尺 0 1 2 3 4 读数=22.00mm+9×0.02mm=22.18mm

图 1-27 游标卡尺及读数方法

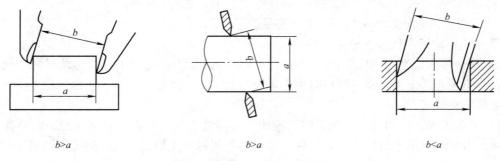

$b>a$ $b>a$ $b<a$

图 1-28 卡尺使用不当示例

3. 千分尺和百分表

（1）千分尺 千分尺是比游标卡尺更为精确的测量工具，其测量精度为 0.01mm。按其用途可分为外径千分尺、内径千分尺和深度千分尺等，分别用来测量工件的外径、内径和深度。其中外径千分尺按其测量范围有 0～25mm、25～50mm、50～75mm、75～100mm、100～125mm、125～150mm 等多种规格。

图 1-31 所示为测量范围为 0～25mm 的外径千分尺。弓架左端为固定砧座，右端的螺杆

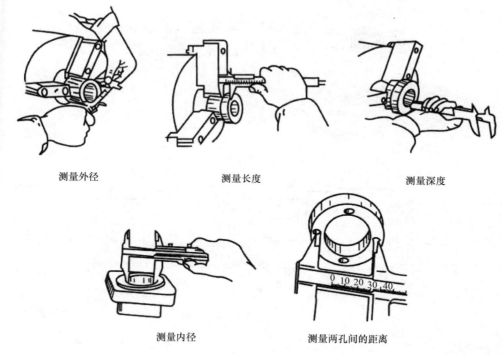

测量外径　　　　　　　测量长度　　　　　　　测量深度

测量内径　　　　　　　测量两孔间的距离

图 1-29　卡尺使用方法

和活动套筒连在一起，转动活动套筒，二者便一起向左或向右移动。固定套筒在轴线方向上刻有一条中线（也称基线），中线的上下方各刻有一排刻线，其每小格间距为 1mm，上下两排刻线相互错开 0.5mm；在活动套筒的左端圆周上有 50 等分的刻线。因螺杆的螺距为 0.5mm，即螺杆每转一周，同时轴向移动 0.5mm，故活动套筒上每小格的读数为 $0.5/50 = 0.01$mm。

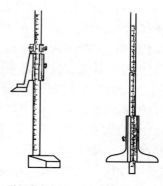

游标高度卡尺　　　游标深度卡尺

图 1-30　专用游标卡尺

当千分尺的螺杆与固定砧座接触时，活动套筒左端的边线与轴向刻线的零线重合，同时，圆周上的零线应与中线对准。

下面以图 1-32b 说明千分尺的读数方法。

首先读出活动套筒所指的固定套筒上的整数（应为 0.5mm 的整数倍）15mm，然后读与固定套筒中线重合的副尺的刻度数 13，并乘以 0.01 即为小数部分 0.13mm，将整数与小数加起来就得到被测工件的尺寸 15.13mm。

使用千分尺应注意下列事项：

1）校对零点。将砧座与螺杆擦净接触，检查圆周刻度零线是否与中线零点对齐，若有误差，记下此值，测量时要根据这一误差修正读数。

2）当螺杆快要接触工件时，必须使用端部棘轮，当棘轮发出"嘎嘎"声时，表示压力合适，停止拧动。

3）工件测量表面应擦干净，并准确放在千分尺测量面间，不得偏斜。

4）测量时不得先锁紧螺杆，后用力卡过工件，否则将导致螺杆弯曲或测量面磨损，从

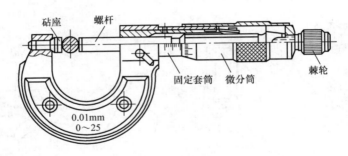

图 1-31　外径千分尺

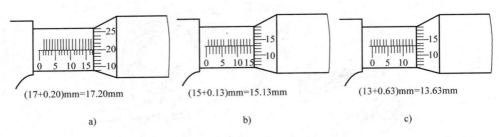

(17+0.20)mm=17.20mm　　　(15+0.13)mm=15.13mm　　　(13+0.63)mm=13.63mm

a)　　　　　　　　　　　b)　　　　　　　　　　　c)

图 1-32　千分尺的读数示例

而降低测量精度。

5）不得用千分尺测量表面粗糙度和运动中的工件。

6）不得用千分尺测量高温工件，否则，会使千分尺受热变形，影响测量。

（2）百分表　百分表是一种精度较高的比较量具，它只能测出相对的数值，不能测出绝对数值，主要用来检查工件的形状和位置误差（如圆度、平面度、垂直度等），也常用于工件的精密找正，校正装夹位置。

百分表的结构如图 1-33 所示。当测量杆向上或向下移动 1mm 时，通过齿轮传动系统带动大指针转一圈，小指针转一格。刻度盘在圆周上有 100 等分的刻度线，其每格的读数为 0.01mm；小指针每格读数为 1mm。测量时，大小指针所示读数之和即为尺寸变化量。小指针处的刻度范围即为百分表的测量范围。刻度盘可以转动，供测量时调整大指针对齐零位线用。

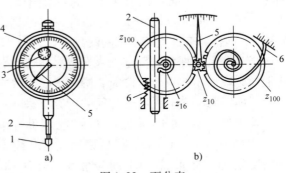

图 1-33　百分表
a）外观　b）传动原理
1—测量头　2—测量杆　3—转数指示盘
4—表盘　5—指针　6—弹簧

百分表常装在专用百分表架上使用（见图 1-34）。测量时，使测量杆与被测表面垂直接触，转动刻度盘使指针对准零线，然后慢慢转动（或移动）工件，观察指针的摆动以确定工件的误差。图 1-34a、b、c 所示为百分表应用举例。

百分表中还有一种专门用来测量孔径及其形状精度的表，叫内径百分表（见图 1-35）。它附有成套的可换插头，供测量不同孔径时选用。其测量精度为 0.01mm，有 6～10mm、

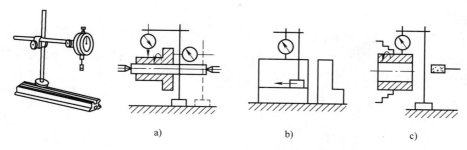

图 1-34 百分表架及百分表应用举例

$10\sim18\text{mm}$、$18\sim35\text{mm}$、$35\sim50\text{mm}$、$50\sim100\text{mm}$、$100\sim160\text{mm}$ 等多种规格。使用方法如图 1-36 所示。

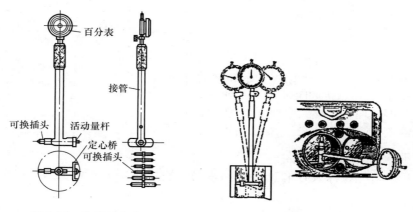

图 1-35 内径百分表   图 1-36 内径百分表使用方法

4. 游标万能角度尺

游标万能角度尺是用来测量零件内外角度的量具。

游标万能角度尺的读数原理和读数方法与游标卡尺相同。主尺刻线每格为 $1°$，游标刻线把主尺的 $29°$ 等分为 30 格，即游标刻线每格为 $29°/30 = 58'$。主尺与游标每格相差 $2'$，即游标万能角度尺的测量精度为 $2'$。

测量时应先校对零位。游标万能角度尺的零位是当角尺和直尺均装上，且角尺的底边及基尺均与直尺无间隙接触，此时主尺与游标的 "0" 线对准。调整好零位后，通过改变基尺、角尺、直尺的相互位置可测量 $0°\sim320°$ 范围内的任意角度，如图 1-37 所示。

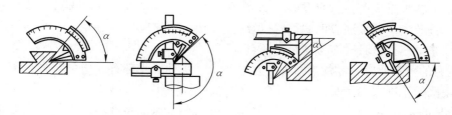

图 1-37 游标万能角度尺应用示例

5. 塞尺

如图 1-38 所示，塞尺用来检验两贴合面之间的缝隙大小。它由一组厚度不同、范围为 0.02～0.3mm 的薄钢片组成，每片钢片上标有厚度标记。测量时根据被测间隙的大小选择厚度接近的一片或数片薄片直接插入间隙，则这一片或数片的厚度即为两贴合面的间隙值。

标记		塞尺片		
A 型	B 型	长度/mm	片数	厚度/mm
75A13	75B13	75		0.02、0.02、0.03、0.03、
100A13	100B13	100		0.04、0.04、0.05、
150A13	150B13	150	13	0.05、0.06、0.07、
200A13	200B13	200		0.08、0.09、0.1
300A13	300B13	300		

图 1-38　塞尺的种类

使用塞尺时应先擦净尺面和工件被测表面，插入时用力不可太大，以免尺片弯曲或折断。

6. 量规

量规包括塞规和卡规，是用于大批量生产的一种专用量具。它无刻度，只能检验工件是否合格，而不能测量出工件的具体尺寸。塞规用来检验孔径或槽宽，卡规用来检验轴径或厚度，二者都有通端（通规）和止端（止规），通端和止端配合使用。

塞规的通端直径等于工件的下极限尺寸，止端直径等于工件的上极限尺寸；而卡规则相反。无论塞规还是卡规，检验工件（见图 1-39）时，若通端能通过而止端不能通过，说明工件的实际尺寸在规定的公差范围之内，为合格品，否则就是不合格品。

有些量具属于通用量具，可以测量一定范围内的实际尺寸数值，如游标卡尺、千分尺、百分表等。但这类量具的测量速度慢，测量技术要求高。还有一些量具属于专用量具，没有刻度，不能测量具体的尺寸数值，只是根据规定的实际极限尺寸来检验工件尺寸是否在公差范围之内，如各种量规等。选择量具应该准确、方便、经济和合理。选择量具与零件的大小、形状、公差大小、被测表面的位置以及生产规模、生产方式等有关。

归纳起来，选择量具时应考虑以下两点：

1）测量的范围要符合零件尺寸和公差的要求。每种量具都有一定的测量范围，尺寸大的零件选用测量范围大的量具，尺寸小的零件选用测量范围小的量具。

2）量具的精度要合适，选用精度高的量具可以充分保证零件的加工精度，但是精度高的量具生产成本高、不经济。正确地使用精密量具是保证产品质量的重要条件之一。要保持

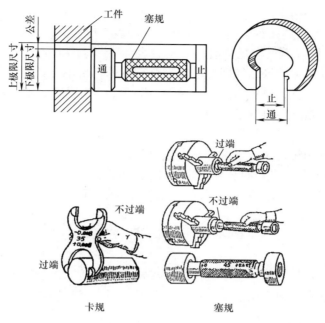

图 1-39　量规及其使用

量具的精度和它工作的可靠性，除了在使用中要按照合理的使用方法进行操作以外，还必须做好量具的维护和保养工作。

二、量具的维护保养

1）在机床上测量零件时，要等零件完全停稳后进行，否则不但使量具的测量面过早磨损而失去精度，且会造成事故。尤其是车工使用卡钳时，不要以为卡钳简单，磨损一点无所谓，要注意铸件内常有气孔和缩孔，一旦钳脚落入气孔内，可把操作者的手也拉进去，造成严重事故。

2）测量前应把量具的测量表面和零件的被测量表面都要擦拭干净，以免因有脏物存在而影响测量精度。用精密量具（如游标卡尺、千分尺和百分表等）去测量锻铸件毛坯，或带有研磨剂（如金刚砂等）的表面是错误的，这样易使测量面很快磨损而失去精度。

3）量具在使用过程中，不要和工具、刀具（如锉刀、锤子、车刀和钻头等）堆放在一起，以免碰伤量具，也不要随便放在机床上，以免因机床振动而使量具掉下来损坏。尤其是游标卡尺等，应平放在专用盒子里，以免使尺身变形。

4）量具是测量工具，绝对不能作为其他工具的代用品。例如，拿游标卡尺划线，拿千分尺当锤子，拿金属直尺当螺钉旋具旋螺钉，以及用金属直尺清理切屑等都是错误的。把量具当玩具，如把千分尺等拿在手中任意挥动或摇转等也是错误的，都是易使量具失去精度。

5）温度对测量结果影响很大，零件的精密测量一定要使零件和量具都在20℃的情况下进行测量。一般可在室温下进行测量，但必须使工件与量具的温度一致，否则，由于金属材料的热胀冷缩的特性，使测量结果不准确。

温度对量具精度的影响也很大，量具不应放在阳光下或床头箱上，因为量具温度升高后，测量不出正确尺寸。更不要把精密量具放在热源（如电炉，热交换器等）附近，以免使量具受热变形而失去精度。

6）不要把精密量具放在磁场附近，如磨床的磁性工作台上，以免使量具感磁。

7）发现精密量具有不正常现象时，如量具表面不平、有毛刺、有锈斑以及刻度不准、尺身弯曲变形、活动不灵活等，使用者不应当自行拆修，更不允许自行用锤子敲、锉刀锉、砂布打磨等粗糙办法修理，以免增大量具误差。发现上述情况时，使用者应当主动送计量站检修，并经检定量具精度后再继续使用。

8）量具使用后，应及时擦拭干净，除不锈钢量具或有保护镀层者外，金属表面应涂上一层防锈油，放在专用的盒子里，保存在干燥的地方，以免生锈。

9）精密量具应实行定期检定和保养，长期使用的精密量具，要定期送计量站进行保养和检定精度，以免因量具的示值误差超差而造成产品质量事故。

第七节　实 训 安 全

金工实训是学生在学校第一次全方位的生产技术实践活动，金工实训期间学生必须严格遵守各工种的安全规则，遵守工艺操作规程。金工实训安全守则是保证金工实训顺利进行的重要保障。

实训安全总则如下：

1. 学生实训前必须学习安全规则和各项制度，并进行必要的安全考核。

2. 按规定穿好工作服，戴好工作帽，长发要放入帽内。不得穿凉鞋、拖鞋、高跟鞋及短裤或裙子参加实训。实训时必须按工种要求佩戴防护用品。

3. 操作时必须集中精神，不准与别人闲谈、阅读书刊和收听广播。

4. 不准在车间内追逐、打闹、喧哗。

5. 学生除在指定的设备上进行实训外，其他一切设备、工具未经同意不准私自动用。

6. 现场教学和参观时，必须服从组织安排，注意听讲，不得随意走动。

7. 不准在起重机吊物运行路线上行走和停留。

8. 实训中若发生事故，应立即拉下电闸或关上有关开关，并保护现场，及时报告，查明原因，处理完毕后，方可再行实训。

第二章 热 处 理

实训目的和要求

1. 了解热处理的基本原理、目的、分类及使用范围。

2. 了解常用的热处理工艺。

3. 能正确使用热处理加热设备、冷却设备、质量检测设备（金相显微镜、硬度计等）及常用工具等进行正确的热处理工艺操作。

实训安全守则

1. 参加实训的人员在工作前要穿戴好规定的劳动保护用品，实训场地不准穿高跟鞋、拖鞋，不准赤膊操作。

2. 实训操作前应了解热处理设备的结构、特点和使用方法，并在实训老师的指导下正确使用热处理设备。不得随意开启炉门和触摸电气设备。

3. 实训场地要保持通道畅通，应配备必要的消防器材。

4. 热处理实训操作时，工件进出炉应先切断电源再送取工件，送取工件应轻拿轻放，不要碰坏炉底和炉衬。

5. 经热处理出炉的工件要迅速放入冷却介质中，或置于远离易燃物的空地上，严禁手摸或随意乱扔。

6. 严禁在车间内的深井炉和水池、油池旁边玩耍。

7. 学生操作时必须注意防电、防热、防火。发生意外事故时要镇定，及时报告实训指导人员，采取措施予以排除。

8. 各种废液、废料应分类存放统一回收和处理，禁止随意倒入下水道或垃圾箱，防止环境污染。

9. 实训完毕必须把工具放回原处，不得乱丢乱放。

第一节 概 述

热处理是将所需要处理的材料、毛坯或零件在固态下进行不同温度的加热、保温、冷却，使其组织结构发生变化而获得所需性能的工艺方法。加热、保温和冷却是热处理的三个基本要素。热处理工艺的种类很多，常用的有整体热处理（退火、正火、淬火、回火等）、表面热处理和化学热处理（如渗碳、渗氮等）等。热处理工艺过程可用热处理工艺曲线来表示，如图 2-1 所示。

热处理通过改变材料的内部组织结构

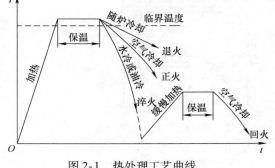

图 2-1 热处理工艺曲线

来改变性能，还可以消除钢铁材料或毛坯的组织结构的某些缺陷，从而提高质量，降低成本，延长寿命。热处理广泛地用于机械制造工程中，在机床、运输设备行业中 70% ~80% 的零件要热处理，而在量具刃具、轴承和工模具等行业中甚至为 100%。

第二节　常用热处理设备简介

常用热处理设备包括加热设备、温控设备、冷却设备和质量检测设备等。

一、加热设备

在整体热处理时常用的加热炉按形状结构分为箱式电阻炉、井式电阻炉和盐浴炉，因使用温度不同又可分为高温炉（大于 1000℃）、中温炉（650 ~1000℃）和低温炉（小于 650℃）。

1. 箱式电阻炉

箱式电阻炉都是利用电流通过布置在炉膛围壁上的发热元件的电阻发热产生热能，以空气为加热介质，以辐射或对流作用对钢件进行加热，其结构如图 2-2 所示。

电阻炉操作简单，温度控制方便调节，且可通入保护性气体来防止或减少工件加热时的氧化，常用于碳素钢和合金钢零件的退火、正火、淬火、回火及渗碳等。

2. 井式电阻炉

井式电阻炉的加热原理与箱式电阻炉加热原理相同。井式电阻炉的特点是炉身置于较深的地坑中，适宜于加热轴类和杆类等长件，其结构如图 2-3 所示。

这类炉子的优点是细长工件可垂直悬挂于炉内，在加热时可防止工件弯曲变形；缺点是炉温不易均匀，生产率低。这类炉常用于长形工件的退火、正火、淬火和化学热处理的加热。

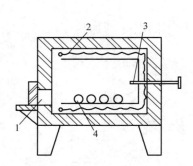

图 2-2　箱式电阻炉示意图
1—炉门　2—发热元件
3—热电偶　4—工件

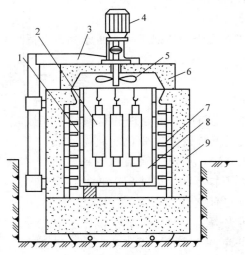

图 2-3　井式电阻炉结构示意图
1—装料筐　2—工件　3—炉盖升降机构　4—电动机
5—风扇　6—炉盖　7—电热元件　8—炉膛　9—炉体

3. 盐浴炉

盐浴炉是利用熔融状态的盐（如 NaCl、BaCl 等）导电发热对置于熔融盐浴中的工件加热。其优点是加热速度快且均匀，工件变形小，而且还能保护工件表面，减少表面的氧化和脱碳；缺点是操作复杂、劳动强度大、工作条件较差等。图 2-4 为插入式电极盐浴炉的结构示意图。盐浴炉可以进行淬火、回火、分级淬火、等温淬火、局部加热以及化学热处理等多种热处理工艺。

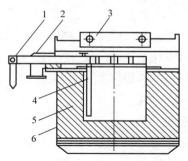

图 2-4 插入式电极盐浴炉结构示意图
1—铜牌 2—风管 3—炉盖
4—电极 5—炉衬 6—炉壳

二、温控设备

加热炉的温度测控是通过热电偶和控温仪表系统实现的。电子电位差计是最常用的热工仪表，而在一些现代化的大型而复杂的热处理炉中则用电子计算机系统进行温度测控。测温仪表的精度直接影响热处理的质量。

三、冷却设备

冷却设备也是热处理工艺必不可少的工艺设备之一，简单的有水槽、油槽，复杂的有搅拌水槽、搅拌油槽、循环冷却液槽和盐浴槽等。常用的冷却介质有水、盐水和油，还有熔融盐浴和高分子聚合物水溶液等。

四、质量检测设备

热处理现场的质量检测设备常用的有硬度计、金相显微镜和无损检测设备等。洛氏硬度试验则是最方便、最快捷、成本最低的现场最常用的热处理质量检测方法，很多零件图上就以洛氏硬度值来作为热处理检测的质量指标。

计算机与自动控制技术在热处理及检测设备中的大量应用，不仅使单台设备和单一工序的热处理实现了计算机控制的自动化生产，而且还将包括多道复杂的热处理工序、辅助工序和检测等工序，并和多台设备进行集成，形成计算机集成的热处理生产线。这些现代化的热处理设备和热处理工艺为各种金属材料提供了多种改性手段，使之能满足不同的机械产品对零件性能的要求。

第三节 钢的热处理工艺

常用热处理的工艺过程如图 2-5 所示，图中显示可以通过调整加热温度、保温时间、冷却速度等工艺参数来控制热处理后的金属材料内部组织结构与力学性能，改善材料的切削加工工艺性能。常用的热处理方式主要有退火、正火、淬火和回火。同一材料，采用不同的热处理工艺将会得到不同的组织与性能。

一、钢的退火与正火

钢的退火和正火是生产中应用很广泛的预备热处理工艺，主要用于改善材料的可加工性。对于一些受力不大、性能要求不高的机器零件，退火和正火也可以作为最终热处理。

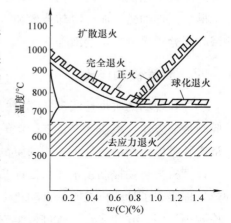

图 2-5　热处理工艺过程示意图
1—退火　2—正火　3—淬火　4—回火

1. 退火

钢的退火是将钢加热到高于或低于临界点（A_3 或 A_1）的某一温度，经充分保温后随炉缓慢冷却，使钢获得接近平衡状态的组织和性能的热处理工艺。

退火可降低钢的硬度，改善钢的组织，消除内应力和某些铸锻焊热加工缺陷，改善钢的可加工性和冷变形加工性，便于切削加工、冷冲压加工和后续热处理，保持尺寸稳定性和减少变形。根据钢的成分、原始状态和退火目的的不同，退火可分为完全退火、等温退火、球化退火、均匀化退火、去应力退火等。

退火加热时，温度控制应准确，温度过低达不到退火的目的，温度过高又会造成过热、过烧、氧化和脱碳等缺陷。

2. 正火

钢的正火是将钢加热到相变温度 Ac_3（亚共析钢）或 Ac_{cm}（过共析钢）以上 30～50℃，经充分保温后出炉空冷的一种热处理工艺。正火本质上是一种退火，经正火处理的钢其力学性能接近于退火状态，但因冷却速度较退火快，占用炉子等热处理设备的时间短，生产成本低，故在技术允许的情况下尽量用正火代替退火。对一些使用性能要求不高的中碳钢零件也可用正火代替调质处理（淬火＋高温回火），既满足使用性能要求，又降低生产成本。

几种退火与正火处理的加热温度范围如图 2-6 所示。

图 2-6　几种退火与正火处理的加热温度范围

二、钢的淬火与回火

1. 淬火

淬火是将钢加热到相变温度（临界温度点 Ac_3 或 Ac_1）以上一定的温度，经充分保温后在水、油或其他冷却介质中快速冷却，使钢获得一种亚稳定状态过饱和固溶体的非平衡状态组织和性能的热处理工艺。淬火后得到的组织主要是马氏体（或贝氏体），此外，还有少量残留奥氏体及未溶的第二相。淬火后的钢具有很高的硬度和耐磨性，且随含碳量增加而增加，高碳钢淬火后的硬度可达 65HRC，是提高钢的力学性能的最主要的热处理工艺。淬火后的钢在力学性能方面具有硬度高、强度高、塑性和韧性低的特点，但内应力大，脆性高，钢的组织不稳定，极易变形或开裂，不仅很难对其进行机械加工，而且不能直接在淬火状态下使用，淬火后的钢必须再及时回火后才能使用。

影响淬火质量的主要因素是淬火温度和淬火冷却介质。

（1）淬火加热温度 淬火加热温度主要取决于钢的化学成分，图 2-7 所示为碳钢的淬火加热温度范围。亚共析钢的淬火加热温度是 Ac_3 以上 30～50℃；共析钢的加热温度是 Ac_1 以上 30～50℃；合金钢的淬火加热温度是 Ac_3 和 Ac_1 以上 50～100℃为参考，详细情况可以查阅相关资料确定。

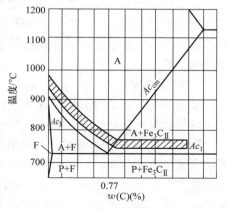

图 2-7 钢的淬火加热温度范围

（2）淬火冷却介质 常用的有水、油、盐水等，其冷却能力决定了工件淬火时的冷却速度。水最便宜而且冷却能力强，主要用于尺寸不大、形状简单的碳素钢工件的淬火。油的冷却能力较弱，多用于合金钢工件的淬火。盐水的冷却能力高于水，主要用于形状简单、截面尺寸较大的碳素钢工件的淬火。

淬火操作时，除正确选择加热温度、保温时间和冷却介质外，还要注意工件浸入淬火冷却介质的方式，如图 2-8 所示。

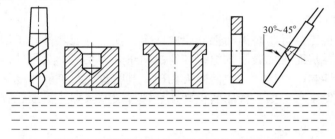

图 2-8 工件浸入淬火冷却介质的正确方式

2. 回火

回火是将经淬火的钢加热到相变温度（临界温度点 A_1）以下的某一较低温度，经充分保温后以一定的方式冷却到室温，以消除残余应力，获得所要求的组织和性能的热处理工艺。

回火不仅可以调整淬火后钢的强度和硬度，使零件获得所需要的力学性能，而且可以稳定钢的组织和消除淬火内应力，防止零件在加工和使用过程中变形或开裂。按回火温度不同，回火分为高温回火、中温回火、低温回火。淬火钢再进行高温回火处理又称调质处理，经调质处理的钢具有优良的综合力学性能和工艺性能，广泛地用于重要机械零件的热处理。回火温度不同，回火后钢的性能也不同。碳素钢常用回火方法比较见表 2-1。

表 2-1 碳素钢常用回火方法比较

回火方法	回火温度/℃	硬度 HRC	力学性能特点	应用举例
低温回火	150～250	58～64	高硬度、高耐磨性	刃具、量具、冷冲模、滚动轴承
中温回火	350～500	35～50	高弹性和韧性	弹簧、热锻模具
高温回火	500～650	20～30	优良的综合力学性能	轴、齿轮、连杆、螺栓

三、表面热处理

表面热处理是机械制造工程中最常用的材料表面强化工艺，一般是为了使钢的表面层有较高的硬度、耐磨性、疲劳强度和耐蚀性，而心部有较高的塑性和韧性。表面热处理常用于传动轴、齿轮、床身导轨、凸轮轴等重要零件。常用的表面热处理工艺有表面淬火和化学热处理两大类。

1. 表面淬火

表面淬火是将工件表面快速加热到淬火温度，然后冷却，使表面获得淬火组织而心部仍然保持原始组织的热处理工艺。常用的表面淬火方法有感应淬火和火焰淬火。

感应淬火常用于中碳钢，它利用高频率感应电流的"趋肤效应"，即电流的频率越高，电流密度越集中分布于载电导体的表面层。当感应线圈中通入高频交流电时，处于感应线圈的高频率交变电磁场中的钢零件在表层产生高密度的感生电动势，由于涡流发热和磁滞损失发热对表层局部快速加热，表层温度迅速升高至淬火温度，而心部温度几乎保持不变，再经快速冷却从而仅对钢件表面淬火强化。

火焰淬火是指利用火焰将工件表面加热到淬火温度，随即喷水冷却的工艺方法。其特点是设备简单，成本低，使用方便灵活，适合于形状简单或大尺寸工件的单件或小批量局部或表面淬火。

2. 化学热处理

化学热处理是将工件置于高温活性介质中保温，使一种或几种元素渗入工件表面以改变工件表面化学成分，从而改变表层的组织和性能的热处理工艺。其目的是提高工件表面的硬度、耐磨性、耐蚀性和耐热性。与表面淬火相比，其特点是，不仅改变钢的表层组织，而且表层的化学成分也发生了改变。常用的化学热处理方法有渗碳、渗氮、碳氮共渗、渗硼、渗钒等。

第四节　热处理常见缺陷

工件在热处理（尤其是淬火）时，若工艺参数选择不合适，控温仪表误差过大或操作不当，都会产生缺陷。常见的热处理缺陷有过热、过烧，氧化、脱碳，硬度不足或不均匀，变形及裂纹等。

一、热处理工艺对质量的影响

因热处理工艺不当，常产生过热、过烧、氧化、脱碳、变形、开裂和硬度不足或不均匀等缺陷。

1. 过热和过烧

工件在热处理过程中若加热温度过高或加热时间过长，会使钢的晶粒变得粗大，即过热。过热将导致工件的塑性和韧性降低。当加热温度接近熔点时，会使钢的晶界氧化或局部熔化，即过烧。过热的工件可以通过正火加以补救，而过烧的工件则只能报废。

2. 氧化和脱碳

工件在空气等氧化性介质中加热时，会使工件表面氧化和脱碳。氧化会使工件表面形成氧化皮，造成材料浪费，使工件表面变粗糙、无光泽，工件抗疲劳能力明显下降。脱碳则会使工件表面贫碳，导致热处理后表层强度、硬度和耐磨性下降。防止氧化脱碳的措施是将工件放在盐浴、保护气氛或真空中加热。

3. 硬度不足或不均

硬度不足或不均都将影响工件的使用寿命。产生硬度不足或不均的主要原因有：加热温度过低或保温时间不够，试样表面脱碳严重，冷却速度不够或冷却不均匀，工件浸入淬火介质的方式不正确，操作不当等。

当出现硬度不足或不均时，应当分析其具体原因，再采取相应的针对措施。对已出现这类缺陷的工件可进行高温回火、退火或正火以消除淬火应力，然后再重新加热淬火补救。同时，应严格管理炉温测控仪表并定期校正及检修。

4. 变形和开裂

工件在退火、正火、淬火处理时，若操作不规范，均有可能会产生变形和开裂。其中以淬火时的变形和开裂最为严重，这是由于淬火应力远比退火、正火应力大所致。

工件的变形有两种情况：一种是工件形状发生变化，由淬火应力所引起；另一种是工件体积发生变化，由相变时的体积变化所致。如细长件的弯曲、薄板件的弯曲、孔的涨大或缩小等。当工件的变形量超过工件的精度要求而无法挽救时，就不能继续使用了。产生裂纹的工件均应当报废。

要减少变形和开裂，不仅需要在热处理工艺及操作方面采取有效措施，而且还要从工件结构设计及工艺路线的安排上使冷、热加工密切结合，才能取得良好的效果。

二、合理的热处理工序位置

由于热处理工序位于工件全厂加工工艺路线的中间部位，且与工件切削加工部门之间要往返几次，因此合理的热处理工序位置对工件质量有至关重要的意义。

根据热处理工序在整个加工路线中的位置和作用，可把热处理分为预备热处理、最终热处理和补充热处理三种类型。

1）预备热处理是为了调整、改善原始组织，保证工件最终热处理质量或切削加工质量而预先进行的热处理。常用的预备热处理有退火、正火，有时候调质也可以作为预备热处理。

2）最终热处理在于使工件获得最终所需要的使用性能。常用的最终热处理有淬火、回火和化学热处理等。

3）补充热处理一般是指在最终热处理之后，为进一步提高工件的组织稳定性而进行的热处理。有时把为挽救次品而采用的应急处理也归入补充热处理。

通常，预备热处理安排在毛坯成形（铸、锻、焊）之后，粗加工之前。最终热处理后工件硬度较高，不利于切削加工，一般安排在半精加工之后，精加工（磨削）之前。不同热处理工艺要求的工件其热处理工序位置又有所不同，应根据具体情况进行安排和调整。

三、正确的热处理操作

要得到质量合格的热处理产品，就需要有科学的热处理工艺过程，合理的热处理工序及热处理路线，编制正确的热处理工艺规程。热处理工艺规程是规定热处理工艺过程和操作方法的技术文件，是指导热处理各工序生产的技术文件，是热处理生产组织和管理的依据。在进行热处理操作时，应严格按照热处理工艺卡片执行，同时要注意工件的装炉方式、装炉量、淬火时的冷却方式等。

第五节 热处理训练

训练项目一 碳钢的淬火热处理操作训练

一、实训目的

1. 了解碳钢不同加热温度、冷却速度对热处理后钢性能（硬度）的影响。
2. 熟悉和掌握碳钢淬火的基本热处理操作方法。
3. 能按照所给材料及要求通过查阅资料确定材料的热处理工艺参数。

二、实验仪器、设备及材料

1. 箱式电阻炉及控温仪表。
2. 洛氏硬度计。
3. 淬火冷却介质：冷水、油、空气。
4. 实验用材料：45 钢，T8 钢。

三、实训步骤

（1）实验分为两个方向的内容，同学们根据以下内容以及表 2-2 中常用钢的临界点温度先确定热处理相关工艺参数，填入表 2-3 中。

1）淬火温度对钢硬度的影响。

2）淬火冷却介质对钢硬度的影响。

表 2-2 常用碳钢的相变临界点温度

	45 钢	T8 钢	T12 钢
Ac_1/℃	724	730	730
Ac_3/℃	780	—	—

表 2-3 碳钢淬火热处理操作实验表

内容	牌号	淬火			
		加热温度/℃	保温时间/min	冷却介质	硬度 HRC
淬火温度对钢硬度的影响	45	600		冷水	
	45	800		冷水	
	45	850		冷水	
淬火冷却介质对钢硬度的影响	T8	770		冷水	
	T8	770		油	
	T8	770		空气	

（2）每个同学根据安排领取一个试样，根据试样尺寸确定保温时间填入表 2-3，按表 2-3 中确定的加热温度、保温时间和冷却介质进行加热、保温和冷却。

（3）热处理后的试样在测硬度前应用砂纸磨去氧化皮。

（4）测出硬度值，并将测试硬度值填入表2-3中。

（5）各组的数据供全班共享，一起填入表2-3中。然后每个同学根据钢的不同热处理工艺与硬度的关系进行归纳和总结，写出实训报告上交。

训练项目二 碳钢的回火及调质热处理操作训练

一、实训目的

1. 了解碳钢不同回火温度对热处理后钢性能（硬度）的影响。

2. 熟悉和掌握碳钢回火、调质的基本热处理操作方法。

3. 能按照所给材料及要求通过查阅资料确定材料的热处理工艺参数。

二、实验仪器、设备及材料

1. 箱式电阻炉及控温仪表。

2. 洛氏硬度计。

3. 冷却介质：冷水。

4. 实验用材料：45钢、T12钢。

三、实训步骤

（1）同学们根据以下内容以及表2-2中常用钢的临界点先确定热处理相关工艺参数，填入表2-4中。

表2-4 碳钢回火热处理操作实验表

内容	牌号	淬火				回火		
		加热温度/℃	保温时间/min	冷却介质	硬度HRC	回火温度/℃	回火时间/min	硬度HRC
调质热处理	45	850		冷水		600	30	
回火温度对钢硬度的影响	T12	770		冷水		600	30	
	T12	770		冷水		400	30	
	T12	770		冷水		200	30	
	T12	770		冷水		100	30	

（2）每个同学根据安排领取一个试样，根据试样尺寸确定保温时间填入表2-4，按表2-4中确定的加热温度、保温时间和冷却介质进行加热、保温和冷却完成淬火操作，并在硬度计上测量淬火后的硬度。热处理后的试样在测硬度前应用砂纸磨去氧化皮。

（3）淬火硬度合格的试样按照回火工艺进行回火热处理操作。

（4）测出硬度值，并将测试硬度值填入表2-4中。

（5）各组的数据供全班共享，一起填入表2-4中。然后每个同学根据钢的不同热处理工艺与硬度的关系进行归纳和总结，写出实训报告上交。

第三章 铸 造

实训目的和要求

1. 了解铸造生产过程、特点及应用。

2. 了解砂型铸造工艺的主要内容，了解型砂、芯砂应具备的性能、组成及制备。

3. 了解铸型结构，了解模样、铸件和零件间的关系和差异。

4. 了解型芯的作用、结构及制造方法。

5. 熟悉铸型分型面的选择；掌握手工两箱造型（整模、分模、挖砂等）的特点及应用；了解三箱、刮板等造型方法的特点及应用；了解机器造型的特点；能独立完成简单铸件的两箱造型。

6. 了解浇注系统的作用和组成。

7. 了解熔炼设备及浇注工艺，铸铁和有色金属的熔化过程及浇注的基本方法。

8. 能识别常见的铸造缺陷、分析其产生原因及防治方法。

9. 了解常用特种铸造方法的特点及应用。

10. 了解铸造生产安全技术，能够不断提高自己的实践能力。

实训安全守则

1. 实训时要穿戴好工作服、手套等防护用品。

2. 造型实训时不得用嘴吹砂，以防砂进入眼中。

3. 舂砂时不得将手放在砂箱上。

4. 在造型现场要小心行走，以免损坏砂型。

5. 实训浇注时，不进行浇注操作的同学应远离浇包。

6. 不得用手触摸尚未冷凉的铸件或铁块，以防烫伤。

7. 清理铸件时，不得对着人，以免伤人。

第一节 概 述

铸造是一种液态金属成形方法，即将熔融的金属液浇注到与零件的形状、尺寸相适应的铸型内，待冷却凝固后拆除铸型，获得所需形状和性能的毛坯或零件的生产方法。用铸造方法制成的毛坯称为铸件，铸件要经过切削加工后才能称为零件，但若采用精密铸造方法或对零件的精度要求不高时，铸件也可不经切削加工而使用。

铸造是历史最为悠久的成形工艺，是制造毛坯或零件的重要方法之一。用于铸造的金属有铸铁、铸钢和铸造有色金属，其中以铸铁应用最广。在机械行业中铸件重量占整机较大的比例，据统计：汽车中占 20% ~ 30%；一般机床占 70% ~ 80%；农业机械、拖拉机占 40% ~ 70%；重型机械、矿山机械中占 85% 以上。

与其他成形方法相比较，铸造成形具有以下工艺特点：

1）适应性强，能铸造形状复杂，特别是有复杂内腔的铸件。这是其他金属成形方法极难办到的。

2）铸件的尺寸和重量不受限制，铸件大到十几米、数百吨，小到几毫米、几克。

3）铸件形状与零件接近，节省了大量的金属材料和加工工时。一般铸造生产不需要复杂、精密的机械设备，所用的大部分原材料货源广、价格低，型砂等材料还可以回收处理再次使用，材料的回收和利用率高。铸件的生产总成本较低。

4）铸造生产既能适应单件小批量生产，也能适应成批大量生产。

但铸造生产工序多，工艺过程难以精确控制，铸件内部组织粗大，常有缩松、气孔等铸造缺陷，力学性能不高，质量不够稳定，废品率高，使其在广泛应用的同时具有一定的局限性。对于性能要求高的零件，特别是受冲击载荷的零件，则多用锻压件而少用铸件。

铸造的生产方法很多，常见的铸造方法有砂型铸造和特种铸造两类。砂型铸造是用型砂和芯砂等材料制备铸型的铸造方法。砂型铸造具有较大的灵活性，对不同生产规模、不同的铸造合金都能适用，因此是目前生产中用得最多、最基本的铸造生产方法，用砂型浇注的铸件占铸件总量的80%以上。除砂型铸造外，其他的铸造方法称为特种铸造，如金属型铸造、熔模铸造、压力铸造、离心铸造等。

第二节 砂型铸造

砂型铸造是指铸型以型砂为材料进行制备的造型方法。铸型由外型和型芯两部分组成。铸型是形成铸件的外部轮廓；型芯是形成铸件的内腔。用型砂制成的铸型和型芯叫作砂型和砂芯。用来制造砂型和砂芯的材料统称造型材料。

一、砂型铸造简介

1. 砂型铸造的工艺过程

砂型铸造是指铸型由砂型和砂芯组成的铸造工艺，而砂型和砂芯是用砂子和黏结剂作为基本材料制成的。常用的砂型有湿型、干型、表面干燥型和各种化学硬化（自硬）砂型等。砂型铸造的工艺过程如图 3-1 所示，包括根据零件的形状和尺寸设计制造模样和型芯盒；配制型砂和芯砂；制造砂型和砂芯；烘干型芯并合型；将熔化的液态金属浇入铸型；凝固后经落砂、清理、检验获得合格铸件。

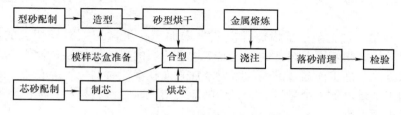

图 3-1 砂型铸造的工艺过程

2. 砂型的组成

砂型是用型砂、金属或其他耐火材料制成的组合整体，是金属液凝固后形成铸件的地方。以两箱造型为例，图 3-2 所示为合型后的砂型，它由上砂型、下砂型、浇注系统、型腔、型芯和出气孔等组成。型砂被春紧在上、下砂箱中，连同砂箱一起，称为上砂型（上箱）和下砂型（下箱）。砂型中取出模样后留下的空腔称为型腔。上下砂型的分界面称为分型面。使用型芯的目的是获得铸件的内孔或局部外形。型芯的外伸部分用来安放和固定型芯，称为芯头。铸型中安放芯头的空腔称为芯座。

金属液从外浇口浇入，经直浇道、横浇道、内浇道流入型腔。砂型及型腔中的气体由出气孔排出，而被高温金属液包围的砂芯中产生的气体由砂芯通气孔排出。有的铸件为了避免产生缩孔及缺陷，在铸件厚大部分或最高部分加有补缩冒口。有的铸件为了提高厚壁处的冷却速度而在厚壁处安放冷铁。

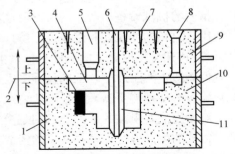

图 3-2　砂型组成示意图

1—型砂　2—分型面　3—冷铁　4—型腔
5—冒口　6—排气道　7—出气口
8—浇注系统　9—上型　10—下型　11—型芯

3. 模样、芯盒与砂箱

模样、芯盒和砂箱是砂型铸造造型时使用的主要工艺装备。

模样和芯盒分别是造型和造芯的模具。它们在铸造生产中的作用很大，会直接影响铸件的质量、成本、造型（造芯）速度及砂型质量。模样的外形及尺寸与铸件相似，用来形成铸型的型腔；芯盒的内腔与型芯的形状和尺寸相同，用来形成铸件内腔或孔洞。

制作模样和芯盒常用的材料有木材、金属和塑料。模样和芯盒按制作材料不同，可分为木模、金属模和塑料模三类。木模具有质轻、价廉和易加工等优点，但其强度和硬度较低，易变形和损坏，常用于单件小批量生产，大批量生产时采用金属模和塑料模。金属模的使用寿命长达 10 万～30 万次，塑料模的使用寿命可达几万次，而木模的使用寿命仅 1000 次左右。

在设计、制作模样和芯盒时，一定要按工艺要求制作。制作模样和芯盒时，要考虑以下几点。

（1）分型面的选择　两相邻的铸型之间的接触面称为分型面，对于两箱造型，是指上下砂型间的分界面。分型面可以是平面、斜面和曲面。为方便造型，分型面最好采用平面。分型面一般应选择在铸件的最大截面处，以便于起模；铸件尽可能放在一个砂箱内或将加工面和加工基准面放在同一砂箱内，以简化造型操作，减少因错型而产生的铸件缺陷，保证铸件的尺寸精度；铸件的加工面很多，不可能都与基准面位于同一砂箱中时，应尽量使加工基准面与大部分加工面位于同一砂箱中；尽量减少分型面的数量，力求采用平直分型面代替曲折分型面。

（2）加工余量　加工余量是指铸件上预先增加而在机械加工时要切去的金属层厚度。为此，制作模样时必须考虑在铸件的加工面上增大适当的尺寸。加工余量值与铸件大小、合金种类、造型方法、加工面与基准面的距离及加工面在浇注时的位置等有关。表 3-1 列出了灰铸铁件的加工余量。加工余量过大时，切削加工费工时且浪费材料；加工余量过小时，铸件会因残留黑皮而报废。

表 3-1　灰铸铁件的加工余量　　　　　　　　　（单位：mm）

铸件最大尺寸	浇注时位置	加工面与基准面的距离					
		<50	≥50～120	≥120～260	≥260～500	≥500～800	≥800～1250
<120	顶面	3.5～4.5	4.0～4.5	—	—	—	—
	底、侧面	2.5～3.5	3.0～3.5	—	—	—	—

（续）

铸件最大尺寸	浇注时位置	加工面与基准面的距离					
		<50	≥50~120	≥120~260	≥260~500	≥500~800	≥800~1250
≥120~260	顶面	4.0~5.0	4.5~5.0	5.0~5.5	—	—	—
	底、侧面	3.0~4.0	3.5~4.0	4.0~4.5	—	—	—
≥260~500	顶面	4.5~6.0	5.0~6.0	6.0~7.0	6.5~7.0	—	—
	底、侧面	3.5~4.5	4.0~4.5	4.5~5.0	5.0~6.0	—	—
≥500~800	顶面	5.0~7.0	6.0~7.0	6.5~7.0	7.0~8.0	7.5~9.0	—
	底、侧面	4.0~5.0	4.5~5.0	4.5~5.5	5.0~6.0	6.5~7.0	—
≥800~1250	顶面	6.0~7.0	6.5~7.5	7.0~8.0	7.5~8.0	8.0~9.0	8.5~10
	底、侧面	4.0~5.5	5.0~5.5	5.0~6.0	5.5~6.0	5.5~7.0	6.5~7.5

（3）起模斜度 起模斜度是指平行于起模方向的模样壁的斜度。设置起模斜度是为了易于从型砂中取出模样或从芯盒中取出砂芯。其值与模样高度有关，模样矮时（≤10mm）为 3°左右，模样高时（100~160mm）为 0.5°~1°。

（4）铸件收缩率 铸件收缩率是指铸件自高温冷却至室温的尺寸收缩率，以尺寸的缩小值与铸件名义尺寸的百分比表示。收缩率值与合金种类有关，灰铸铁为 0.8%~1%，铸钢件为 1.8%~2.2%，青铜件为 1.25%~1.5%，铝合金件为 1%~1.5%。模样的尺寸应考虑铸件收缩的影响。

（5）芯头和芯座 铸件上直径大于 25mm 的孔需用型芯铸出。为了在砂型中安放型芯，在模样和芯盒的相应部分应做出凸出的芯座和芯头。垂直安放的型芯，其型芯头的端部应有斜度，以免在安放型芯及合型时碰坏砂型。

（6）不铸出的孔和槽 过小的孔、槽由于铸造困难，一般不予铸出，其尺寸与合金种类、生产条件有关。单件小批量生产的小铸铁件上直径小于 30mm 的孔一般不铸出。

（7）铸造圆角 为了便于造型以及避免铸件在冷缩时尖角处产生裂纹和粘砂等缺陷，模型两壁相交处内角制成圆角。圆角的大小与铸件大小有关。对于小型铸件，外圆角半径一般取 2~8mm，内圆角半径一般为 4~16mm。

砂箱是铸件生产中必备的工艺装备之一，用于铸造生产中容纳和紧固砂型。通常砂箱由上箱和下箱组成，上、下箱之间用销子定位。砂箱材料可以采用铸铁、铸钢（或焊接件），也可以用铸造铝合金和木制的。一般简单的铁制砂箱采用地坑造型就可以了，特殊用途的砂箱需要根据要求选用不同的制造工艺和手段，如焊接、机械加工都可以。

二、型砂和芯砂

1. 型（芯）砂的性能要求

为保证铸件质量，必须严格控制型（芯）砂的性能。型（芯）砂应具备的基本性能要求如下：

（1）强度 型（芯）砂抵抗外力破坏的能力称为强度。强度过低，在造型、搬运、合型过程中易引起塌箱，或在液态金属的冲刷下使铸型表面破坏，造成铸件砂眼等缺陷。强度过高，铸型太硬，阻碍铸件的收缩，使铸件产生内应力，甚至开裂，还使透气性变差。型（芯）砂的强度主要取决于原砂的强度和黏结剂的种类、质量、加入量，水分也起一定作用。通常型（芯）砂的强度随黏土含量和造型时砂型紧实度的增加而增加，所以对于黏土含量和紧实度应有一定限度。一般湿型砂强度控制在 $3.9 \sim 7.8 MPa/cm^2$。

（2）透气性　型（芯）砂通过气体的能力称为透气性。高温液体金属浇入铸型时产生大量气体，必须通过铸型排出去，否则就会留在铸件中形成气孔。透气性太高则砂型太疏松，会使铸件容易粘砂。透气性用专门的透气性仪测定，其数值一般控制在 30 ~ 80 之间。

（3）耐火度　型（芯）砂在高温液体金属作用下不熔融、不烧结的性能称为耐火度。耐火度主要取决于砂中 SiO_2 的含量。砂中 SiO_2 的含量越高，型砂的耐火度越好。砂子粒度大，耐火度也高。生产铸铁件时，砂中的 SiO_2 的质量分数大于 85%，就能满足要求。

（4）退让性　铸件冷凝收缩时，型（芯）砂的体积能被压缩而不阻碍铸件收缩的性能称为退让性。退让性不足，会使铸件的收缩受阻，产生内应力、变形和裂纹等缺陷。铸造大件时，可在型砂中加入锯末、焦炭粒等增加退让性。

（5）流动性　在外力或本身重量的作用下，型砂砂粒间相对移动的能力称为流动性。流动性好的型砂易于充填、紧实，形成紧实度均匀、轮廓清晰、表面光洁的型腔。

（6）可塑性　型（芯）砂在外力的作用下变形后，当去除外力时，保持变形的能力称为可塑性。可塑性好即型砂柔软容易变形，起模性能好。起模时在模型周围刷水的作用是增加局部型砂的水分，以提高可塑性。

（7）溃散性　是指型砂浇注后容易溃散的性能。溃散性好，型砂容易从铸件上清除，可以节省落砂和清砂的劳动量。溃散性与型砂配比及黏结剂种类有关。

型（芯）砂的诸多性能，有时是相互矛盾的，如强度高、塑性好，透气性就可能下降。因此，应根据铸造合金的种类，铸件大小、批量、结构等来具体决定型（芯）砂的配比。测试型（芯）砂性能时，单件、小批量生产靠经验判断，如用手捏一把型砂，感到柔软容易变形，不粘手，掰断时不粉碎，这就表示型砂性能合格。批量生产则用专门仪器测试。

2. 型（芯）砂的组成

型（芯）砂是由原砂、黏结剂和其他附加物按一定比例配合，经混合制成符合造型、制芯要求的混合料。

（1）原砂　原砂是型砂的主体，常用二氧化硅含量较高的硅砂或海（河）砂作为原砂。硅砂的主要成分是 SiO_2，它的熔点高达 1700℃，砂中的 SiO_2 越高，其耐火度越高。原砂颗粒度的大小、形状等对型砂的性能影响很大，以圆形、粒度均匀为佳。

（2）黏结剂　黏结剂的作用是使砂粒黏结成具有一定可塑性及强度的型砂。砂型铸造所用黏结剂大多为黏土，分普通黏土和膨润土。原砂与黏土加入一定量的水混制后，在砂粒表面包上一层黏土膜，经紧实后就使型砂具有一定的强度和透气性，用黏土作为黏结剂的型（芯）砂称为黏土砂，如图 3-3 所示。除黏土外，常用的黏结剂还有水玻璃、桐油、树脂等，相应的型砂分别称为水玻璃砂、油砂、树脂砂等，芯砂也常采用这些黏结剂。

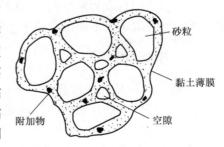

图 3-3　黏土砂的结构示意图

（3）附加物　为了改善型（芯）砂的性能而加入的其他物质称附加物。例如，加入煤粉能提高型砂的耐火性，防止铸件表面粘砂，使铸件表面光洁；加入木屑能改善型砂的退让性和透气性，防止铸件产生裂纹与气孔。

（4）水 水能使原砂与黏土混成一体，并保持一定的强度和透气性。但水分含量要适当，过多或过少都会对铸件质量带来不利的影响。

（5）涂料 为提高铸件表面质量，可在砂型或型芯表面上涂料。如铸铁件的湿型用石墨粉撒一层到湿型上，铸钢件的湿型表面采用石英粉；干型和型芯的表面用石墨粉加少量黏土的水涂料（铸铁件），或石英粉加黏土水剂的涂料（铸钢件），刷涂到型腔表面上。

3. 型（芯）砂的配制

型砂的组成和制备工艺对型砂的性能有很大影响。将新砂、旧砂、黏土、煤粉、水等处理后，根据铸造合金种类和铸件大小的不同，按一定配比放入混砂机中进行混合称为混制。由于浇注时砂型表面受高温金属液的作用，砂粒粉碎变细，煤粉燃烧分解，使型砂性能变坏，因此，旧砂不能直接使用，必须经磁选（选出砂中的铁块、铁豆和铁钉等）并过筛去除铁块及砂团，再掺入适量的新砂、黏土和水，经过混制恢复良好性能后才能使用。

生产中为节约原材料、合理使用型砂，常把型砂分为面砂和背砂。与铸件接触的那一层型砂为面砂。它应具有较高的可塑性、强度和耐火性，常用较多的新砂配制。填充在面砂和砂箱之间的型砂称为背砂，又叫填充砂。机械化大批量生产中不分面砂和背砂，采用单一砂。常用型砂配方如下。

面砂（质量分数）：旧砂 70% ~ 80%，新砂 20% ~ 30%，膨润土 4% ~ 5%，煤粉 3% ~ 5%，水分 5% ~ 7%。

背砂（质量分数）：100% 旧砂加适量的水。

根据黏结剂的不同，型砂通常可以分为黏土砂、水玻璃砂及树脂砂几类。

型砂的混制在混砂机中进行，图 3-4 所示为常用的碾轮式混砂机。其混制过程是：先按比例加入新砂、旧砂、膨润土和煤粉等干混 2 ~ 3min，再加水湿混 5 ~ 12min，性能符合要求后卸砂，堆放 4 ~ 5h，使黏土膜中的水分均匀，称为调匀。使用前还要过筛并使新砂松散好用。

混碾砂的目的是将型砂各组成成分混合均匀，使黏结剂均匀分布在砂粒表面。混碾越均匀，型（芯）砂的性能就越好。

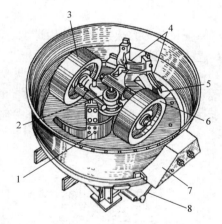

图 3-4 碾轮式混砂机示意图
1、4—刮板 2—主轴 3、6—碾轮
5—卸料口 7—防护罩 8—气动拉杆

三、手工造型

手工造型是用手工来完成紧砂、起模和合型等造型过程。其优点是：模样成本低，工艺装备简单，造型操作灵活，不适合用机器造型的单件、小批量生产或特别复杂的铸件都可采用手工造型。手工造型的不足之处是要求工人有较高技术，劳动强度大，生产率低，铸件精度较差。图 3-5 所示为手工造型的常用工具。

一个完整的手工造型工艺过程包括工装准备、放置模样、填砂、紧实、开设浇冒口、起模、修型、放置型芯、合型等主要工序，如图 3-6 所示。

手工造型的方法很多，按砂箱特征可分为两箱造型、三箱造型、脱箱造型、地坑造型等；

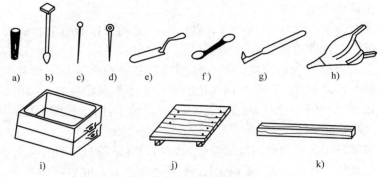

图 3-5 手工造型的常用工具

a）浇口棒 b）砂舂 c）通气针 d）起模针 e）镘刀 f）秋叶

g）提沟 h）皮老虎 i）砂箱 j）底板 k）刮板

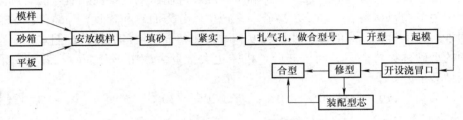

图 3-6 手工造型的主要工序流程图

按模样特征可分为整模造型、分模造型、活块造型、挖砂造型、假箱造型和刮板造型等。

1. 整模造型

整模造型的模样是整体结构，最大截面在模样的一端且是平面，分型面是平面，铸型型腔全部在一个砂箱内。整模造型操作简单，铸件不会产生错型缺陷，适用于形状简单的铸件，如盘、盖类。其造型过程如图 3-7 所示。

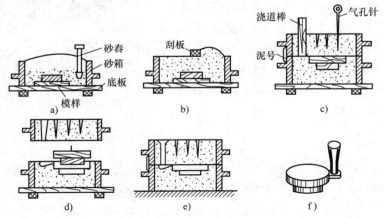

图 3-7 整模造型过程示意图

a）造下型 b）刮平 c）翻转下型，造上型，扎气孔 d）开箱，起模，开浇道 e）合型 f）带浇道的铸件

2. 分模造型

当铸件的最大截面在中间，在造型时将模样沿外形的最大截面处分成两部分，将分开的

模样分别在上、下砂箱中进行造型称为分模造型。这种造型的特点是模样分开面（也就是分模面）一般就是造型的分型面。两箱分模造型操作简单，适用于形状比较复杂的铸件，最大截面不在端部，但分型面为平面的零件，特别对于带孔腔（造型时带有型芯）的铸件使用最多，如水管、轴套、管子、箱体、曲轴等。两箱分模造型过程如图3-8所示。

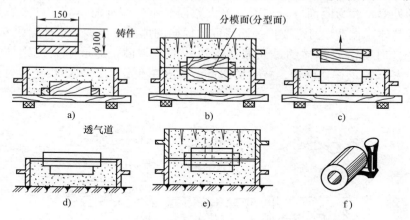

图3-8 两箱分模造型过程示意图

a）造下型 b）造上型 c）开上型，起模 d）开浇口 e）合型 f）带浇注系统的铸件

　　当铸件外形具有两个最大截面，中间有一个小截面时，如带轮、槽轮等，为便于造型时取出模样，需设置两个分型面，应采用三箱分模造型（三箱造型）。三箱分模造型如图3-9所示。三箱造型的特点是铸型由上、中、下三个砂箱构成，中箱的上、下两面都是分型面，

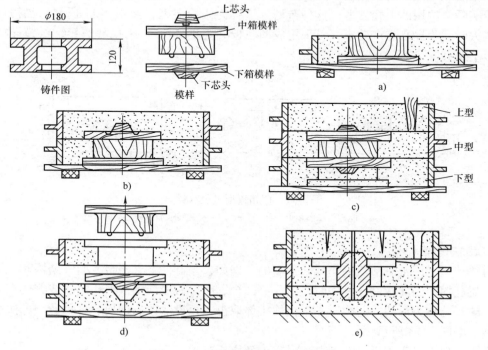

图3-9 三箱分模造型过程示意图

a）造中型 b）造下型 c）造上型 d）依次开箱，起模 e）开浇口，下芯，合型

中箱高度应与中箱中的模样高度相近。由于三箱造型有两个分型面，操作较复杂，生产率较低，还容易产生错型等缺陷，因此，三箱造型仅用于单件小批量、形状复杂、不能用两箱造型的铸件生产。

3. 挖砂造型

当铸件的外形轮廓为曲面或阶梯面，最大截面又不在端部时，其模样不宜做成分开结构，必须做成整体，在造型时需要挖掉妨碍取出模样的那部分型砂，这种造型方法称为挖砂造型。挖砂造型时要沿着模样的最大截面挖掉一部分型砂，形成不太规则的分型面，如图 3-10 所示。挖砂造型操作麻烦，技术要求高，生产率低，因此只适用于单件或小批量的铸件生产。

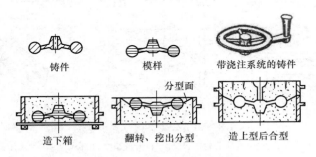

铸件　　　　　模样　　　带浇注系统的铸件

造下箱　　　　翻转、挖出分型　　　造上型后合型

图 3-10　挖砂造型过程示意图

4. 假箱造型

假箱造型与挖砂造型相近，先采用挖砂的方法造一个假箱，再在假箱上造下型，然后制作用于实际浇注用的上箱砂型，这种造型方法称为假箱造型，如图 3-11 所示。当铸件生产数量更大时，为提高生产效率，可采用成型底板（见图 3-12）来代替假箱，将模样放在成型底板上造型。

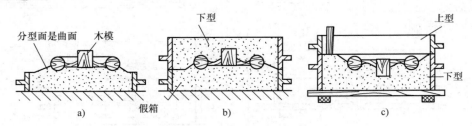

图 3-11　假箱造型过程示意图

a）模样放在假箱上　b）造下型　c）翻转下型，造上型

5. 活块造型

活块造型是用带有活块的模样来造型的。例如，当铸件上有凸台、肋等结构时，这些结构会阻碍起模，因此在制作模样时，往往将凸台、肋等做成活动块，用销子或燕尾榫与模样连接，这部分称为活块。起模时先把模样主体取出，再设法取出活块，这种造型方法称为活块造型，如图 3-13 所示。

表 3-2 列出了常用手工造型方法的特点及应用范围。

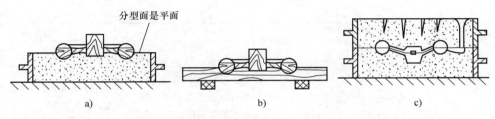

图 3-12 假箱成型底板

a) 假箱 b) 成型底板 c) 合型图

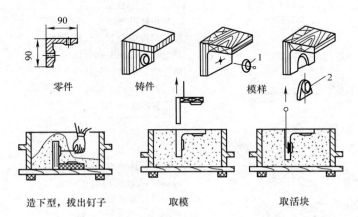

图 3-13 活块造型示意图

1—用钉子连接活块 2—用燕尾连接活块

表 3-2 常用手工造型方法

造型方法	造型简图	特点及操作要点	应用范围
整模造型	浇道棒 气孔针 泥号	模样是一个整体，分型面为平面，造型操作简单，所得型腔形状和尺寸精度较好	适用于外形轮廓的顶端截面最大，形状简单的铸件，如齿轮坯、轴承等
分模造型	木模分成两半 浇道棒	模样是沿最大截面分成两半的分开模，造型是模样分别再上、下型内，分型面为平面，造型操作简单	适用于某些没有平整表面，最大截面在模样中部的铸件，如套筒、管子以及形状较复杂的铸件
挖砂造型		模样是一个整体，但分型面为曲面，为了便于起模，造型时用手工挖出阻碍起模的型砂至模样最大截面处，造型费时费工，生产率低	只适用单件小批量生产

（续）

造型方法	造型简图	特点及操作要点	应用范围
假箱造型	分型面是曲面 木模 假箱	为克服挖砂造型的缺点，在造型前先预先做个假箱，然后再在假箱上制下箱，假箱不参加浇注，当生产数量更多时，可用成型底板来代替假箱	用于批量生产时代替挖砂造型，生产数量更多时，可用成型底板来代替假箱
活块造型		将模样的外表面上局部有妨碍起模的凸起部分做成活块，起模时，先取出模样主体，然后从型腔侧壁取出活块，但活块的厚度应小于该处模样厚度的二分之一	只适于单件小批量生产，产量较大时，可用外型芯取代活块
刮板造型	铸件 法兰 刮板 法兰 基准	用与零件截面形状相适应的特制刮板代替木模造型，省木料和降低模样成本，投产快，但要求工人技术水平高	适用于等截面的或回转体大中型铸件的单件、小批量生产，如齿轮、飞轮、弯头等零件
地坑造型	1—地坑 2—气体 3—上型 4—定位铁楔 5—通气管 6—焦炭	造型时利用车间地坑代替下箱，坑底用焦炭垫底，再插入管子，以便浇注时所产生的气体排出。为减少砂箱投资，砂箱与地面采用定位销定位	主要用于大、中型铸件的单件小批量生产
组芯造型		铸型内外型都用型芯做出，再组合夹紧，可在砂型或地坑中组芯	适用于外形及内腔都复杂的大批量铸件生产

（续）

造型方法	造型简图	特点及操作要点	应用范围
两箱造型	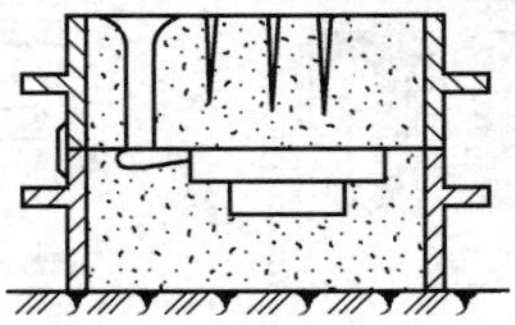	铸型由上、下两个砂箱构成，模样可是整模，也可是分模。先造下型，再造上型；下型芯，合型，待浇注	两箱造型是最基本的造型方法，适用于各种大、小铸件及批量生产
三箱造型	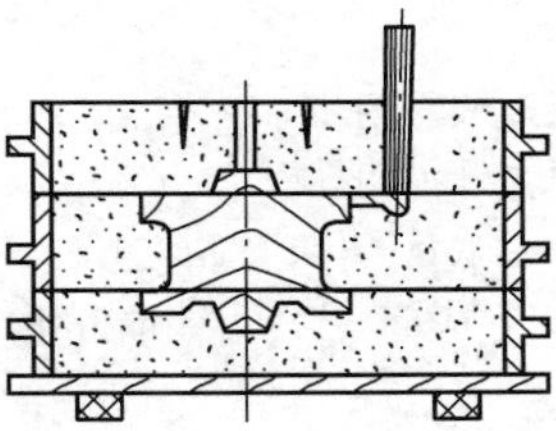	铸型由上、中、下三个砂箱构成，中箱的上、下两面都是分型面，中箱高度应与中箱中的模样高度相近，必须采用分模	适用于有两个分型面的铸件，适用于单件小批量生产
脱箱造型	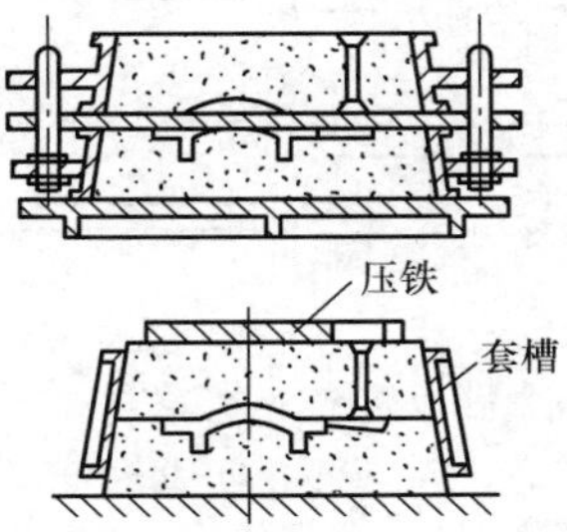 压铁 套槽	造型方法与两箱造型相同，用活动砂箱进行造型，铸型合型后，将砂箱脱出，重新用于造型，一个砂箱可造多个铸型，节约砂箱成本 金属浇注时，为防止错型，需用型砂将铸型周围填紧	多用于形状不复杂的小铸件大批量生产，手工造型、机器造型均可采用

四、机器造型

机器造型实质上就是把造型过程中的主要操作——填砂、紧砂和起模机械化，主要优点为：减轻工人体力劳动，改善劳动条件，对工人操作技术要求不高，显著地提高生产率，适用于批量生产；保证了铸件质量及其稳定性，提高了铸件精度和表面质量，降低了铸件的废品率。但设备和工装费用高，生产准备时间长，只适用于一个分型面的两箱造型。机器造型按工作原理有以下分类。

1. 震压造型

震压造型是一种使用广泛的传统机器造型方法，工作原理如图 3-14 所示。型砂注入砂箱后压缩空气由进气口进入，将震击活塞连同工作台、砂箱一起抬升，当震击活塞底部升至排气孔位置时，压缩空气排出，砂箱和震击活塞等因自重一起下落而产生一次撞击，通过撞击使型砂达到紧实。经多次撞击后，砂箱中的型砂被紧实。增加震击次数可以提高砂型紧实度；减少砂型紧实度的不均匀性，但震击次数不宜过多，否则会导致砂型开裂。

2. 微震压实造型

震压造型机工作时噪声、振动大，劳动条件差，近年来出现了气动微震压实造型机。气动微震压实造型机采用震击（频率 150 ~ 500 次/min，振幅 25 ~ 80mm）→压实→微震（频率 700 ~ 1000 次/min，振幅 5 ~ 10mm）紧实型砂，噪声较小，型砂紧实度均匀，生产率高，其原理如图 3-15 所示。

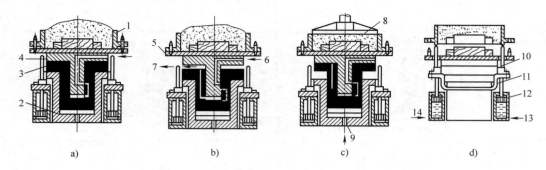

图 3-14 震压造型机工作原理示意图

a) 填砂 b) 紧砂 c) 压实顶部型砂 d) 起模

1—砂箱 2—压实气缸 3—压实活塞 4—震击活塞 5—模底板 6、9—进气口 7—排气口
8—压板 10—起模顶杆 11—同步连杆 12—起模液压缸 13、14—液压油

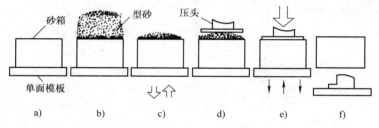

图 3-15 气动微震压实造型机紧砂原理图

a) 砂箱复位 b) 加砂 c) 震实 d) 压头进入 e) 压震 f) 起模

3. 射压造型

射压造型是利用压缩空气将型砂以很高的速度射入砂箱进行充填和预紧实后，再压实进行终紧实造型。预紧实提高了压实前的初始紧实度，使压实后的铸型紧实质量提高。垂直分型无箱射压造型广泛用于中小铸件批量生产，其造型过程如图 3-16 所示。向闭合的造型室射砂，压实液压缸柱塞向左推动压实模板将型砂压实；反压模板先向左退出再向上转 90°起

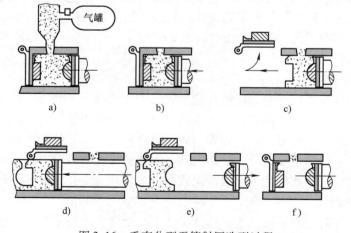

图 3-16 垂直分型无箱射压造型过程

a) 射砂 b) 压实造型 c) 反压模板起模 d) 推出铸型
e) 压实模板，退回起模 f) 反压模板复位，闭合造型室

模;液压缸柱塞继续左移将合型推出;液压缸柱塞退回,压实模板起模;反压模板反转 90°,并退回原位闭合造型室。

4. 抛砂造型

抛砂造型不需专用砂箱和模板,适用于生产大型铸件,批量不限。抛砂造型是利用高速旋转(900~1500r/min)的叶片,将输入的型砂高速(30~50m/s)抛下,以达到紧砂目的。其生产率为每小时紧砂 $10~30m^3$。

机器造型另外还有气流紧实造型、真空密封造型等多种方法。机器造型方法的选择应根据铸件合金种类、生产批量大小、铸件精度和表面粗糙度要求等多方面的因素综合考虑。

五、造芯

型芯的主要作用是用来获得铸件的内腔,有时也可部分或全部用型芯形成铸件的外形。型芯的四面被高温金属液包围,受到的冲刷及烘烤比砂型厉害,因此砂芯必须具有比砂型更好的使用性能,在制造型芯时还有一些特殊的工艺要求。

1. 造芯工艺

(1)安放芯骨 为增强型芯的强度和刚度,在型芯中要安置与型芯形状相适宜的芯骨。

小件的芯骨一般用铁钉或铁丝制成;大件及形状复杂的芯骨用铸铁铸成。较大的芯骨上要做出吊环,以便吊运、安放,如图 3-17 所示。

图 3-17 芯骨

(2)开通气孔 为顺利排出型芯中的气体,要开出通气道。通气道与铸型出气孔连通。形状简单的型芯,用气孔针扎出通气孔;形状复杂的型芯,在其中埋入蜡线;对大型型芯,内部填以焦炭。常用的几种通气道开出方式如图 3-18 所示。

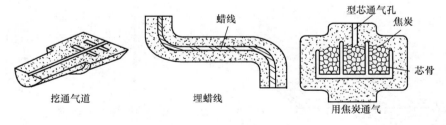

图 3-18 型芯的通气

(3)刷涂料 刷涂料的作用是防止铸件粘砂,改善铸件内腔表面的粗糙度。铸铁件型芯常用石墨涂料,铸钢件型芯则用石英粉涂料。

(4)烘干 烘干的目的是提高其强度和透气性。烘干温度与造芯材料有关,通常黏土芯为 250~350℃,油砂芯为 180~240℃。

2. 造芯方法

单件、小批量生产，大多采用手工型芯盒造芯。根据型芯结构的复杂程度不同，型芯盒的种类有整体式芯盒、对开式芯盒和可拆式芯盒，制芯过程如图3-19所示。

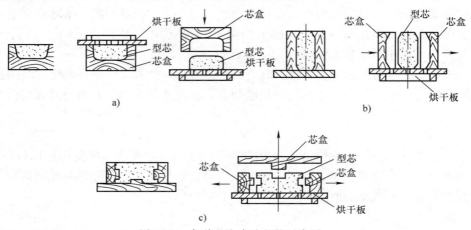

图 3-19　各种芯盒中造芯的示意图

a）整体式芯盒　b）对开式芯盒　c）可拆式芯盒

整体式芯盒制芯用于形状简单的中、小砂芯。对开式芯盒制芯适用于圆形截面的较复杂砂芯。可拆式芯盒制芯适用于形状复杂的大、中型砂芯，当用整体式和对开式芯盒无法取芯时，可将芯盒分成几块，分别拆去芯盒取出砂芯。芯盒的某些部分还可以做成活块。

对于直径较大的回转体型芯，为降低造芯成本，有时可采用刮板造芯，如图3-20所示，待两个制好的半芯经烘干后再胶合成整体。

批量生产的砂芯可用机器制出。射芯机是目前应用最多的一种造芯机械，其工作原理如图3-21所示。首先打开砂闸板，芯砂由砂斗落入射砂筒内，装完定量的芯砂后合上砂闸板。然后由气缸动作打开射砂阀，使储气包中的压缩空气迅速进入射砂筒，将筒内的芯砂经射砂孔射入型芯盒而制得型芯，压缩空气则经射砂板上的排气孔排出，完成制芯操作。

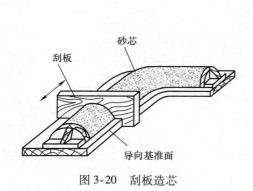

图 3-20　刮板造芯

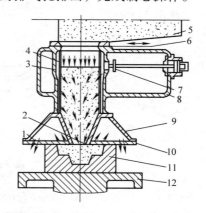

图 3-21　射芯机工作原理

1—排气孔　2—射砂孔　3—射腔　4—射砂
5—砂斗　6—砂闸板　7—射砂阀　8—储气包
9—射砂筒　10—射砂板　11—型芯盒　12—工作台

六、浇冒口系统

浇冒口系统和铸件质量密切相关，如果设置不当，铸件易产生冲砂、砂眼、渣气孔、浇不足、气孔和缩孔等缺陷，造成的废品约占铸件废品的30%。

1. 浇注系统的作用

浇注系统是为使高温金属液填充型腔和冒口而开设于铸型中的一系列通道，具有以下几个方面的作用：

1）使金属液能连续、平稳、均匀地进入型腔，以获得轮廓完整清晰的铸件。

2）挡渣，防止熔渣、砂粒或其他杂质进入型腔。

3）控制金属液流入型腔的速度和方向。

4）调节铸件各部分的凝固顺序和补给铸件在冷凝收缩时所需的金属液。

5）有利于排气。

2. 浇注系统的组成

根据铸件结构、合金种类和性能要求，浇注系统通常由外浇口、直浇道、横浇道和内浇道等几部分组成，如图3-22所示。形状简单、要求不高的小铸件，也可以只要直浇道和内浇道，不需要横浇道。

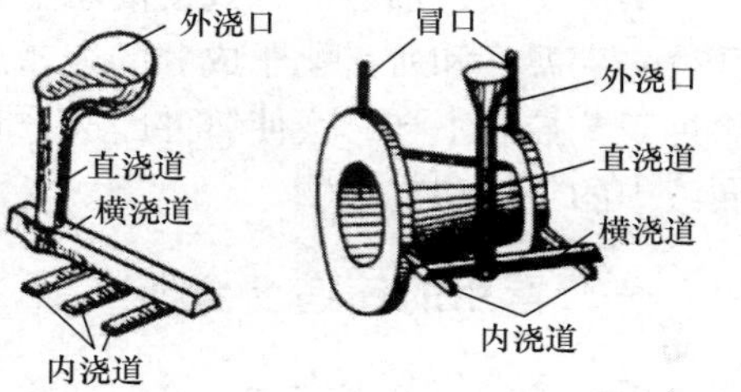

图3-22　典型的浇注系统

（1）外浇口　通常做成漏斗形或盆形，用以减少浇注时金属液对砂型的冲击和使熔渣浮于表面，并引导金属液平稳流入直浇道。

（2）直浇道　一般做成锥形，以便造型。直浇道的高度所产生的静压力，可以控制金属液流入铸型的速度和提高充型能力。直浇道越高，金属液越容易充满型腔的细薄部分。

（3）横浇道　截面多为梯形，位于直浇道之下，内浇道之上，其作用是阻止熔渣流入型腔内，并分配金属液流入内浇道。

（4）内浇道　截面形状多为扁梯形，一般开在下砂箱分型面上。内浇道的作用是控制金属液流入型腔的速度和方向，调节铸件各部分的冷却速度。对壁厚较均匀的铸件，内浇道开在薄壁处，使铸件均匀冷却；对壁厚不均匀的铸件，内浇道开在厚壁处，便于补缩。大平面薄壁铸件，应多开几个内浇道，便于金属液快速充满型腔。重要加工面和加工基准面上不允许开设内浇道。内浇道开设方向不应正对砂型型壁和型芯，以免金属液冲坏砂型和型芯。

浇注系统可按各组元的截面比例关系分为封闭式浇注系统、开放式浇注系统及半封闭式浇注系统三种形式。

1）封闭式浇注系统。直浇道出口截面积大于横浇道截面积，横浇道截面积又大于内浇道截面积总和，可表示为$F_{直} > F_{横} > F_{内}$。其特点是挡渣能力强，但对铸型冲刷力大，易喷溅，多用于中、小型铸铁件。

2）开放式浇注系统。$F_{直} < F_{横} < F_{内}$特点是充型平稳，对铸型冲刷力小，但挡渣作用差，适用于易氧化的铝、镁合金等非铁合金铸件。

3）半封闭式浇注系统。$F_{内} < F_{直} < F_{横}$作用介于以上两种之间。

3. 冒口

冒口是在铸型内储存供补缩铸件用金属液的空腔。冒口除了补缩，有效消除铸件中的缩孔、缩松等缺陷作用外，还有排气、集渣和观察铸型是否浇满的作用。冒口的形状多为圆柱形、方形或腰形，其大小、数量和位置视具体情况而定。冒口的设置原则如下：

1）冒口的凝固时间应大于或等于铸件被补缩部分的凝固时间，应尽量放在铸件被补缩部位的上部或是最后凝固的地方。

2）冒口内应有足够的金属液补充铸件的收缩，应尽量放在铸件最高而又较厚的部位，以便利用金属液的自重来进行补缩。

3）冒口应与铸件上被补缩的部位之间存在补缩通道，尽可能不阻碍铸件的收缩。

4）冒口最好布置在铸件需要机械加工的表面上，以减少铸件精整时的工时。

第三节　金属的熔炼与浇注

熔炼是通过加热的方式使固态金属转变为液态，并通过冶金反应去除金属液中的杂质，获得一定温度和所需化学成分的金属液。合金的熔炼是铸造生产过程中相当重要的环节，若熔炼工艺控制不当，会使铸件因成分和力学性能不合格而报废。在熔炼过程中要尽量减少金属液中的气体和夹杂物。

一、常用的铸造合金

铸造合金的范围十分广泛，如铸铁、铸钢、铝基合金、铜基合金、镁基合金、锌基合金均可用于铸造生产。铸造性能的好坏是衡量铸造合金优劣的一个重要方面，其中对铸件质量影响最大的是流动性和收缩率。

1. 铸铁

常用的铸铁主要有：灰铸铁、球墨铸铁、蠕墨铸铁、可锻铸铁及合金铸铁等。在正常浇注温度下，铸铁的流动性好，收缩率小。灰铸铁的铸造性能可以说是最好的合金。

2. 铸钢

常用的铸钢有碳钢及各类合金钢。在浇注温度下钢液的流动性比铸铁差，其收缩也比铸铁大，铸造性能不如铸铁好。为了防止铸钢件中产生冷隔、浇不足等缺陷，生产中要严格控制铸件的厚度，加大浇注系统尺寸，采用干型或热型浇注。为了防止铸件中产生缩孔和开裂等缺陷，要求铸件壁厚尽量均匀。对于壁厚相差较大的铸钢件，常采用顺序凝固和增设冒口等补缩措施。对于壁厚均匀的薄壁铸钢件，由于生产缩孔的可能性不大，可采用多开内浇道，增大浇注速度，并创造同时凝固的条件，以减小铸造应力，防止铸件开裂。此外，由于钢液温度高，容易使铸件产生粘砂，因此，铸钢件要用耐火度较高的型砂。

3. 铸造铝合金

铸造铝合金的熔炼、浇注温度较低，熔化潜热大，流动性好，特别适用于金属型铸造、压铸、挤压铸造等，获得尺寸精度高、表面光洁、内在质量好的薄壁、复杂铸件。在铸造铝合金中铝硅类合金的流动性最好，可以铸出最小壁厚为 2.5mm、形状很复杂的铸件。常用的铝合金有：铝硅合金、铝铜合金、铝镁合金、铝锌合金等。

4. 铸造铜合金

铸造黄铜的凝固温度范围小，流动性良好，但收缩率较大，铸件容易产生缩孔，生产中采用冒口进行补缩。铸造锡青铜的凝固温度范围宽，流动性差，气密性较差，补缩困难，铸件容易产生缩孔。

5. 铸造镁合金

铸造镁合金的主要合金元素是铝、锌、锰和稀土，工业上应用最广泛的铸造镁合金是 Mg – Al – Zn 系合金。ZM5（ZMgAl8Zn）为其代表，该合金的特点是强度高、塑性好、铸造性能好。

6. 铸造锌合金

常用的铸造锌合金有耐磨锌合金、压铸锌合金、新型高铝高强耐磨锌合金及锌基阻尼合金。

二、铸铁的熔炼

合金的熔炼是铸造的必要过程之一。熔炼对铸件质量有很大的影响，操作不当会使铸件因成分和力学性能不合格而报废。对铸铁熔炼的基本要求是：铁液温度高、化学成分合格、非金属夹杂物和气体含量少；燃料、电力、原材料消耗小；熔化速度快，金属烧损少。

熔炼铸铁的炉子有冲天炉、电弧炉和感应炉等，目前仍常用冲天炉进行熔炼。用冲天炉熔化的铁液质量虽然不如电炉好，但冲天炉结构简单，操作方便，熔炼效率高，成本低，能连续生产。冲天炉的结构如图 3-23 所示。它的炉身部分外部是钢板制成的炉壳，钢板里侧砌耐火砖构成炉体。炉身上部有加料口，下部有一风箱，由鼓风机将空气送到炉体外面的风箱内，然后从风箱经炉壁上的送风口将空气送入炉内，使焦炭燃烧提供热能。

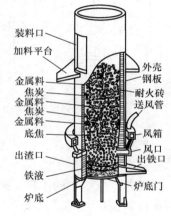

图 3-23 冲天炉的结构

冲天炉的大小是以每小时能熔化的铁液重量来表示的。常用的冲天炉每小时可熔化 1.5～10t 铁液，可连续工作 4～10h。先进的冲天炉已由计算机进行控制。

冲天炉熔炼的炉料包括金属炉料、燃料和熔剂三部分。

金属炉料包括新生铁、浇冒口及废铸件等回炉料。为调整铁液的化学成分还须加入废钢和铁合金（硅铁、锰铁等）。各种金属炉料的加入量是根据铸件化学成分的要求和熔炼时各元素的烧损量计算出来的。

冲天炉的燃料主要是焦炭。焦炭燃烧的程度直接影响铁液的温度和成分，其用量一般为金属炉料的 1/10～1/8（称为焦铁比）。

熔剂有石灰石（$CaCO_3$）和萤石（CaF_2）等，作用是稀释主要成分为 SiO_2 和 Al_2O_3 的熔渣，使之易于流动，便于排除。

冲天炉的熔炼操作过程大致如下：每次开炉前，用耐火材料将炉体损坏部分修好，并烘干，然后在炉底分批装入底焦并预先燃烧。而后在底焦上面交替（呈层状）装入金属炉料和焦炭，随后送风。送风后不久，金属炉料开始熔化，同时形成熔渣，炉底开始积存铁液，铁液上面为出渣口，打开出铁口，间隙地放出储存的铁液。在放铁液前，由出渣口排出炉渣。待最后一批铁液出炉后，即可停止鼓风并打开炉底放出剩余炉料。

冲天炉结构简单，操作方便，热效率和生产率较高，能连续熔炼铸铁，成本低，故生产中应用广泛。但冲天炉熔炼的铁液质量不稳定，工作环境条件较差。

三、铸钢的熔炼

铸钢熔炼的设备可以用电弧炉，也可用感应电炉，目前使用较多的是感应电炉。图 3-24 所示为无芯中频感应电炉，图 3-25 所示为电弧炉。为提高钢液的质量，还采用与炉外精炼技术相结合的工艺，如 AOD（氩氧脱碳精炼法）、VOD（真空氩氧脱碳精炼法）、VODC（真空氩氧脱碳转炉精炼法）等精炼方法。

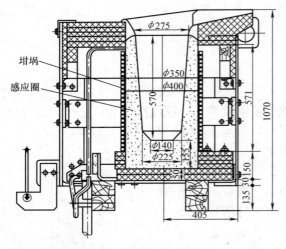

图 3-24　无芯中频感应电炉结构图

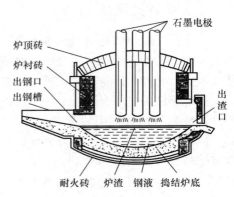

图 3-25　电弧炉结构

感应电炉分为有芯和无芯两类：有芯感应电炉一般用于铸铁和有色金属合金生产，而无芯感应电炉主要用于炼钢和高温合金，但也有用于熔炼铸铁的。

无芯感应电炉的工作原理如图 3-26 所示。在一个用耐火材料筑成的坩埚外面套有螺旋形的感应线圈。坩埚内盛装的金属炉料（或钢液），如同插在线圈当中的铁心。当线圈通以交流电时，由于交流电的感应作用，在金属炉料（或钢液）的内部产生感应电动势，并因此产生感应电流涡流。由于金属炉料（或钢液）有电阻，故会产生电热效应。炼钢所用的热量即是利用这种原理产生的。

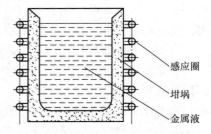

图 3-26　无芯感应电炉工作原理图

中频无芯感应电炉炼钢用炉料主要包括：铸造用生铁、浇冒口和废铸件类的回炉料、废钢、铁合金（硅铁、锰铁、铬铁、钼铁、稀土等）、造渣材料等。

中频无芯感应电炉的熔炼过程大致如下：在筑好并烘干的坩埚内按比例放入计算好的各种金属炉料（生铁、废钢、回炉料、部分铁合金等），先低功率（40% ~ 60%）预热，待电流冲击停止后，再逐渐上升功率至最大值，以使金属炉料熔化；随着坩埚下部炉料熔化，需经常注意捣料，防止"搭桥"，并陆续添加炉料；大部分炉料熔化后，加入造渣材料（一般用碎玻璃）造渣；炉料基本熔化完毕时，取钢样进行全分析，并将其余炉料加入炉内；炉料全熔后，减小功率，扒渣，再另造新渣；然后加入铁合金以脱氧和调整钢液化学成分；而后测量钢液温度（要求大于等于 1550℃），并检查钢液脱氧情况；待钢液化学成分及温度符合要求，脱氧情况良好时，再插入适量的铝进行终脱氧，停电，倾炉出钢。

四、铝合金的熔炼

铝合金是应用最广泛的铸造有色金属合金，铝合金以密度小、强度高著称，在飞机、导弹、人造卫星中铝合金所占比重高达90%，其在地壳中的含量达7.5%（质量分数），在工业上有着重要地位。

铝合金具有良好的铸造性能。由于熔点较低（纯铝熔点为660℃，铝合金的浇注温度一般在730～750℃），故能广泛采用金属型及压力铸造等铸造方法，以提高铸件的内在质量、尺寸精度和表面光洁程度以及生产效率。铝合金由于凝固潜热大，在重量相同条件下，铝液的凝固过程时间延续比铸钢和铸铁长得多，其流动性良好，有利于铸造薄壁和结构复杂的铸件。

铝合金的熔炼最常用的设备是坩埚电阻炉，其结构如图3-27所示。坩埚电阻炉炉体外壳由型钢及钢板焊接成圆筒结构，其内有各种耐火材料砖砌成的加热室。在加热室与炉壳之间砌有保温砖并填满保温粉，以减少热损失。由高电阻合金加工成螺旋状的电热元件布置在加热室周围的托砖上，通过引出棒与外线路的电源接通。耐热材料制成的坩埚工作室放在加热室内。在电炉后端装有保护罩壳，罩壳内是加热元件接线装置。

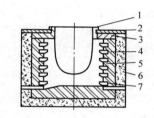

图 3-27 坩埚电阻炉结构示意图
1—坩埚 2—托板 3—耐热板
4—耐火砖 5—电阻丝 6—石棉丝
7—托砖

通过蜗轮减速机，可将装置在炉架上的炉体在90°范围内倾斜浇注，也可手动操作。炉面板上装有两个半圆形的炉盖，炉盖合并盖好后留有一热电偶测量孔。电路配置一支热电偶，通过补偿导线与控制柜上的仪表相连接，可控制工作温度。

由于铝合金的熔点低，熔炼时极易氧化、吸气，合金中的低沸点元素（如镁、锌等）极易蒸发烧损。故铝合金的熔炼应在与燃料和燃气隔离的状态下进行。铝合金熔炼工艺控制较为复杂。铝合金的牌号较多，使用元素也较多，某一元素对一种合金是有益的，但对另一种合金可能是有害的，同一炉不要熔化成分相差较大的合金，熔炼时配料应精确计算。熔化铝合金的炉料包括金属炉料（新料、中间合金、旧炉料）、溶剂（覆盖剂、精炼剂、变质剂）和辅助材料（指坩埚及熔炼浇注工具表面上涂的涂料）。配料计算主要是如何搭配金属材料，以满足合金质量要求。一方面是保证合乎要求的化学成分，另一方面是在保证质量的前提下多使用旧炉料，以降低成本。

铝合金熔炼的工艺过程控制主要包括：炉料处理、坩埚及熔炼工具的准备、熔炼温度的控制、熔炼时间的控制、精炼处理等几个方面。

五、合型及浇注

1. 合型

合型是指将相对应的上型、下型、型芯、浇注系统等组合成一个完整铸型，以便浇注获得铸件。合型工序对铸件的质量影响很大，合型操作不当常引起铸件形状不合格、跑火等缺陷。

在合型的过程中需要注意的有：

1）检验型腔、浇注系统及表面有无浮砂，排气道是否通畅。

2）型芯安放位置要适当、稳固，并注意型芯的排气孔位置是否妥当。

3）上、下铸型要对齐，以免造成错型，致使铸件形状尺寸不合格。

4）上、下铸型要紧固，以免浇注时由于铁液浮力将上型抬起，造成跑火。单件小批量生产时，使用压铁压箱。压铁的重量按经验一般为铸件重量的 3～5 倍；成批大量生产时，多使用专用的卡子或螺栓紧固铸型。

2. 浇注

将熔融金属浇入铸型的操作称为浇注。浇注前根据铸件的大小准备好容量合适、数量足够的浇包及其他用具；检查铸型合型是否妥当，浇冒口杯是否安放妥当；清理浇注时行走的通道，不能有杂物阻挡，更不能有积水。浇注不当会引起浇不足、冷隔、跑火、夹渣和缩孔等缺陷。浇注时要注意以下问题。

1）严格控制浇注温度。若浇注温度过高，金属液的收缩量增加，易产生缩孔、裂纹及粘砂等缺陷。若浇注温度过低，金属液的流动性变差，易产生浇不足、冷隔、气孔等缺陷。对形状复杂、体积较大、薄壁的灰铸铁件，浇注温度为 1400℃ 左右；反之浇注温度在 1300℃ 左右即可；对常用铝合金铸件浇注温度为 700～750℃；碳钢铸件浇注温度为 1520～1620℃。

2）掌握好浇注速度。浇注速度过快易产生气孔，造成冲砂、抬型、跑火等缺陷；浇注速度过慢会使金属液降温过多，易产生浇不足、冷隔、夹渣等缺陷。浇注速度应根据铸件的形状、大小决定，一般用浇注时间表示。

3）掌握好浇注技术。注意扒渣、挡渣和引火。浇注中间不能断流，应始终使外浇口保持充满，以便于熔渣上浮。准确估计好铁液重量，不够时不应浇注。

第四节　铸件的落砂、清理和缺陷分析

一、铸件的落砂、清理

铸件浇注后冷却至适当的温度就要将铸件从铸型中取出进行落砂和清理工作。

将铸件从铸型中取出的工序称为落砂。落砂时应注意铸件的温度：落砂过早，铸件温度过高，易产生过硬的白口组织及铸造应力、变形和开裂；落砂过晚，会影响铸件生产率和砂箱的回用。一般铸件落砂温度在 400～500℃。

落砂后的铸件必须经过清理工序才能使铸件外表面达到要求。清理工作主要包括以下几个方面：

1）去除浇冒口。小铸件可用锤子敲掉浇冒口，大铸件则用气割或用锯割掉。有色金属合金铸件的浇冒口要用锯割掉。

2）去除型芯。单件小批量生产时，可用手工；成批量生产时，多采用机械装置，如用振动出芯机或水力清砂装置等清除型芯和芯骨。

3）去除粘砂。铸件表面粘砂一般使用钢丝刷等手工工具进行。但手工清理效率低，劳动条件差，强度大，现多由机械代替。常用的机械有清理滚筒机、喷砂机和抛丸机等。

4）铸件的修整。铸件上的飞边、毛刺和残留的浇冒口痕迹一般采用砂轮机、錾子、锉刀等工具修整。

二、铸件缺陷分析

经清理后的铸件，要经过检验，并对出现的缺陷进行分析，找出原因，采取措施加以预防。铸造工艺过程繁杂，引起缺陷的原因是很复杂的，同一铸件上可能会出现多种不同的缺陷，而同一原因在生产条件不同时也可能会产生多种缺陷。常见铸件缺陷名称、特征及产生原因见表3-3。

表3-3 常见铸件缺陷名称、特征及产生原因

名称	缺陷简图	缺陷特征	产生的主要原因
气孔		铸件表面或内部出现的孔洞，孔的内壁光滑，常为梨形、圆形	1. 型砂紧实度过高，透气性太差 2. 型砂太湿，起模、修型时刷水过多 3. 砂芯通气孔堵塞或型芯未烘干 4. 浇注系统不正确，气体排不出
缩孔		铸件最后凝固处有形状不规则的明的或暗的孔洞，孔壁粗糙	1. 冒口和冷铁设置不当，补缩不足 2. 浇注温度过高，金属液收缩过大 3. 铸件壁厚不均匀，无法有效补偿 4. 金属液含气及含磷太多
砂眼		铸件内部或表面有充满砂粒的孔眼，孔形不规则	1. 型砂强度不够或局部没紧实，掉砂 2. 型腔、浇注系统内散砂未吹净 3. 合型操作不当，引起掉砂 4. 浇注系统不合理，冲坏砂型（芯）
渣眼		孔眼内充满熔渣，孔形不规则	1. 浇注时没有挡渣 2. 浇注温度太低，渣子不易上浮 3. 浇注系统设置不合理，挡渣作用差
粘砂		铸件表面粘着一层难以除掉的砂粒，使表面粗糙	1. 砂型春得太松 2. 浇注温度过高 3. 型砂耐火性差
夹砂	金属片状物	铸件表面有一层凸起的金属片状物，表面粗糙，边缘锐利，在金属片和铸件之间夹有一层型砂	1. 型砂受热膨胀，表层鼓起或开裂 2. 型砂湿强度较低 3. 砂型局部过紧，水分过多 4. 砂型局部烘烤严重 5. 浇注温度过高，浇注速度过慢
冷隔		铸件上有未完全融合的缝隙，边缘呈圆角	1. 浇注温度过低 2. 浇注速度过慢或断流 3. 浇道位置不当或尺寸过小

（续）

名称	缺陷简图	缺陷特征	产生的主要原因
浇不足		铸件残缺，形状不完整	1. 浇注温度太低 2. 浇注时金属液量不够 3. 浇道太小 4. 未开出气口，金属液的流动受型内气体阻碍
错型		铸件的一部分与另一部分在分型面处相互错开	1. 合型时，上、下型未对准 2. 上、下型未夹紧 3. 造型时，上、下模有错动
偏芯	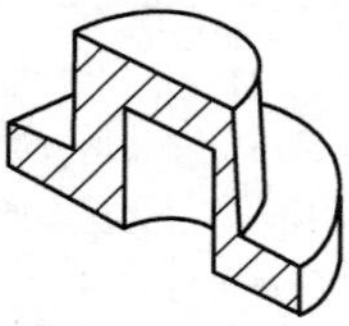	铸件上孔偏斜或轴心线偏移	1. 型芯变形或放置偏斜 2. 浇道位置不对，金属液冲歪了型芯 3. 合型时，碰歪了型芯 4. 制模样时，型芯头偏心
裂纹	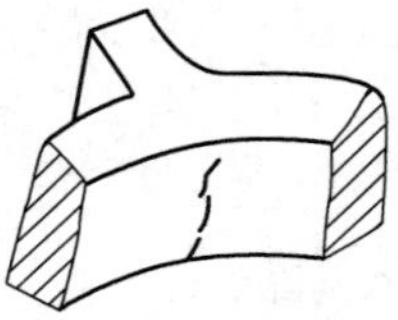	铸件裂开 热裂：裂纹断面严重氧化，呈暗蓝色，外形曲折而不规则 冷裂：裂纹断面不氧化，并发亮，有时有轻微氧化，呈连续直线状	1. 铸件厚薄不均匀，冷却不一致 2. 型砂、芯砂退让性差，阻碍铸件收缩而引起过大的内应力 3. 浇注系统开设不当，阻碍铸件收缩 4. 合金化学成分不当，收缩大

第五节 特种铸造

特种铸造是指与砂型铸造有显著区别的其他铸造方法，常用的有熔模铸造、金属型铸造、压力铸造、低压铸造、离心铸造等。

一、熔模铸造

熔模铸造又称失蜡铸造，它是用易熔材料（如蜡料）制成可熔性模样，在模样上包覆若干层耐火材料，制成型壳，加热型壳熔去模样后高温焙烧，即成可浇注的铸型。其工艺过程如图3-28所示。

熔模铸造的特点有：

1）制造的铸件精度高，表面光洁。

2）能够铸造各种合金铸件。

3）铸件形状可以比较复杂。

4）铸件质量不宜太大。

熔模铸造目前主要用于机械、航空、汽车、拖拉机及仪表等工业，如涡轮机叶片和叶轮、高速钢刀具等。

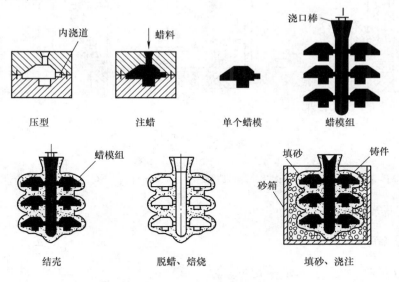

图 3-28　熔模铸造工艺过程

二、金属型铸造

金属型铸造是指将金属液浇入用金属材料（铸铁或钢）制成的铸型来获得铸件的铸造方法。金属型（见图 3-29）一般用铸铁或铸钢制造，主要用于制造有色合金铸件，如铝活塞、缸盖，铜合金轴瓦、轴套等。

金属型散热快，铸件组织致密，力学性能高，精度高，表面质量好，金属型铸造一型多铸，生产率高。但铸型制造成本高、周期长、透气性差、无退让性，铸件易产生浇不足、冷隔、裂纹等缺陷。要求铸造合金的熔点不能太高，铸件质量不能太大。

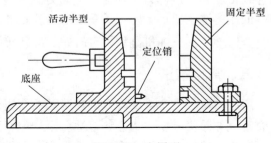

图 3-29　金属型

三、压力铸造

压力铸造是将液态金属在高压作用下充填金属铸型，并在压力下凝固形成铸件的铸造方法，简称压铸。常用压铸的压力为 5 ~ 70MPa，有时可高达 200MPa；充型速度为 5 ~ 100m/s，充型时间很短，只有 0.1 ~ 0.2s。为了承受高压、高速金属液流的冲击，压铸型需用耐热合金钢制造。压铸是在压铸机上进行的，压铸机种类较多，目前应用较多的是卧式冷压室压铸机，其工作原理如图 3-30 所示。

压铸的特点有：铸件尺寸精度高；铸件的强度和表面硬度高；可压铸形状复杂的薄壁铸件，可嵌铸其他材料；生产效率高；设备投资大，压型制造成本高；铸件内部常有气孔及氧化物夹杂。压铸主要用于熔点较低的锌、铝、镁及铜合金铸件的生产，广泛用于汽车、仪

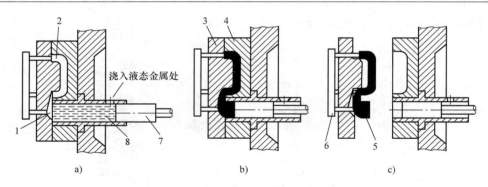

图 3-30　卧式冷压室压铸机工作原理

a）合型　b）压铸　c）开型

1—浇道　2—型腔　3—动型　4—定型　5—铸件及余料　6—顶杆　7—压射冲头　8—压室中的液态金属

表、航空、电器及日用品铸件。

四、低压铸造

低压铸造是将液态金属在一定的压力（20～80kPa）作用下，自下而上地充填铸型并凝固而获得铸件的方法。其原理如图 3-31 所示。

低压铸造的特点主要有：浇注时压力和速度可人为控制，故可适用于各种铸型；铸件在压力下结晶，铸件致密度高，铸件力学性能、质量好；铸件合格率高。低压铸造主要用于铸造质量要求较高的铝合金和镁合金铸件，如汽油机缸体、气缸盖、叶片等。

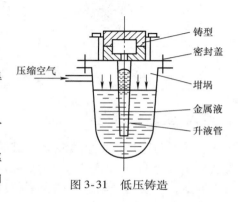

图 3-31　低压铸造

五、离心铸造

离心铸造将液态金属浇入高速旋转的金属型或砂型铸型中，使金属液在离心力的作用下填充铸型并凝固成型。离心铸造适合生产中空回转体铸件或成形铸件，如图 3-32 所示。

离心铸造的特点主要有：铸件致密，无缩孔、缩松、气孔、夹渣等缺陷，力学性能高；通常不用浇冒口，省工省料，液态金属利用率高，成本较低；适宜浇注流动性较差的合金、薄壁铸件和双金属铸件；铸件内表面质量差，孔的尺寸不易控制；设备投资大，适宜批量生产。离心铸造常用于如铸铁管、缸套、铜套、双金属盘套等各种套、管、环状零件的生产。

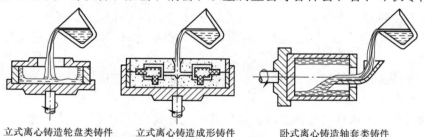

立式离心铸造轮盘类铸件　　立式离心铸造成形铸件　　卧式离心铸造轴套类铸件

图 3-32　离心铸造示意图

第六节　铸造技术的发展趋势

面对全球信息、技术的飞速发展，机械制造业尤其是装备制造业的现代化水平高速提升，与此相应，铸造行业正由劳动密集型转向高科技型，智能化正在取代机械化和自动化，新工艺和新材料正在取代传统工艺和材料。知识经济和高新技术对铸造的精密性、质量与可靠性、经济和环保等提出了更高的要求。

铸件在航空、火箭、汽车发动机、燃气轮机、轨道交通等各类装备中占有相当大的比重，对提高装备主机性能至关重要。目前我国虽然是铸造大国，但我国在某些高端铸件铸造技术上仍然落后，还不是铸造强国。我国铸造行业中中小铸造企业数量众多，存在铸造技术创新能力薄弱、先进铸造工艺应用基础技术不过关、与上下游行业发展不协调、铸造企业高能耗高污染等情况，对我国生态环境造成损害，因此，发展"优质、高效、智能、绿色"铸造技术已成为行业共识。

一、铸造合金材料、成形及智能化

1）以强韧化、轻量化、精密化、高效化为目标，开发铸铁新材料；采用铁液脱硫、过滤技术来提高铁液质量；开发薄壁高强度灰铸铁件制造技术、铸铁复合材料制造技术（如原位增强颗粒铁基复合材料制备技术等）、铸铁件表面或局部强化技术（如表面激光强化技术等）。

2）研制耐磨、耐蚀、耐热特种合金新材料；开发铸造合金钢新品种（如含氮不锈钢等性能价格比高的铸钢材料），在海工装备用耐海水腐蚀双相铸造不锈钢材料、核电设备用大型不锈钢铸件和新型火电设备用耐高温铸件、大型复杂曲面异性工件电渣熔铸技术及工程应用、航发单晶叶片铸造技术等方面进行拓展，提高材质性能、利用率，降低成本，缩短生产周期。

3）开发优质铝合金材料，特别是铝基复合材料。开发关于铝合金铸造方面的新技术，包括合金系列、设备、控制、软硬件的开发等。

4）研究耐热性能更好的以钛铝化合物为基的高温钛合金；研究高强度耐热铸造镁合金铸件凝固理论及成形工艺等。

5）开发铸造复合新材料，如金属基复合材料、母材基体材料和增强强化组分材料；加强颗粒、短纤维、晶须非连续增强金属基复合材料、原位铸造金属基复合材料研究；开发金属基复合材料后续加工技术；开发降低生产成本、材料再利用和减少环境污染的技术；拓展铸造钛合金应用领域，降低铸件成本。

6）开展铸造合金成分的计算机优化设计，重点模拟设计性能优异的铸造合金，实现成分、组织与性能的最佳匹配。

7）开发精确成形技术和近精确成形技术，大力发展可视化铸造技术，推动铸造过程数值模拟技术 CAE 向集成、虚拟、智能、实用化发展；基于特征化造型的铸造 CAD 系统将是铸造企业实现现代化生产工艺设计的基础和前提，新一代铸造 CAD 系统应是一个集模拟分析、专家系统、人工智能于一体的集成化系统。促使铸造工装的现代化水平进一步提高，全面展开 CAD/CAM/CAE/RPM、反求工程、并行工程、远程设计与制造、计算机检测与控制系统的集成化、智能化与在线运行，催发传统铸造业的革命性进步。

二、铸造原辅材料、装备及检测技术

1）建立新的与高密度黏土型砂相适应的原辅材料体系，根据不同合金、铸件特点、生产环境，开发不同品种的原砂、少无污染的优质壳芯砂，抓紧我国原砂资源的调研与开发，开展取代特种砂的研究和开发人造铸造用砂；将湿型砂黏结剂发展重点放在新型煤粉及取代煤粉的附加物开发上。

2）开发具有毒性小、强度大、硬化速度快、成本低的环保型生物基呋喃树脂。

3）加强对水玻璃砂吸湿性、溃散性研究，尤其是应大力开发旧砂回用新技术，尽最大可能再生回用铸造旧砂，以降低生产成本、减少污染、节约资源消耗。

4）开发树脂自硬砂组芯造型，在可控气氛和压力下充型的工艺和相关材料，加强国产特种原砂与少无污染高溃散树脂的开发研究，以满足生产薄壁高强度铝合金缸体、缸盖的需要。提高覆膜砂的强韧性，改善覆膜砂的溃散性，改善覆膜砂的热变形性，加快覆膜砂的硬化速度。

5）建立与近无余量精确成形技术相适应的新涂料系列，大力开发有机和无机系列非占位涂料，用于精确成形铸造生产。

6）深入研究关于熔炼、制芯、黏土砂造型、铸造自硬砂、砂处理、砂再生、清理打磨、浇注、检测等方面的装备与技术，提高其自主化、自动化、智能化水平。

三、特种铸造

1）熔模铸造方面：增加高附加值的高温合金、钛合金、铝合金等铸件的产值。研发熔模铸件近净成形技术配套工艺装备、铸件内部和外观质量控制方法，开发大容量钛合金熔炼设备，熔模铸造模具、模料新技术；采用精密、大型、薄壁熔模铸件成形技术；开发高稳定型壳涂料体系、优质型壳黏结剂，增加可铸合金种类，扩大工艺适用面。

2）压力铸造方面：深入研究压铸充型、凝固规律，开发新型压铸设备及控制系统，开展智能压铸技术用传感器的研发和工艺参数监测应用系统；开展半固态合金压铸及新型压铸涂料研究，开展半固态铸造成形过程数值模拟技术；开发新压铸技术及金属基复合材料、镁合金、高铝锌基合金等压铸新合金材料；采用快速原型制造技术制作压铸模。开发能与工艺密切结合可满足各种工艺参数要求的低压铸造设备；推行低压铸造模具 CAD、合金液填充和凝固过程模拟；开发高度自动化的低压铸造机和高可靠性零部件；开发复杂、薄壁、致密压铸件生产技术等。

3）挤压铸造方面：开发适用于挤压铸造的接近材料体系，提高熔炼质量，增加预处理，开发性能更优良的模具钢，研发高效率高精度环保型的挤压铸造技术和装备。

四、环保与安全

铸造业发展中普遍存在的诸如生产率低、能源利用率低，综合能耗高，污染严重等问题，随着公众环境意识的不断提高及国家环境保护法律法规的进一步完善，"绿色铸造"的呼声正在迅速成为铸造技术发展的指挥棒，"绿色铸造"的概念体现了高速发展着的文明进程的人性化特征和经济可持续发展的总体要求。为遏制污染，减轻材料的环境负担，铸造行业应着重发展环境友好加工和制备技术。

1）优先开发和选用绿色铸造工艺，减少进入生产和消费流程的物质。粉尘、烟雾是铸造生产中最大的污染。除了在铸造车间使用除尘技术以外，根本的是要控制和消除污染源。例如消失模铸造技术是"铸造中的绿色工程"。它不用型芯，省去了芯盒制造、芯砂配制、型芯制造等工序，型砂不需要黏结剂，铸件落砂及砂处理系统简便；同时，劳动强度降低，环境改善；旧砂可以全部回用，是一种液态金属精确成形技术。铸钢熔炼采用氩气搅拌、AOD、VOD 等精炼技术，既能减少合金的加入量，又能提高铸件的性能和降低废品率。采用污染较小的熔炉和加热炉，如以感应炉取代冲天炉，以电阻炉、煤气炉取代火焰炉等。铸件清理采用水力清砂，切割铸件飞边、毛刺时采用水雾电弧气刨等。

2）综合利用铸造生产过程中产生的废弃物和余能。在铸造工业园里或铸造厂较为集中的地方，建立铸造废砂、废渣处理中心，将能回用的旧砂返回铸造厂使用，不能回用的废砂、废渣可作为其他产品的资源。如利用废砂制造砖块、烧结发泡材料、复合材料等，利用铸造废渣制造水泥，或作为铺路材料等。对冲天炉所排放的 CO 进行收集，可使废气 CO 进一步燃烧，预热输入冲天炉的空气，不仅减少 CO 的排放量，而且可以节约能源。

3）建立促进循环经济发展的相关法律、法规。制定铸造业禁止使用落后工艺、设备等的法律文件；关停能耗高、产量低、污染严重的铸造企业；限制铸造生产废弃物的无序排放等；采取措施防止发达国家对我国铸造污染的转嫁等。

第四章 锻 压

第一节 锻压概述

锻造、挤压和板料冲压总称为锻压。锻压是通过对金属坯料施加外力，使之产生塑性变形，从而获得具有一定形状、尺寸和内部组织的毛坯或零件的一种压力加工方法。在机械工程中，锻压生产主要用于获得金属组织和性能优异的高质量毛坯件。其中，锻造是将工件加热烧红后，在高温状态下进行压力加工，用于制造简单零件、大型零件、重要零件的毛坯；板料冲压成形是在常温状态下进行压力加工，用于制造薄板类零件及大型覆盖件，故又称为冷冲压。

一、金属塑性加工

塑性是金属在外力作用下发生永久变形而又不破坏其完整性的能力。金属塑性的大小，以金属塑性变形完整性被破坏前的最大变形程度表示。这种变形程度数据称为"塑性指标"或"塑性极限"。但是，目前还没有某种实验方法能测量出可表示所有塑性加工条件下共用的塑性指标。金属的塑性不是固定不变的，它受诸多因素影响，大致包括以下两个方面：一个是金属的内在因素，如晶体结构、化学成分、组织状态等；另一个是变形的外部条件，即工艺过程，如变形温度、变形速率、变形的力学状态等。

金属塑性加工是指金属在外力（通常是压力）作用下，产生塑性变形，获得所需形状、尺寸和组织、性能的制品的一种基本的金属加工技术，以往常称压力加工。

金属塑性加工的种类很多，根据加工时工件的受力和变形方式，基本的塑性加工方法有锻造、板料冲压、轧制、挤压、拉拔、拉深、弯曲、剪切等几类。其中，锻造、轧制和挤压是依靠压力作用使金属发生塑性变形；拉拔和拉深是依靠拉力作用使金属发生塑性变形；弯曲是依靠弯矩作用使金属发生弯曲变形；剪切是依靠剪切力作用使金属产生剪切变形或剪断。锻造、挤压和一部分轧制多半在热态下进行加工；拉拔、拉深和一部分轧制，以及弯曲和剪切是在室温下进行的。在金属塑性加工中自由锻造、模型锻造和板料冲压在机械制造中使用最多，习惯上称为锻压生产。

金属塑性加工与金属铸造、切削、焊接等加工方法相比，有以下特点：

1）金属塑性加工是在保持金属整体性的前提下，依靠塑性变形发生物质转移来实现工件形状和尺寸变化的，不会产生切屑，因而材料的利用率高。

2）塑性加工过程中，除尺寸和形状发生改变外，金属的组织、性能也能得到改善和提高，尤其对于铸造坯件，经过塑性加工后，原来的铸态疏松、孔隙、微裂纹等被压实，原来的枝状结晶被打碎，使晶粒变细。同时改变原来的碳化物偏析和不均匀分布，使组织均匀，从而获得内部密实、均匀、细微的组织，提高了综合性能。此外，塑性流动所产生的流线也能使其性能得到改善。

3）塑性加工过程便于实现生产过程的连续化、自动化，适于大批量生产，如轧制、拉拔加工等，因而劳动生产率高，现广泛应用于机械制造工业中。

4）塑性加工产品的尺寸精度和表面质量高。

5）设备较庞大，能耗较高。

金属塑性加工由于具有上述特点，不仅原材料消耗少、生产效率高、产品质量稳定，而且还能有效地改善金属的组织和性能。这些技术上和经济上的独到之处和优势，使它成为金属加工中极其重要的手段之一，因而在生产制造中占有十分重要的地位。

二、金属的锻压性能

金属的锻压性能是衡量原材料锻造成形难易程度的一项工艺性能。可锻性好表示该材料适于锻造成形，可锻性差则会给锻造成形造成困难。可锻性一般用金属的塑性和变形抗力两项指标来衡量。塑性越高，变形抗力越小，则认为可锻性越好；反之则差。可锻性取决于金属本身性质和加工条件，如化学成分、组织结构、变形温度、变形速度、应力状态和坯料表面质量等。常用锻压材料有各种钢、铜、铝、钛及其合金等。

1. 化学成分

化学成分会影响金属的锻压性能，纯金属锻压性能优于一般合金。金属的可锻性随着钢中的含碳量和某些降低金属塑性的合金元素的增加而变坏，碳钢一般均能锻造，低碳钢可锻性最好，锻后一般不需热处理；中碳钢次之，高碳钢则较差，锻后需热处理。当含碳量达2.2%（质量分数）时，就很难锻造了。低合金钢的锻造性能，近似于中碳钢；高合金钢的锻造比碳钢困难。

2. 组织结构

纯金属及固溶体组织（如奥氏体）的可锻性好。单相状态下的组织比多相状态的可锻性好，柱状晶和粗晶组织的可锻性不如晶粒细小而均匀的组织好。

3. 变形温度

在工艺条件允许的情况下，提高变形温度可使原子动能增加，提高塑性，减小变形抗力。

4. 变形速度

变形速度即单位时间内的相对变形量。材料的塑性一般随着变形速度的增加其变形抗力也增加，只有在变形速度超过临界变形速度后，由于塑性变形产生的热效应增大，使金属温度明显上升，加快了再结晶过程，从而使塑性增加，变形抗力减小，改善了可锻性。但一般常用的锻压设备不能超过临界变形速度，不能提高坯料的塑性，因此宜采用较小的变形速度。

5. 应力状态

不同的锻压方法会使金属变形时其内部处于不同的应力状态，拉应力易使滑移面分离，使缺陷处易产生应力集中，促使裂纹产生和发展。拉应力数目越多，则塑性越差，不利于锻压的进行。而压应力会增加金属变形时的内部摩擦，使变形抗力增大，要相应增加锻压设备的吨位。

6. 坯料表面质量

坯料表面越粗糙或有刻痕、微裂纹及粗大杂质时，这些缺陷在变形过程中都会产生应力集中或开裂。

根据以上分析，提高金属塑性和降低变形抗力的基本途径有：

1）提高材料成分和组织的均匀性。

2）合理选择变形温度和变形速率。

3）选择三向压缩性较强的变形方式。

4）减小变形的不均匀性。

第二节　坯料加热与锻件冷却

在锻造生产中，除少数具有良好塑性的金属坯料可在常温下锻造外，大多数金属坯料锻造一般均需要加热。其目的是：提高金属塑性，降低变形抗力，即增加金属的可锻性，使金属易于流动成形，并使锻件获得良好的锻后组织和力学性能。加热温度越高，坯料塑性越高，但当加热温度太高时会产生加热缺陷，如氧化、脱碳、过热和过烧等缺陷，甚至造成废品。

一、锻造温度范围

生产中，不同的坯料应在一定温度范围内进行锻造，各种材料在锻造时，所允许的最高加热温度，称为始锻温度。温度下降到一定程度后，坯料不仅难于继续变形，而且易于断裂，必须停止锻造，重新加热。各种材料停止锻造的温度，称为终锻温度。

金属锻造温度范围是指开始锻造的温度（始锻温度）和结束锻造温度（终锻温度）之间的温度间隔。确立锻造温度范围的原则是保证金属在锻造温度范围内具有较高的塑性和较小的变形抗力，使生产出的锻件获得所希望的组织和性能。在此前提下，锻造温度范围应尽可能取得宽一些，以便有充裕的时间进行锻造，减少加热次数，提高生产率。常用金属材料的锻造温度范围见表4-1。

表4-1　常用金属材料的锻造温度范围

材料种类	始锻温度/℃	终锻温度/℃
低碳钢	1200～1250	800
中碳钢	1150～1200	800
合金结构钢	1100～1180	850
铝合金	450～500	350～380
铜合金	800～900	650～700

金属加热的温度可用传感器及仪表来测定。550℃以上时金属的颜色发生变化即火色变化，实际生产中一般凭经验观察被加热锻件的火色来判断温度。钢料火色与温度的关系见表4-2。

表4-2　钢料火色与温度的关系

火色	暗褐	暗红	樱红	淡红	橘黄	橙黄	淡黄	亮白
大致温度/℃	<600	700	800	900	1000	1100	1200	>1300

二、加热方法与设备

1. 加热方法

金属材料的加热方式，按所采用的热源不同分为燃料（火焰）加热和电加热两大类。

1）燃料加热。燃料加热是利用固体（煤、焦炭等）、液体（重油、柴油等）或气体（煤气、天然气等）燃料燃烧时所产生的热能对坯料进行加热。燃料加热的优点是：加热炉的通用性强，投资少，建造比较容易，加热费用较低，对坯料的适应范围广等，因此广泛用于各种大、中、小型坯料的加热。其缺点是：加热速度慢，炉内气氛及加热难于控制，劳动条件差。

2）电加热。电加热是将电能转换为热能而对金属坯料进行加热。按电能转换为热能的方式可分为感应电加热、接触电加热、电阻炉加热等。电加热的优点是：加热速度快，加热质量好，炉温控制准确，工作条件好等。

2. 加热设备

锻造常用的加热设备有反射炉、油炉和煤气炉、电阻炉及感应加热炉。

1）反射炉。燃煤反射炉结构如图4-1所示。燃烧室产生的高温炉气越过挡火墙进入加热室将坯料加热，并同时将换热器中的空气预热，此预热空气再经鼓风机送入燃烧室，坯料从炉门装取，废气经烟道排出。这种加热炉的加热室面积大，加热温度均匀，加热质量较好，效率高，适用于中小批量生产。

2）油炉和煤气炉。图4-2为室式重油炉的结构示意图，重油和压缩空气分别由两个管道送入喷嘴，当压缩空气从喷嘴喷出时，其所造成的负压会将重油带出并喷成雾状，在炉膛内燃烧。煤气炉的结构与重油炉结构基本相同，主要区别是喷嘴的结构有所不同。

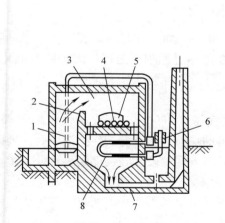

图4-1　燃煤反射炉结构示意图

1—燃烧室　2—火墙　3—加热室　4—坯料
5—炉门　6—鼓风机　7—烟道　8—预热器

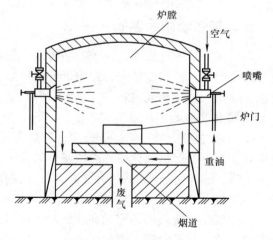

图4-2　室式重油炉结构

3）电阻炉。电阻炉是利用电流通过加热元件产生的电阻热加热坯料，一般为箱式，是一种常用的电加热设备。电阻炉一般分为中温炉和高温炉，中温炉采用电阻丝加热，最高使用温度常为1000℃，高温炉采用硅钼棒或硅碳棒加热，最高使用温度常为1350℃，目前，有的设备使用温度可高达 1650℃。

图 4-3 所示为箱式电阻炉，其特点是结构简单，操作方便，炉温及炉内气氛容易控制，调节方便，坯料表层氧化小，加热质量高，但热效率较低，主要用于高温合金及合金钢、有色金属合金坯料的单件或批量件的加热。

4）感应加热炉。感应加热炉是将工件置于感应线圈（根据工件形状用空心铜线绕成）内，当感应线圈通入中频或高频交流电时，线圈产生交变磁场。此时，位于线圈内的工件会产生感应电流，由于工件本身存在电阻，就可使工件迅速被加热。一般工件在十几秒，甚至几秒内即可完成加热。感应加热炉加热原理如图 4-4 所示。

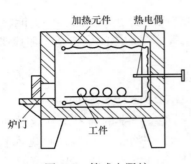

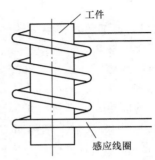

图 4-3　箱式电阻炉　　　　　图 4-4　感应加热炉加热原理示意图

感应加热炉具有加热快、加热质量高、温度控制准确、易实现自动化等特点，但投资费用高。感应线圈能加热的坯料尺寸较小，适用于模锻或热挤压高合金钢、有色金属的大批量零件的加热。

三、加热缺陷及其防止措施

坯料在加热的过程中，由于加热时间、加热温度、炉内气氛、加热方式等选择不当，坯料可能会产生各种加热缺陷，影响锻件的质量。坯料在加热过程中可能产生的缺陷有氧化、脱碳、过热、过烧和裂纹。

1. 氧化和脱碳

在加热过程中，坯料表面的铁会和炉气中氧化性气体（氧气、二氧化碳及水蒸气等）发生化学反应，产生氧化皮和脱碳层。氧化会造成坯料的烧损，严重的氧化会造成锻件表面质量下降，模锻时还会加剧锻模的磨损；而脱碳会使坯料表层的硬度与强度明显降低，影响锻件的质量。

减少氧化和脱碳的措施是在保证加热质量的前提下，应尽量采用快速加热，并避免坯料在高温下停留过长时间，或采用少氧、无氧等加热方式。

2. 过热和过烧

当坯料加热温度过高或高温下保持时间过长时，其晶粒会粗化，这种现象称为过热。过热锻件的力学性能较差，可通过增加锻打次数或锻后热处理（调质或正火）的方法使晶粒细化。

当坯料的加热温度过高到接近熔化温度时，其内部组织的结合力将完全失去，这时锻打坯料会碎裂成废品，这种现象称为过烧。过烧的坯料是无法挽救的废品。

为防止过热和过烧，必须严格控制加热温度，不要超过规定的始锻温度，并尽量缩短坯料在高温炉内的停留时间。

3. 裂纹

尺寸较大的或导热性较差的坯料在加热过程中，如果加热速度过快或装炉温度过高，将引起坯料内外的温差过大，同一时间的膨胀量不一致而产生内应力，严重时会导致坯料开裂，产生裂纹。

为避免加热裂纹，应严格制定和遵守正确的加热规范，加热时需防止装炉温度过高和加热过快，一般采取预热措施。

四、锻件的冷却

锻件的冷却是指锻后从终锻温度冷却到常温。锻件锻后的冷却方式对锻件的质量有一定影响。冷却太快，会使锻件发生翘曲，表面硬化，内应力增大，甚至会发生裂纹。

根据冷却速度快慢，冷却方法有在空气中冷却、在坑（箱）内冷却和在炉中冷却。空气中冷却速度最快，在炉内冷却速度最慢。空冷用于一般锻件的冷却，坑冷用于不锈钢等锻件的冷却，炉冷用于高速钢、特种钢锻件及大型锻件的锻后冷却。一般来说，锻件的含碳量或合金元素含量越高、形状越复杂，冷却速度就应越缓慢。

五、锻件的热处理

锻件在切削加工前一般都要进行热处理，热处理的目的是使锻件内部的组织进一步细化和均匀，减少锻造的残余应力、调整锻件的硬度、改善切削加工的性能等。一般的结构钢锻件采用完全退火或正火处理，工具钢、模具钢等锻件则采用正火加球化退火处理。具体的热处理方法和工艺要根据锻件的材料种类、化学成分和使用要求等因素综合确定。

第三节 自 由 锻 造

自由锻造（简称自由锻）是将坯料置于铁砧上或锻造设备的上、下砧铁之间，坯料经过反复锻打，逐步改变坯料的形状、尺寸和组织结构，以获得所需锻件的工艺过程。前者称为手工自由锻（简称手锻），后者称为机器自由锻（简称机锻）。手工自由锻所用工具简单，通用性强，工艺灵活，但因完全依靠人力和手工工具进行操作，只适合生产单件、小批量的小型锻件。机器自由锻的适应性强，可以生产大型、小型等多种规格的锻件。

一、手工自由锻

手工自由锻不需要使用锻造机器，而是利用简单的工具全部由手工操作完成锻造过程。因此，手工自由锻只能生产小型锻件。

1. 常用的手工自由锻工具（见图 4-5）

1）支持工具。是指锻造过程中用来支持坯料承受打击及安放其他用具的工具，如羊角砧等。

2）锻打工具。指锻造过程中产生打击力并作用于坯料上使之变形的工具，如各种大锤和手锤。

3）成形工具。指锻造过程中直接与坯料接触并使之变形而达到所要求的形状的工具，如各种型锤、冲子等。

4）夹持工具。指用来夹持、翻转和移动坯料的工具，如各种形状的钳子。

5）切割工具。指用来切割坯料的工具，如各种錾子及切刀。

6）测量工具。指用来测量坯料和锻件尺寸或形状的工具，如金属直尺、内外卡钳等。

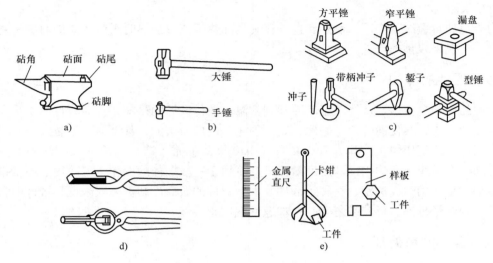

图 4-5　手工自由锻常用工具

a）铁砧　b）锻打工具　c）成形、切割工具　d）夹持工具　e）量具

2. 手工自由锻的操作

手工自由锻可由一个人单独操作，也可由掌钳工和打锤工两人相互配合完成。

1）锻击姿势。手工自由锻时，操作者站在离铁砧约半步的位置，左脚在右脚前半步，左手握住钳杆的中部，用以夹持、移动和翻转坯料，右手握住锤柄的端部，指示大锤的打击。

锻击时必须将锻件平稳地放置在铁砧上，并且按锻击变形需要，不断将锻件翻转或移动。

2）锻击方法。根据挥动手锤时使用的关节不同，锻击方法分为三种。

手挥法：主要靠手腕的运动来挥锤锻击，锻击力较小，用于指挥大锤的打击点和打击轻重。

肘挥法：手腕与肘部同时作用、同时用力，锤击力度较大。

臂挥法：手腕、肘和臂部一起运动，作用力较大，可使锻件产生较大的变形量，但费力很大。

手工自由锻由于采用手工工具，生产效率低，锤击力小，只能生产小型锻件，在现代工业生产中已基本被机器自由锻取代。

二、机器自由锻

1. 机器自由锻设备

机器自由锻设备主要有空气锤、蒸汽－空气自由锻锤、水压机和油压机等。一般中小型锻件使用空气锤或蒸汽－空气自由锻锤，而大锻件则使用水压机或油压机。

1）空气锤。空气锤是一种直接由电动机驱动的小型自由锻设备，由锤身、压缩缸、工作缸、传动部分、操作部分、落下部分和砧座等组成，其外形和工作原理如图4-6所示。空气锤的锤身、压缩缸和工作缸铸成一体。传动部分包括减速机构、曲柄和连杆等。操作部分包括踏杆（或手柄）、旋阀及其连接杠杆。落下部分包括工作活塞、锤杆和上砧铁。当电动机转动时，通过带轮、减速齿轮、曲柄连杆机构等传动零件驱动压缩活塞作往复运动。压缩活塞上部或下部所产生的压缩空气，可通过两缸之间的控制阀门进入工作缸，推动工作活塞作各种工作循环，使锤头实现空转（锤头停在下砧铁上）、锤头上悬、锤头下压、单次打击和连续打击等动作，便于在生产中灵活使用。

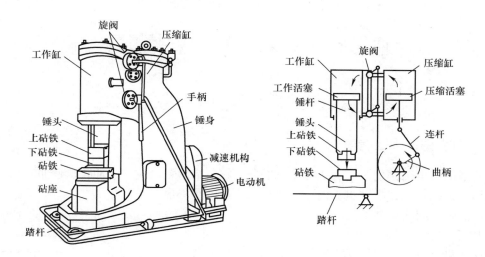

图4-6 空气锤外形及工作原理

空气锤的规格用其落下部分的重量表示，范围为 65～1000kg，打击力约为落下部分重量的 800～1000 倍，所锻锻件的重量较小，应根据所锻锻件的重量和尺寸选用（见表4-3）。

表4-3 空气锤规格选用的参考数据

重量/kg	65	75	150	200	250	400	560	750	1000
能锻方钢的最大断面边长/mm	50	65	130	150	175	200	270	270	280
能锻圆钢最大直径/mm	60	85	145	170	200	220	280	300	400
锻件重量/kg	2	4	6	8	10	26	45	62	84

2）蒸汽－空气自由锻锤。蒸汽－空气自由锻锤由 0.7～0.9MPa 的蒸汽或压缩空气驱动锤头单次打击或连续打击。通常由锤身、气缸、操纵机构、落下部分及砧座等部分组成，其工作原理与空气锤相似，其规格也是以落下部分的重量表示，一般为 10～50kN，适合于锻造中型或较大型锻件。

3）水压机。水压机常用来锻压大型自由锻件，其原理是利用 20～40MPa 的高压水在工作缸中产生可高达 5000～125000kN 的静压力，使坯料受挤压产生塑性变形。

2. 机器自由锻的工具（见图 4-7）

1）夹持工具：如圆钳、方钳、槽钳、抱钳、尖嘴钳、专用型钳等各种形状的钳子。

2）切割工具：剁刀、剁垫、刻棍等。

3）变形工具：如压铁、摔子、压肩摔子、冲子、垫环等。

4）测量工具：如金属直尺、内外卡钳等。

5）吊运工具：如吊钳、叉子等。

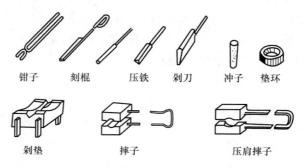

钳子　　刻棍　　压铁　　剁刀　　冲子　　垫环

剁垫　　　　　摔子　　　　　压肩摔子

图 4-7　机器自由锻工具

三、自由锻基本工序

自由锻的基本工序是锻造工艺的主要部分，它包括镦粗、拔长、冲孔、弯曲、切割、扭转、错移、扩孔等，其中镦粗、拔长、冲孔、弯曲应用得最多。

下面简要介绍几个基本工序。

1. 镦粗

使坯料横截面积增大，高度减小的工序称为镦粗。镦粗是自由锻最常见的工序之一。镦粗分为完全镦粗和局部镦粗，如图 4-8 所示。

镦粗操作的规则和注意事项如下。

1）镦粗用的坯料不能过长，应使镦粗部分的原始高度与原始直径之比应小于 2.5，否则容易镦弯，一旦出现墩弯，必须及时纠正，否则会产生折叠或裂纹。坯料镦粗部分加热必须均匀，否则镦粗时工件变细不均匀，有时还可能墩裂。

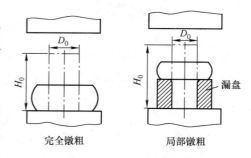

完全镦粗　　　　局部镦粗

图 4-8　完全镦粗和局部镦粗

2）镦粗坯料的端面应平整，若不平，在开始镦粗时应先用手锤轻击坯料端面，使端面平整并与坯料的轴线垂直，以免镦粗时镦歪。如果锤头或砧铁的工作面因磨损而变得不平直，则锻打时要不断将坯料旋转，以便获得均匀的变形而不致镦歪。

3）镦粗时的锤击力要重且正，否则工件有可能产生细腰形，若不及时纠正，则可能产生夹层，如图 4-9 所示，致使工件报废。

2. 拔长

使坯料横截面积变小，长度增加的工序称为拔长，可分为平砧拔长和芯轴拔长，如图 4-10 所示。拔长常用于锻制长而截面小的工件，如轴类、杆类和长筒型零件等。

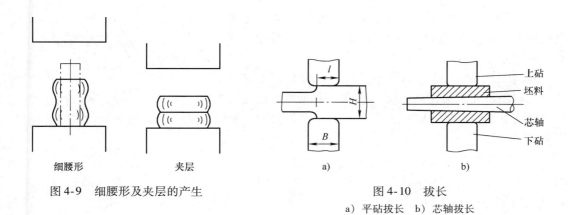

图 4-9 细腰形及夹层的产生　　　　　图 4-10 拔长
　　　　　　　　　　　　　　　　a）平砧拔长　b）芯轴拔长

拔长操作注意事项。

1）拔长时，坯料应沿砧铁的宽度方向送进，每次的送进量 $L = (0.3 \sim 0.7) B$（砧铁宽度）。送进量过大时，坯料主要向宽度方向变形，拔长效率低；送进量过小时，会出现折叠，如图 4-11 所示。

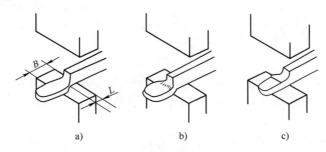

图 4-11 拔长时的送进方向和进给量
a）送进量合适　b）送进量太大　c）送进量太小

2）拔长过程中要将坯料不断地翻转，并沿轴向操作，以保证坯料在拔长过程中各部分的温度及变形均匀，不产生弯曲。常用的翻转方法如图 4-12 所示。

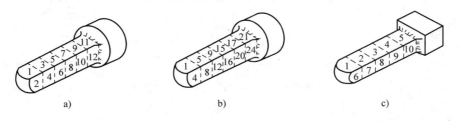

图 4-12 拔长时锻件的翻转方法
a）反复翻转拔长　b）螺旋式翻转拔长　c）单面顺序拔长

3）把大直径的圆坯料拔长为小直径的圆锻件时，必须先把坯料锻成方形截面，在方形截面下拔长，在拔长到边长接近锻件所需的直径时，再倒锻成八角形，最后滚成圆形，其过程如图 4-13 所示。

4）拔长台阶轴时，必须先压肩，即先在截面分界处用压肩摔子压出凹槽，再对截面较小的一端进行拔长，如图 4-14 所示。

5）拔长后的工件表面并不平整，拔长后需要进行修整，以使锻件表面光洁，尺寸准确。平面的工件需用窄平锤或方平锤修整，圆柱面的工件需用型锤修整，如图 4-15 所示。

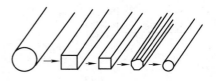

图 4-13　大直径坯料拔长时的变形过程

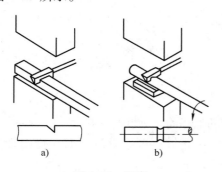

图 4-14　压肩

a）方料压肩　b）圆料压肩

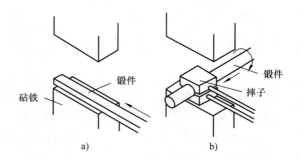

图 4-15　拔长后的修整

a）平面的修整　b）圆柱面的修整

3. 冲孔

在坯料上用冲子冲出通孔或不通孔的工序称为冲孔。常用于锻造齿轮、套筒和圆环等空心零件。对于直径小于 25mm 的孔一般不锻出，而是采用钻削的方法加工，大于 25mm 的孔常用冲孔方法冲出。

冲孔分单面冲孔和双面冲孔。根据冲孔所用冲子形状的不同，冲孔又分为实心冲子冲孔和空心冲子冲孔，如图 4-16 所示。

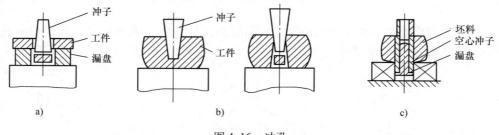

图 4-16　冲孔

a）双面冲孔　b）单面冲孔　c）空心冲子冲孔

冲孔操作注意事项：

1）冲孔前，一般须将坯料镦粗，使高度减小，横截面积增加，尽量减少冲孔的深度和避免冲孔时坯料的胀裂。

2）冲孔孔径小于 400mm 时，用实心冲子冲孔；冲孔孔径大于 400mm 时，多采用空心冲子冲孔。

3）为了保证孔位准确，应先轻轻冲出孔位凹痕（试冲），然后检查孔的位置是否正确，若有偏差，应再次试冲，加以纠正。冲孔过程中应注意保持冲子与砧面垂直，防止冲歪。

4）由于冲孔时锻件的局部变形量很大，为了提高塑性，防止冲裂，冲孔的坯料应加热到允许的最高温度，并且要求均匀与热透。

5）冲子在使用过程中要经常蘸水冷却，防止受热变软。

4. 弯曲

采用一定方法将坯料弯成所规定形状的工序称为弯曲，如图4-17所示。弯曲一般在铁砧的边缘或砧角上进行。弯曲主要用于锻造各种弯曲类锻件，如起重吊钩、弯曲轴杆等。弯曲时，只将需要弯曲的部分进行加热操作即可。当需要多处弯曲时，弯曲顺序一般是先弯锻件端部，再弯与直线相连接部分，最后弯其余部分。

5. 扭转

使坯料一部分对另一部分绕着轴线旋转一定角度的工序称为扭转，如图4-18所示。扭转多用于锻造多拐曲轴、连杆、麻花钻等锻件。

扭转时，工件变形剧烈，因此，需将受扭转部分加热到始锻温度，且均匀热透；扭转后，应缓慢冷却或进行热处理。

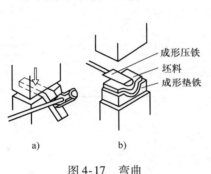

成形压铁
坯料
成形垫铁

a)　　　b)

图 4-17　弯曲

a) 角度弯曲　b) 成形弯曲

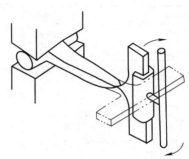

图 4-18　扭转

6. 切割

将坯料切断或劈开坯料的工序称为切割，常用于下料或切除料头等。

尺寸小的坯料可用手工切割，其方法为：把坯料放在砧铁上，用錾子錾入一定的深度，当快要切断时，将切口稍移至砧铁边缘处，再轻轻把坯料切断。

大截面的坯料则需要在锻锤或压力机上切断。切割方形截面工件时，先将剁刀垂直切入工件，至快断开时，将工件翻转，再用剁刀截断，如图4-19a所示。切割圆形截面工件时，将工件放在带有凹槽的剁垫内，边切割边旋转，直至切断为止，如图4-19b所示。

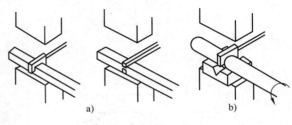

a)　　　　　　b)

图 4-19　切割

a) 方料切割　b) 圆料切割

7. 错移

将坯料的一部分相对另一部分错开，但两部分轴线仍保持平行的工序称为错移，主要用于曲轴的制造。错移时先在坯料需要错移的位置压肩，再加垫板及支撑，锻打错开，最后修整，如图 4-20 所示。

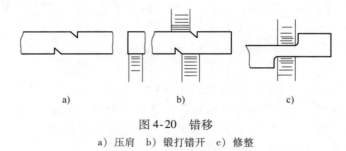

图 4-20　错移

a）压肩　b）锻打错开　c）修整

四、典型自由锻件工艺过程

自由锻所采用的工序要根据锻件的结构、尺寸大小、坯料形状及工序特点等具体情况来确定。表 4-4 为齿轮坯自由锻工艺过程。

表 4-4　齿轮坯自由锻工艺过程

锻件名称	齿轮坯	工艺类别	自由锻
材料	45 钢	设备	65kg 空气锤
加热次数	1	锻造温度范围	1200～800℃

锻件图	坯料图
$\phi28\pm1.5$　29 ± 1　44 ± 1　$\phi58\pm1$　$\phi92\pm1$	$\phi50$　125

序号	工序名称	工序简图	使用工具	操作要点
1	镦粗	45	夹钳 镦粗漏盘	控制镦粗后高度为 45mm
2	冲孔		夹钳 镦粗漏盘 冲子 冲孔漏盘	1）注意冲子对中 2）采用双面冲孔，左图为工件翻转后将孔冲透的情况 3）冲正面孔时，镦粗漏盘不取下

（续）

序号	工序名称	工序简图	使用工具	操作要点
3	修整外圆	$\phi 92\pm 1$	夹钳 冲子	边轻打边旋转锻件，使外圆消除鼓形，并达到 $\phi(92\pm1)$ mm
4	修整平面	44 ± 1	夹钳 镦粗漏盘	1）为防止锻件变形，应将镦粗漏盘放在下面 2）轻打（如砧面不平，还要边打边转动锻件），使锻件厚度达到 (44 ± 1) mm

第四节　模锻和胎模锻

除了自由锻造外，按照锻造模具固定方式的不同，锻造成形还有模锻和胎模锻两种方式。

一、模锻

模型锻造是将加热后的金属坯料放入固定在模锻设备上的锻模模膛内，施加冲击力或压力，使坯料产生塑性变形，从而获得与模膛形状和尺寸相符合的锻件的锻造方法，简称模锻。

和自由锻相比，模型锻造有较高的生产率，可以锻出形状比较复杂的锻件，模锻锻件尺寸精确，加工余量小，可节省金属材料，降低零件的成本。但模锻设备造价较高，尤其锻模是贵重的模具钢经复杂加工制成，成本高、损耗大，生产准备周期也长，故只适用于中、小型锻件的批量生产。

按模具固定的设备不同，模锻分为锤上模锻和压力机上模锻。模锻件主要有短轴类（盘类）锻件和长轴类锻件两大类。

1. 锤上模锻

在锻锤上进行的模锻称为锤上模锻，是目前应用最广泛的模锻工艺。常用的模锻设备是蒸汽－空气模锻锤，工作原理与自由锻用蒸汽－空气锤基本相同，其运动精确，砧座较重，结构刚度较高，锤头部分重量为 1～10t，能锻制重量为 0.5～150kg 的金属件。

锤上模锻的锻模和模锻过程如图 4-21 所示。锻模由带燕

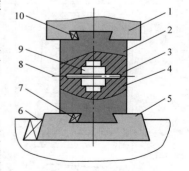

图 4-21　锤上模锻用锻模

1—锤头　2—上模　3—飞边槽
4—下模　5—砧座　6、7、10—楔铁
8—分模面　9—模膛

尾槽的上模和下模组成。上、下模通过燕尾和楔铁分别紧固在锤头和砧座上，上、下模间的分界面称为分模面，分模面上开有飞边，上、下模闭合时所形成的空腔为模膛。工作时，上模和锤头一起做上下往复运动。锻后取出模锻，切去飞边和冲孔连皮，便完成模锻过程。

2. 压力机上模锻

锤上模锻虽具有适应性广的特点，但振动和噪声大，能耗多，因此有逐步被压力机上模锻所取代的趋势。用于模锻生产的压力机有摩擦压力机（也叫螺旋压力机）、曲柄压力机、平锻机、水压机等，一般工厂常见的为摩擦压力机。

摩擦压力机是借助于摩擦盘与飞轮之间的摩擦作用来传递动力，靠飞轮、螺杆及滑块向下运动时所积蓄的能量使锻件变形。摩擦压力机具有结构简单、操作维护方便、便于模具设计、锻件精度高等特点，适用于各种精锻、精整、精压、压印、校整、校平等工序。

二、胎模锻

在自由锻设备上使用可移动的模具（胎模）生产锻件的方法称为胎模锻。实际上，它是介于自由锻和模锻之间的生产方法，它同时具有自由锻和模锻的某些特点。胎模锻时金属最终在胎模中成形，与自由锻相比可以获得形状较复杂、尺寸较准确的锻件，锻件的质量和生产率比较高。胎模锻使用的设备和工具比较简单，可以使用自由锻设备，胎模无须固定在锤头或砧座上，工艺灵活多变，模具的制造也比较简单，因此得到广泛应用。但胎模锻劳动强度较大，一般只适合于小型简单锻件的生产。对于形状较为复杂的锻件，通常是先用自由锻的方法使坯料初步成形，然后在胎模中终锻成形。

胎膜锻的主要缺点是模具寿命短，需要较大吨位的自由锻设备以及劳动强度大等，胎模锻适用于小型锻件的中、小批量生产。

常用的胎模有摔子、弯模、套模、合模和扣模等，其结构和应用见表4-5。

表 4-5 常用胎模的种类、结构和应用

名称	简图	应用范围	名称	简图	应用范围
摔子		轴类零件的成形或精整，或为合模制坯	套模		回转体类锻件的成形
弯模		弯曲类锻件的成形，或为合模制坯			
扣模		非回转体锻件的局部或整体成形，或为合模制坯	合模		形状较为复杂的非回转体类锻件的终锻成形

三、锻件缺陷与质量分析

锻件的缺陷包括表面缺陷和内部缺陷。有的缺陷会影响后续工序的加工质量，有的则会影响锻件的性能，降低其寿命，甚至危及安全。因此，为提高锻件的质量，避免锻件缺陷的产生，除采取相应的工艺对策外，还应加强生产全过程的质量控制和检验。锻件常见的缺陷见表4-6。

表4-6　锻件常见缺陷及其产生原因

缺陷名称	主要特征	产生原因
表面龟裂	在锻件表面呈现较浅的龟状裂纹	加热温度过高、金属过烧
裂纹	锻件产生横向、纵向裂纹、表面和内部裂纹	1. 坯料心部未热透或温度偏低 2. 坯料表面和内部有微裂纹或存在冶金缺陷 3. 加热速度过快或锻后冷速过大 4. 变形量过大
局部粗晶	锻件某些部位的晶粒特别粗大，使锻件的韧性、塑性和疲劳性能下降	1. 加热温度过高 2. 变形不均匀 3. 局部变形程度（锻造比）太小
折叠	折纹与金属流线方向一致，附近有严重的氧化、脱碳现象	1. 砧子圆角过小 2. 送进量小于压下量 3. 坯料尺寸不合适或安放不当 4. 打击速度过快或变形不均匀
错模	锻件沿分模面的上半部分相对于下半部分产生错位	1. 锤头与导轨之间的间隙过大 2. 锻模设计不合理 3. 锻工安装调试不当
弯曲	锻件轴线弯曲，与平面几何位置有误差	1. 坯料长径比大于2.5 2. 坯料加热、冷却、热处理不规范 3. 坯料锻面不平，与轴线不垂直
冷硬现象	热锻后锻件内部仍保留有冷变形组织	1. 变形时温度过低 2. 变形速度太快 3. 锻后冷却速度过快
凹坑	锻件表面形成麻点或凹坑	1. 模膛或坯料表面的氧化皮未清除干净 2. 加热时间过长或粘上炉底熔渣
锻件流线分布不当	锻件上出现流线断开、回流、涡流、对流等流线紊乱现象，使各种力学性能降低	模具设计不当；坯料尺寸、形状设计不合理；锻造方法没有选择好
局部填充不足	主要发生在模锻件的筋肋、凸角、转角、圆角等处，锻件上凸起部分的顶端或棱角充填不足，或锻件轮廓不清晰	1. 坯料加热温度低，塑性差 2. 设备吨位不够或锤击力不足 3. 毛坯体积与截面大小选择不合理 4. 模膛中堆积有氧化皮
模锻不足（欠压）	模锻件在分模面垂直方向上的尺寸普遍超过图样上标注的尺寸	1. 坯料加热温度太低 2. 设备吨位不够或锤击力及锤击次数不够 3. 毛坯体积或截面尺寸太大

锻件强度指标不合格与冶炼、锻压和热处理有关；横向力学性能（塑性、韧性）不合格则是由于冶炼杂质太多或镦粗比不够所引起。

分析研究锻件产生缺陷的原因，提出有效的预防和改进措施，这是提高和保证锻件质量的重要途径。从锻件各种形成的原因可以看出，影响锻件质量的因素是多方面的，除了原材料质量的优劣具有重要影响之外，还与锻造工艺以及热处理工艺密切相关。

第五节 板 料 冲 压

板料冲压是利用装在压力机上的模具使板料分离或变形，以获得毛坯或零件的加工方法。板料冲压的坯料厚度一般小于 6mm，通常是在室温下进行，又叫冷冲压。当板料厚度大于 8mm 时，才采用热冲压。板料冲压的原材料是具有高塑性的板材、带材或其他型材，既可以是金属材料，如钢、铜、铝及其合金等，也可以是非金属材料，如木板、皮革、硬橡胶、云母片、石棉板、硬纸板等。

板料、模具和冲压设备是冲压生产的三要素。为了获得质优价廉的冲压件，必须提供优质的板料、先进的模具和性能优良的冲压设备，掌握板料的成形性能和变化规律。

一、板料冲压的特点

与铸造、锻压、焊接、切削加工等加工方法相比，板料冲压具有以下特点：

1）可以冲出形状复杂的零件或毛坯，材料利用率高。

2）冲压件重量轻、强度较高、刚度好、尺寸精度高，表面粗糙度值低，质量稳定，互换性好，一般不再进行切削加工即可作为零件使用。

3）冲压件经冲压塑性变形产生冷形变强化，使冲压件的强度高、刚度好，有利于减轻结构的重量。

4）冲压操作简单，生产率高，工艺过程易于实现机械化和自动化。

5）冲模结构复杂，精度要求高，生产周期长，制造成本高，因此只有大批量生产才能降低冲压产品成本。

6）板料冲压广泛应用于汽车、飞机、火箭、电器、仪表、电子器件、电工器件及日用品等工业部门的大批量生产。

二、冲压设备

冲压所用的设备主要是压力机和剪床。

1. 压力机（冲床）

压力机是最常用的冲压设备，可完成除剪切外的绝大多数基本工序，有开式压力机和闭式压力机两种。开式压力机的外形图和传动系统如图 4-22 所示。电动机通过 V 胶带减速系统带动大带轮转动，踩下踏板，离合器闭合并带动曲轴转动，曲轴通过连杆带动滑块沿导轨做上下往复运动，完成冲压加工。如果将踏板踩下后立即抬起，滑块冲压一次后，在制动器作用下停止在最高位置；如果踩下踏板不抬起，滑块就进行连续冲压。曲轴旋转时，滑块由上死点至下死点的位移叫做行程。滑块行程调节装置的偏心距被调到最大值的行程称最大行程。滑块在行程最下位置时，其下表面到工作台面的距离称为封闭高度。压力机的封闭高度应与冲模高度相适应。调节连杆长度可得到所需的封闭高度。

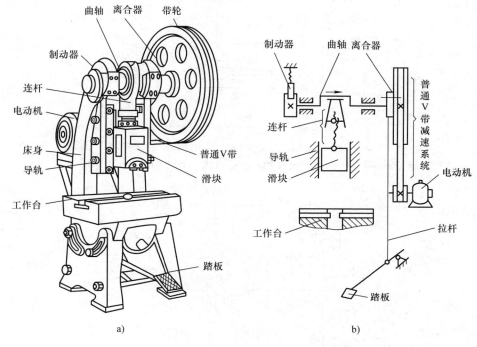

图 4-22　开式冲床

a) 外形图　b) 传动简图

压力机的大小以滑块离下死点前某一特定距离或曲柄旋转到离下死点前某一特定角度时滑块上所允许承受的最大作用力（公称压力）来表示。一般开式冲床的规格为 63～2000kN，闭式冲床的规格为 1000～5000kN。

2. 剪床

剪床是冲压的备料设备，其用途是把原始板料剪成一定宽度的长条坯料，以便在下道冲压工序中能连续送料。图 4-23 是剪床的工作原理示意图。由电动机通过减速机构、离合器，曲柄连杆机构，使滑块上下往复运动。下刀片固定在工作台上，上刀片则装在滑块上随着滑块上下运动进行剪切。

剪床分平刃剪床和斜刃剪床，斜刃剪床的上刀片倾斜 6°～9°，可减少切削力，利于剪切较宽的坯料，但剪切后坯料会发生弯曲变形，当坯料越厚越窄时，弯曲变形越严重，因此在剪切厚而窄的板料时，宜采用平刃剪床。

剪床的主要技术参数是剪床能剪切板料的厚度和长度，如 Q11-2×1000 型剪床，表示能剪切厚度为 2mm、长度为 1000mm 的板材。

三、冲压模具结构

冲压模具简称冲模，是板料冲压的主要工具，直接影响冲压件的表面质量、尺寸精度、生产率及经济效益。一副冲模由若干零件组成，其典型结构如图 4-24 所示，根据零件所起作用，可大致分为以下几类。

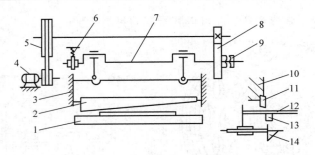

图 4-23　剪床工作原理示意图

1、13—下刀刃　2、11—上刀刃　3—导轨　4—电动机　5—带轮　6—制动器
7—曲轴　8—齿轮　9—离合器　10—滑块　12—板料　14—工作台

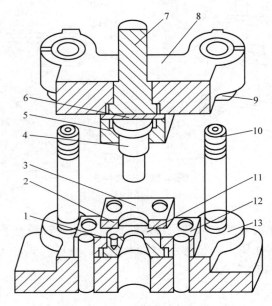

图 4-24　典型冲模结构

1—挡料销　2—导料板　3—卸料板　4—凸模　5—凸模固定板　6—垫板　7—模柄
8—上模座　9—导套　10—导柱　11—凹模　12—凹模固定板　13—下模座

1. 工作零件

它是冲模中使坯料变形或分离的工作部分，包括凸模和凹模，它们分别通过压板固定在上、下模板上，是模具的关键性零件。

2. 定位、送料零件

它是用以保证板料在冲模中具有准确的位置，主要有导料板和定位销。导料板控制坯料进给方向，定位销控制坯料进给量。

3. 卸料及压料零件

它的作用是防止工件变形，压住模具上的板料和将工件或废料从模具上卸下或推出零件，主要有卸料板、顶件器、压边圈、推板、推杆等。

4. 模板零件

模板零件有上、下模板和模柄。上模借助上模板通过模柄固定在压力机滑块上，并可随滑块上下运动;下模借助下模板由压板螺栓固定在工作台上。

5. 导向零件

其作用是保证凸模向下运动时能对准凹模孔,并保证间隙均匀,是保证模具运动精度的重要部件,包括导套和导柱等,分别固定在上、下模板上。

6. 固定板零件

其作用是使凸模、凹模分别固定在上、下模板上,包括凸模压板和凹模压板。

此外还有螺钉、螺栓等连接件。

以上所有模具零件并非每副模具都需具备,但工作零件、模板零件、固定板零件等则是每副模具所必须有的。

另外,常用的冲模按工序组合可分为简单冲模、连续冲模和复合冲模三类。

(1)简单冲模 一个冲压行程只完成一道工序的冲模称为简单冲模,如图4-25所示。

(2)连续冲模 在一副模具上有多个工位,压力机在一次冲压过程中,在模具的不同位置上同时完成两道工序以上的冲模称为连续冲模。图4-26所示为冲孔、落料连续冲模,板料前部有定位销定位,在凸模和凹模冲孔的同时,由落料凸模和凹模进行落料。所以,压力机滑块一次行程中同时完成冲孔、落料两道工序。

连续冲模生产率高,易于实现自动化,但定位精度要求高,制造成本也高。

(3)复合冲模 为提高生产率,将多道冲

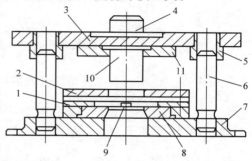

图4-25 简单冲模

1—导板 2—卸料板 3—上模板 4—模柄
5—导套 6—导柱 7—下模板
8—凹模 9—定位销 10—凸模 11—压板

压工序,如落料、拉深、冲孔、切边等工序安排在一个模具上,使坯料在一个工位上完成多道冲压工序,这种冲模称为复合冲模。图4-27所示为落料 - 拉深复合冲模。当滑块带着凸凹模向下运动时,坯料首先在落料凹模中落料,落料件被下模中的拉深凸模顶住,滑块继续向下运动时,凸凹模随之向下运动进行拉深。顶出器在滑块回程时将拉深件顶出。

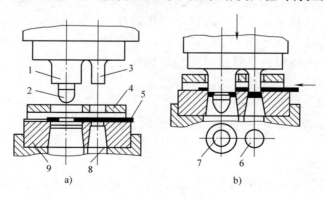

图4-26 连续冲模

a)工作前 b)工作后

1—落料凸模 2—导正销 3—冲孔凸模 4—卸料板 5—坯料 6—废料
7—成品 8—冲孔凹模 9—落料凹模

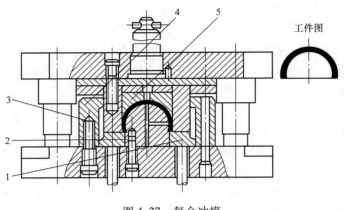

图 4-27　复合冲模
1—弹性压边圈　2—拉深凸模
3—落料、拉深凸凹模　4—落料凹模　5—顶出器

　　复合冲模生产率高，零件精度高，但模具制造复杂，成本高，适合生产大批量、中小型冲压零件。

四、冲压基本工序

　　冲压主要工序分为分离工序和成形工序两大类。分离工序是将冲压件或毛坯沿一定轮廓相互分离，如剪切和冲裁（落料和冲孔）等；成形工序是在板料不破坏的条件下使之发生塑性变形，成为所需形状尺寸的零件，如弯曲、拉深、翻边、成形等。

　　1. 剪切

　　剪切是使板料沿不封闭轮廓分离的冲压工序，通常在剪床上进行，生产中主要用于下料或是加工形状简单的平板零件。

　　2. 冲裁

　　利用冲模将板料以封闭的轮廓与坯料分离的冲压方法叫冲裁，包括落料与冲孔。落料与冲孔的操作方法、分离过程完全一样，只是用途不同。落料是利用冲裁取得一定外形的制件或坯料的冲压方法，冲下来的是有用的制件。冲孔是将冲压坯内的材料以封闭的轮廓线分离开来，得到带孔制件的一种冲压方法，其冲落部分为废料，如图 4-28 所示。

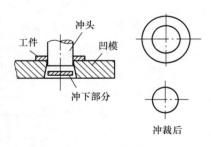

图 4-28　冲裁

　　落料时，应合理排样，使废料最少。冲孔时，应注意零件定位，以保证冲孔的位置精度。

　　3. 弯曲

　　将板料、型材或管材在弯矩作用下弯成具有一定曲率和角度制件的成形方法称为弯曲。弯曲时，坯料内层的金属被压缩，容易起皱；外层受拉伸，容易拉裂。因此弯曲模凸模的端部和凹模的边缘必须加工出一定的圆角，而且各种材料都有规定的最小弯曲半径。图 4-29 为弯曲变形过程简图。

4. 拉深

变形区在一拉一压的应力作用下，使板料（浅的空心坯）成形为空心件（深的空心件）而厚度基本不变的加工方法为拉深，也叫拉延。拉深时凸模和凹模间的间隙稍大于板厚，保证拉深工件从中通过，并且凸模和凹模在边缘是光滑的圆角而没有刃口，能使板料金属顺利变形而不致破裂或分离。为防止工件边缘起皱，拉深时常用压板将边缘压紧。图 4-30 为拉深过程简图。

拉深可以制造筒形、阶梯形、盒形、球形、锥形及其他复杂形状的薄壁零件，在汽车、农机、仪器仪表、工程机械及日用品等行业中有广泛应用。

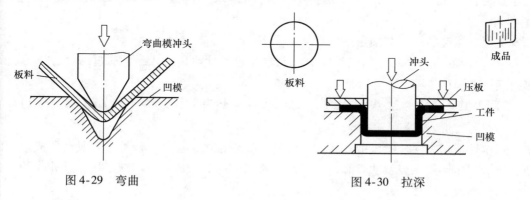

图 4-29　弯曲　　　　　　　　　　图 4-30　拉深

5. 翻边

将板料毛坯边缘或带孔坯料边缘制成竖立直边的工序称为翻边，如图 4-31 所示。

6. 成形

利用模具对空心件施加径向力，使其局部直径扩大或缩小的工序称为成形，直径扩大为胀形，直径缩小为缩口，如图 4-31 所示。

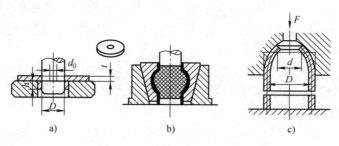

图 4-31　翻边、胀形和缩口
a）翻边　b）胀形　c）缩口

第六节　锻压技术与发展趋势

工业生产的发展和科学技术的进步为锻压技术的发展提供了广阔的空间，出现了许多新技术、新工艺。计算机的广泛使用，使锻压技术有了长足发展。毫无疑问，现代锻压生产的发展趋势是提高锻件的性能和质量，进一步提高锻压自动化程度及控制水平，实现少切屑、无切屑加工，做到清洁生产。

下面简要介绍几种较为成熟的新工艺。

1. 超塑性成形技术

超塑性成形是利用金属在特定条件（一定的变形温度、一定的变形速率和一定的组织条件）下所具有的超塑性（超高的塑性和超低的变形抗力）来进行塑性加工的方法。一般工业材料在室温下的伸长率为百分之几到百分之几十，而超塑性材料的伸长率则可高达百分之几百到百分之几千。在超塑性成形时，钢的伸长率超过500%，锌铝合金的伸长率超过1000%。

实现超塑性的三个基础条件。

1）材料具有等轴稳定的细晶组织（通常晶粒尺寸≤10μm），可通过冶金、压力加工或热处理方法获得。

2）等温变形温度 $T \geqslant 0.5 T_m$（T_m 为金属熔点的热力学温度），一般 $T = (0.5 \sim 0.7) T_m$。

3）极低的应变速率 ξ，$\xi = (10^{-4} \sim 10^{-2})/s$。

超塑性成形方法包括模锻、挤压、轧制、无模拉拔、压锻、深冲、模具凸胀成形、液压凸胀成形、压印加工以及吹塑和真空成形。不同的超塑性成形方法应采用与其相应的设备。

超塑性成形的优点：

1）工具成本低。

2）具有超塑性和很低的变形抗力。

3）可以精确复制细微结构。

4）生产准备时间短。

5）材料的横向疲劳强度、韧性及耐蚀性均优良。

超塑性成形工艺流程是：首先将坯料（合金）在接近正常再结晶温度下进行热变形，如挤压、轧制和锻造等，以获得超细的晶粒组织，然后在超塑性变形温度下，将坯料放入预热的模具中模锻成所需的形状，最后对锻件进行恢复组织的热处理，得到合金应有的性能指标。

超塑性成形是近二十年来发展起来并逐渐成熟的一种少切屑、无切屑加工和精密成形新工艺，必将在机械制造中显示出更大的优势。

2. 高速高能成形技术

高速高能成形有多种形式，其共同的特点是在很短的时间内，将化学能、电能、电磁能和机械能传递给被加工的金属材料，使金属材料迅速成形。高速高能成形分为爆炸成形、电液成形、电磁成形和高速锻造等，具有成形速度高、加工精度高、设备投资小、可加工其他方法难以加工的金属材料等优点。

1）爆炸成形。爆炸成形是利用炸药爆炸时产生的高能冲击波，通过不同的介质使坯料产生塑性变形而获得零件的成形方法。在模膛内置入炸药，炸药爆炸时产生大量的高温、高压气体呈辐射状传递，从而使坯料成形。该方法适合于多品种小批量生产，用于制造柴油机罩子、扩压管及汽轮机空心汽叶的整形等。

2）电液成形。电液成形是指利用在液体介质中高压放电时所产生的高能冲击波，使坯料产生塑性变形方法，电液成形的原理与爆炸成形有相似之处，它是利用放电回路中产生的强大的冲击电流，使电极附近的水汽化膨胀，从而产生很强的冲击压力，使金属坯料成形。与爆炸成形相比，电液成形时能量控制和调整简单，成形过程稳定、安全、噪声低，生产率高，特别适合于管类工件的胀形加工。但电液成形受设备容量的限制，不适合于较大工件的成形。

3）电磁成形。在电磁成形时，成形线圈中的脉冲电流在很短的时间内迅速增长和衰减，在周围空间形成一个强大的变化磁场，坯料置于成形线圈内部，在此变化磁场的作用下，坯料内产生感应电流并形成磁场，它与成形线圈磁场相互作用产生电磁力，使坯料产生塑性变形。

电磁成形要求坯料具有良好的导电性。如果材料导电性差，应在坯料表面放置用薄铝板制成的驱动片，促使坯料成形。电磁成形不需要用水和油等介质，工具几乎没有消耗，设备清洁，生产率高，产品质量稳定，适合于加工厚度不大的小零件、板材或管材等。

4）高速锻造。高速锻造是指利用高压空气或氮气发出来的高速气体，使滑块带着模具进行锻造或挤压的加工方法。高速锻造可以锻造高强度钢、耐热钢、工具钢等。高速锻造具有锻件质量和精度高，设备投资少等特点，适合于加工叶片、涡轮、壳体、接头齿轮等工件。

3. 液态模锻

液态模锻又称熔融锻造，是将定量的熔融金属浇入锻模模腔，然后以一定的机械静压力作用于熔融或半熔融的金属上，使之产生流动、结晶、凝固和少量塑性变形，最终得到与模腔形状尺寸相对应、表面光洁、组织紧密、力学性能优良的坯料或零件的热加工方法。

液态模锻采用了铸造中的熔化、浇注并与锻造中的高压模具相结合的技术加工方法，其工艺特点有以下几个方面。

1）与铸造相比，采用的工艺流程短，金属利用率高，并节约能源，经济效益好。

2）与压铸相比，压铸时金属靠散热而结晶，而液态模锻则是在压力下结晶，而且可以避免压铸时液态金属沿浇道充填型腔时卷入气体的危险，因而液态模锻制品的结晶组织和相应的力学性能比压铸的好，甚至超过轧材。

3）适用于生产形状复杂的零件，特别适合有色金属的应用。

4）由于液态模锻时被加工的金属处于高温状态，因此模具的使用寿命短。

5）与模锻工艺相比，液态模锻只用一个模腔，而且是利用液态金属的流动性充填模腔，而不是模锻时靠强制流动方式使固态金属充满模腔，因而液态模锻的成形能明显低于模锻的成形能，成形压力及能耗可节约 2/3 ~ 3/4。

液态模锻所用设备为液态模锻液压机。对于形状较简单的制件，如实心、杯形、通孔和管状制品，可采用通用的液压机。对于形状复杂的制件，根据具体情况，可采用普通型、万能型或特殊型液态模锻液压机。

目前，我国用液态模锻法生产的制件有：铝合金气动仪表零件、汽车活塞、弯头等；铜合金的光学镜架、高压阀体、齿轮、蜗轮和柱塞轴流泵体；碳钢电动机端盖和法兰等。

4. 摆动辗压

摆动辗压是指上模的轴线与被辗压工件（放在下模）的轴线倾斜一个角度，模具一面绕轴心旋转，一面对坯料进行压缩（每一瞬时仅压缩坯料横截面的一部分）的加工方法。

摆动辗压时，瞬时变形是在坯料上的某一小区域里进行的，而且整个坯料的变形是逐渐进行的。因此摆动碾压具有如下几个特点。

1）摆动碾压力小。摆动碾压是以连续局部变形代替常规锻造工艺的一次整体成形，使变形力大大降低。

2）产品质量高，节省原材料，可实现少切屑、无切屑加工。

3）劳动环境好，劳动强度低。摆动碾压时机器无噪声，振动小，易于实现机械化、自动化。

4）设备投资少，制造周期短。但结构较复杂，要求刚度高。

5）摆动碾压对制坯要求严格。要求毛坯高径比小，否则由于局部变形，易形成喇叭形。

6）模具寿命较低。

这种方法可以用较小的设备辗压出大锻件。摆动辗压适用于成形各种饼盘类、环类及带法兰的长轴类等回转体锻件，特别适用于较薄工件的成形，如法兰盘、齿轮坯、铣刀坯、汽车后半轴、扬声器导磁体、带齿形的锥齿轮、端面齿轮、链轮、轴销等。

摆动碾压不仅适合于锻造生产，也适合于板料冲压、挤压、圆管缩口、圆管翻边、精密冲裁等。此外，还出现了像摆碾铆接、粉末摆碾等在其他相关技术领域中应用的新工艺。

5. 计算机在锻压技术中的应用

计算机在锻压技术中的应用主要体现在计算机辅助设计（CAD）和计算机辅助制造（CAM）这两个方面。

锻压计算机辅助设计（CAD）是指在设计人员的控制下，由计算机对锻压模具完成尽可能多的分析、计算和制图工作。计算机辅助制造（CAM）则是由计算机根据模具 CAD 的数据结果为数控（NC）机床编制模具零件加工的 NC 程序，NC 程序通过介质（穿孔纸带、磁盘等）或者直接传送给 NC 机床来控制机床的工作。将 CAD 的结果通过 CAPP（计算机辅助编制加工工艺）直接传送给 CAM 的系统就叫做 CAD 和 CAM 的集成，简写为 CAD/CAM。

模锻模具 CAD 前，需进行模锻工艺 CAD，即利用计算机在人参与的情况下，进行包括工艺参数确定在内的常规设计、冷热锻件设计以及工步和坯料设计。

由一定的硬件和软件组成的供 CAD 使用的系统称为 CAD 系统，包括：

1）CAD 的硬件：除计算机本身和通常的外围设备外，CAD 主要使用图形输入/输出设备。

2）CAD 的软件：这是 CAD、CAM 的核心，包括计算机本身的系统软件如操作系统，各种程序设计语言的编译程序，数据库管理系统。

使用计算机辅助设计（CAD）和计算机辅助制造（CAM）的主要优点有：

1）提高效率，与人工相比，可大量减轻设计人员繁重的重复劳动，使之发挥更大的作用。

2）可将多方面的经验和研究成果结合起来，方便地应用于设计和加工，从而可提高模具的设计质量和加工精度。

3）设计可以实现多方案比较，从而达到优化的目的，而且设计便于修改和存储，具有良好的柔性。

4）可缩短设计周期，降低产品成本和研制开发费用。

目前，锻压模具 CAD/CAM 在我国仍处于开发阶段，用它来取代传统的锻压模具设计制造方式是必然的发展趋势。

第五章 焊 接

实训目的和要求

1. 了解焊接与切割作业的安全操作知识。
2. 掌握焊接生产常用设备及工具的基本操作技能。
3. 掌握焊条电弧焊、气焊、气割的基本操作方法。
4. 了解埋弧焊、气体保护焊、电阻焊和电渣焊等的工艺特点及应用范围。
5. 了解常见的焊接缺陷及焊接变形。
6. 了解焊接新方法、新技术的发展概况。

实训安全守则

1. 要保证设备安全,工作前应检查焊机、导线绝缘是否良好,线路各连接点是否紧密接触,防止因接触不良而发热、漏电,若有问题应及时处理后才能使用。
2. 工作时要戴好焊接手套,穿好工作服,系好鞋带,戴好焊接面罩或戴防护镜,防止弧光灼伤皮肤和眼睛,不准赤手接触导电部分,焊接时应站在木垫板上,防止导电。
3. 不能用手去拿或接触刚焊过的工件或刚用过的焊条头,以免烫伤。敲掉焊渣时,要注意方向,避免焊渣飞溅到自己或他人脸上或眼睛里。
4. 任何时候焊钳不得放在金属工作台上,以免短路烧坏焊机。发现焊机或线路发热烫手,应立即停止工作,检查原因。
5. 工作场地要保持整洁、通畅,输气胶管导线严禁烫烧,以防漏气漏电,引发火灾或爆炸。
6. 氧气瓶是存储高压氧气的容器,有爆炸危险,使用时要防止撞击,不准置于高温环境中,不准接触油污或其他易燃品。
7. 乙炔气瓶是存储乙炔气体的容器,不准置于高温附近和易燃易爆物附近。乙炔发生器和电石桶附近严禁烟火、以防爆炸。
8. 进行气焊和气割时,发现不正常现象,如焊嘴出口处有爆炸声或突然灭火等,应迅速关闭乙炔,后关氧气,切断气源,找出原因,采取措施后才能继续操作。
9. 下班后,应收拾好工具、面罩、手套、焊机导线等并注意切断电源。

第一节 焊 接 概 述

一、焊接的实质和分类

焊接是两种或两种以上金属材料通过加热或加压,或加热和加压并用,使其达到原子间的结合而形成永久连接的一种工艺方法。焊接不仅可以使金属材料永久的连接起来,还可以用于修补铸件、锻件的缺陷和磨损的机械零件,也可以使塑料、玻璃和陶瓷等某些非金属达到永久连接的目的。

根据焊接过程中金属所处的状态不同，焊接方法可分为熔焊、压焊和钎焊三大类，其中又以熔焊中的电弧焊应用最普遍。

熔焊：将待焊处的母材金属熔化，但不加压力形成焊缝的焊接方法。常见的气焊、焊条电弧焊、电渣焊、气体保护焊、等离子弧焊等均属于熔焊。

压焊：在焊接过程中，必须对焊件施加压力（加热或不加热），以完成焊接的方法。包括固态焊、热压焊、锻焊、扩散焊、气压焊及冷压焊等。

钎焊：利用比母材熔点低的金属材料作钎料，将焊件和钎料加热到高于钎料熔点，但低于母材熔点的温度，利用液态钎料润湿母材，填充接头间隙，并与母材相互扩散而实现连接焊件的方法。根据使用钎料的不同，可分为硬钎焊和软钎焊两类。常见的钎焊方法有烙铁钎焊、火焰钎焊、感应钎焊、盐浴钎焊等多种方法。

二、焊接的特点和应用

1. 与铆接相比，焊接具有节省材料、生产率高、适应性广、连接质量优良，易于实现机械化和自动化等优点，已基本取代铆接成为连接成形的主要方法。

2. 与铸造相比，焊接工序简单，生产率高，节省材料，成本低，有利于产品的更新。

3. 能连接异种金属，可制造双金属结构，从而大量节省贵重金属。

4. 与铸造、锻压等成形方法相比，焊接可以以小拼大，化繁为简，可以克服铸造或锻压设备能力的不足，有利于降低成本，节省材料，提高经济效益，尤其适宜于大型或结构复杂的构件。

但焊接也存在一些不足之处，如结构不可拆，更换修理不方便；焊接接头的组织和性能可能变差，有可能产生各种焊接缺陷，焊件存在焊接残余应力和变形；某些材料的焊接还有一定的困难等。因此，需要进一步完善和提高现有的焊接技术，开发并应用新的焊接方法。

焊接技术主要应用于金属结构的制造上，如建筑结构、船体、车辆、锅炉、容器、管道、桥梁、航空航天、电子电器产品等。同时也用于机器零件或毛坯的制造，电气线路的连接和有缺陷零件的修补方面。

第二节　焊条电弧焊

焊条电弧焊是用手工操纵焊条利用电弧产生的热量来熔融母材和焊条的焊接方法。它是熔焊中最基本的一种焊接方法。由于它所需要的设备简单、操作灵活，对不同焊接位置、不同接头形式的焊缝均能方便地进行焊接，因此是目前应用最为广泛的焊接方法。但焊条电弧焊对焊工的技术水平要求高，劳动条件差，生产效率较低。

一、焊接电弧

由焊接电源供给的电场使连接两电极的焊条与工件之间的气体电离，产生稳定的电弧放电。焊接电弧由阴极区、弧柱区和阳极区组成（见图5-1），放电时发出强烈的光和大量的热。当用钢质焊条焊件时，阴极区温度约为2400K，阳极区的温度约为2600K，弧柱区中心温度可达5000～8000K但焊接电弧产生的热量有65%～85%用于加热和熔化金属，其余的热量则消失在电弧周围和飞溅的金属液滴中。

由于电弧产生的热量在阳极和阴极上有一定的差异，在采用直流电源时，阳极区比阴极区的温度高，热量大，故使用直流电源焊接时，有正接和反接两种接线方法。

正接是将工件接到电源的正极，焊条（或电极）接到电源的负极，该接线方法适用于黑色金属和较厚钢板的焊接；反接是将焊条（或电极）接到电源的正极，工件接到电源的负极，该接线方法适用于有色金属和薄件的焊接。但在使用碱性焊条时（如 J427、J507），均采用直流反接。

如果焊接时采用的是交流电源（交流弧焊机），因为电极交互变化，不存在正接和反接问题，两极加热温度实际无区别。

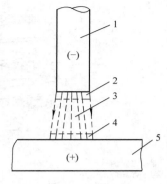

图 5-1 焊接电弧
1—焊条 2—阴极区 3—弧柱区
4—阳极区 5—焊件

二、焊条电弧焊设备及工具

为了使电弧容易引燃和稳定，弧焊设备应满足以下要求。

1）有一定的空载电压。空载电压是电弧未引燃时输出两端的电压，它既能顺利起弧，又能保障操作者的安全。一般空载电压为 50～80V。

2）有适当的短路电流。在起弧的瞬间，弧焊变压器处于短路状态，短路电流过大会使弧焊变压器温升过高，甚至烧坏；短路电流过小则会使热电子发射困难，不易起弧。一般弧焊电源的短路电流控制为焊接电流的 1.5～2 倍。

3）焊接电流应能方便调节。

4）能确保电弧和焊接参数的稳定性。

焊条电弧焊设备按产生电流的种类不同，可分为交流弧焊机和直流弧焊机两类。

1. 交流弧焊机

交流弧焊机是一种可将 380V 或 220V 的电源电压降到 50～80V（即焊机的空载电压），以满足引弧需要的特殊降压变压器（见图 5-2），它能提供很大的焊接电流，并可根据需要进行调节，其输出电压则随焊接电流的变化而变化。引弧时，焊条与焊件相接触形成短路，电压自动下降，短路电流不会过大而烧毁变压器。电弧稳定燃烧时，电压自动上升到正常的工作电压值即 20～30V。输出电流可根据焊接需要从几十安到几百安调节。焊接电流调节有粗调和细调两种。粗调是通过改变线圈的抽头接法来实现的，细调是通过转动调节手柄来实现的。

交流弧焊机结构简单，价格便宜，工作噪声小，性能可靠，维修方便，使用非常广泛。缺点是焊接电弧不够稳定，有些种类的焊条使用受到限制。常用交流弧焊机的型号有 BX1 - 330、BX3 - 500 等。其中 B 表示焊接变压器，X 表示电源具有下降特性，1 为动铁芯式，3 为动圈式，330、500 表示额定焊接电流（A）。

2. 直流弧焊机

直流弧焊机有整流式直流弧焊机（又称弧焊整流器）和发电机式直流弧焊机两种。整流式直流弧焊机是用整流元件将交流电变为直流电的焊接电源（见图 5-3）。常用的整流式直流弧焊机有 ZXG - 300 等，其中，Z 表示整流弧焊电源，X 表示电源具有下降特性，G 表示为硅整流式，300 表示额定焊接电流（A）。发电机式直流弧焊机就是一台直流发电机，因

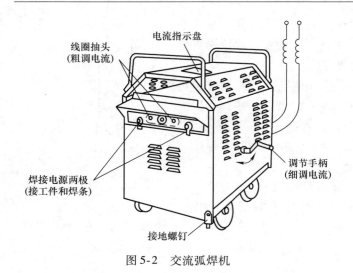

图 5-2　交流弧焊机

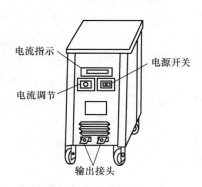

图 5-3　整流式直流弧焊机

其结构复杂、价格高、噪声大，我国已停产禁用。

3. 逆变式焊机

逆变式焊机的原理是将电网三相工频交流电先整流为高压直流，再通过功率晶体管开关元件组成的功率逆变器将直流转换为高频方波电压，最后经变压器降压将高频电压方波转换为高频低电压方波供焊接使用。逆变式弧焊机体积比传统弧焊机减小 5 倍，设备费用较低、电流波动小、电弧稳定、重量轻、能耗低，电效率高。例如，逆变式弧焊机 ZX7 - 315，7 表示逆变式，315 表示额定焊接电流（A）。

4. 弧焊机的主要技术参数

弧焊机的主要技术参数标明在焊机的铭牌上，主要有初级电压、空载电压、工作电压、输入容量、电流调节范围和负载持续率等。

初级电压是指弧焊机所要求的电源电压。一般交流弧焊机的电压为 220V 或 380V，直流弧焊机的初级电压为 380V。

空载电压是指焊机在未工作时的输出端电压。一般交流弧焊机的空载电压为 60 ~ 80V，直流弧焊机的空载电压为 50 ~ 90V。

工作电压是指弧焊机在工作时的输出端电压。一般弧焊机的工作电压为 20 ~ 40V。

输入容量指网路输入到弧焊机的电流与电压的乘积，表示弧焊机传递电功率的能力，单位为 kV·A。

电流调节范围是指弧焊机在正常工作时可提供的焊接电流范围。

负载持续率是指五分钟内有焊接电流的时间所占的平均百分数。

BX3 - 300 型弧焊机的主要参数见表 5-1。

表 5-1　BX3 - 300 型弧焊机的技术参数

初级电压/V	空载电压/V	工作电压/V	输入容量/kV·A	电流调节范围/A	负载持续率（%）
380	75/70	32	23.4	35 ~ 135/125 ~ 400	60

5. 焊条电弧焊的工具

进行焊条电弧焊时必需的工具有焊钳、面罩、手套、清渣锤和钢丝刷等。焊钳用于夹持焊条，面罩和手套用于保护操作者的皮肤、眼睛免于灼伤，清渣锤和钢丝刷用于清除焊缝表面的渣壳。

三、焊条

焊条是电弧焊的重要焊接材料（焊接时所消耗的材料统称为焊接材料），它直接影响到焊接电弧的稳定性、焊缝金属的化学成分和力学性能。焊条由焊芯及涂层（药皮）两部分组成。

1. 焊芯

焊芯是焊条中被药皮包覆的金属芯。焊接时焊芯有两个作用：一是作为电极传导电流，产生电弧；二是焊芯本身在焊接过程中会熔化，作为填充材料与熔化的母材一起组成焊缝。在焊缝金属中，焊芯金属约占 50% ~ 70%（质量分数），其化学成分对焊缝影响很大。因此，焊芯都是专门冶炼的，硫、磷含量极少。

钢丝是常用的焊芯材料，也称焊丝。一般碳素结构钢焊丝的牌号及化学成分见表 5-2，牌号的第一个字母"H"是表示焊接用实芯焊丝。H 后面的两位数字表示含碳量。化学元素符号后面的数字表示该元素大致含量的质量分数值。合金元素含量 $w(Me) \leq 1\%$ 时，化学符号后面的数字省略。牌号末尾标有"A"时，表示为优质焊丝，硫、磷含量比普通焊丝低。

表 5-2 常用结构钢焊丝的牌号及化学成分

焊丝牌号	化学成分（%）						
	C	Si	Mn	Cr	Ni	S	P
H08	≤0.1	≤0.03	0.30 ~ 0.55	≤0.2	≤0.3	≤0.04	≤0.04
H08A	≤0.1	≤0.03	0.30 ~ 0.55	≤0.2	≤0.3	≤0.03	≤0.03
H08MnA	≤0.1	≤0.07	0.80 ~ 1.10	≤0.2	≤0.3	≤0.03	≤0.03

2. 药皮

焊条药皮由多种矿石粉和铁合金粉配成，再与水玻璃等粘结剂混均后通过压涂和烘干后粘涂在焊芯外面。焊条药皮在焊接过程中的主要作用是：提高电弧燃烧的稳定性；在高温电弧作用下产生熔渣和气体，隔绝空气，防止空气对熔化金属的有害作用；对熔池脱氧和加入合金元素，减轻熔池中杂质的不利影响，以保证焊缝金属的化学成分和力学性能。焊条药皮原料的种类及其作用见表 5-3。

表 5-3 焊条药皮原料及作用

原料种类	原料名称	作用
稳弧剂	碳酸钾、碳酸钠、长石、钛白粉、大理石、钠水玻璃、钾水玻璃	改善引弧性能，提高电弧燃烧的稳定性
造气剂	大理石、淀粉、纤维素、木屑	造成一定量的气体，隔绝空气，保护焊接熔池和熔滴
造渣剂	大理石、萤石、菱苦土、长石、钛铁矿、锰矿、粘土、钛白粉、金红石	造成熔渣，保护熔池和焊缝。碱性渣中的 CaO 还可起脱硫、磷作用
还原剂	锰铁、硅铁、钛铁、铝铁、石墨	降低电弧气氛和熔渣的氧化性，脱除金属中的氧，锰，还起脱硫的作用

（续）

原料种类	原料名称	作用
合金剂	锰铁、硅铁、铬铁、钼铁、钒铁、钨铁	使焊缝金属获得必要的合金成分
稀释剂	萤石、长石、钛白粉、钛铁矿	降低熔渣黏度，增加熔渣流动性
黏结剂	钠水玻璃、钾水玻璃	将药皮牢固地粘在焊芯上

3. 牌号

根据化学成分焊条可分为碳钢焊条、低合金钢焊条、不锈钢焊条、堆焊焊条、铸铁焊条、铜及铜合金焊条、铝及铝合金焊条等 10 大类。其中应用最多的是碳钢焊条和低合金钢焊条。焊条牌号为：E × × × ×，如 E4303，E5015，E5016 等。其中"E"表示焊条；前两位数字表示焊缝金属抗拉强度的最小值（kgf/mm^2）；第三位数字表示焊条适用的焊接位置，如"0"及"1"表示焊条适用于全位置焊接，"2"表示焊条适用于平焊及平角焊，"4"表示适用于向下立焊；第四位数字表示焊条药皮类型及采用的电流种类。例如，E4303表示焊缝金属抗拉强度不低于 $43kgf/mm^2$（430MPa），适于全位置焊的钛钙型交直、流都适用的焊条。

焊条还可以根据熔渣性质分为酸性焊条和碱性焊条两大类。药皮熔渣中酸性氧化物大于碱性氧化物的焊条则为酸性焊条，反之为碱性焊条。酸性焊条有良好的工艺性，适合各类电源，操作性较好，电弧稳定，成本低，但焊缝韧性、塑性较差，只适合焊接强度等级一般的结构件。碱性焊条焊接的焊缝韧性、塑性好，抗冲击能力强，但操作性差，电弧不够稳定，价格较高，且对焊条烘烤要求严格，故只适合焊接重要结构件。

四、焊接接头形式和坡口形状

1. 焊接接头形式

焊接方法连接的接头称为焊接接头（见图 5-4）。被焊的工件材料称为母材（或称基本金属）。焊接过程中局部受热熔化的金属形成熔池，熔池金属冷却后形成焊缝。近缝区的母材受焊接加热的影响引起金属内部组织和力学性能发生变化的区域，称为焊接热影响区。焊缝和焊接热影响区构成焊接接头。焊缝各部分的名称如图 5-5 所示。

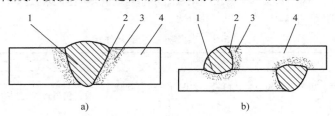

图 5-4　焊接接头的组成

a）对接接头　b）搭接接头

1—焊缝金属　2—熔合区　3—热影响区　4—母材

在焊条电弧焊中，由于焊件厚度，结构形状和适用条件的不同，其接头形式和坡口形状也不相同。一般焊接接头形式可分为对接接头、角接接头、搭接接头和 T 形接头四种（见图 5-6）。对接接头受力均匀，应力集中较小，强度较高，易保证焊接质量，应用最广。其他接头受力复杂，易产生焊接缺陷。

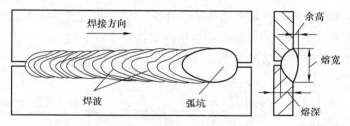

图 5-5　焊缝各部分名称

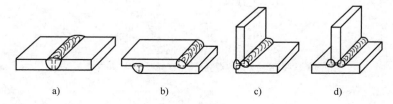

图 5-6　焊接接头形式

a) 对接　b) 搭接　c) 角接　d) T 形接

2. 坡口形状

根据设计或工艺需要，在工件的待焊部位加工一定几何形状的沟槽，称为坡口。制出坡口是为了使接头处能焊透。当工件厚度大于 6mm 时就要开坡口。常见的坡口形状有 V 形、U 形、I 形和 X 形等。根据板厚要求可单面或双面开出坡口，对接接头的坡口形式如图 5-7 所示。当工件厚度小于 6mm 时可不开坡口，但接缝处应留有 0～2mm 的间隙。

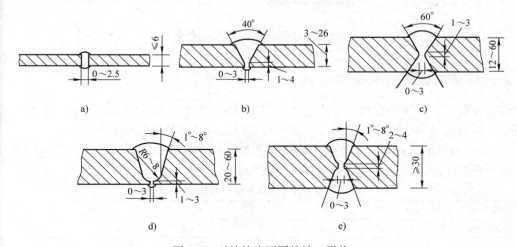

图 5-7　对接接头不同的坡口形状

a) I 形坡口　b) 带钝边 V 形坡口　c) 带钝边 X 坡口　d) 带钝边 U 形坡口　e) 带钝边双 U 形坡口

五、焊缝的空间位置

按焊接时焊缝在空间所处的位置不同可分为平焊、立焊、横焊和仰焊，如图 5-8 所示。平焊时，熔化金属不会外流，飞溅小，操作方便，易于保证焊缝质量。立焊和横焊因熔池铁水在重力作用下有下滴的趋势，操作难度大，生产率低，焊缝质量也不易保证。而仰焊位置最差，操作难度更大，不易掌握。所以应尽可能安排在平焊位置施焊。图 5-9 所示为焊接工字梁时几种接头形式和焊接位置的实例。

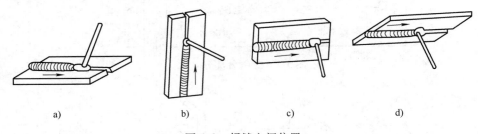

图 5-8 焊缝空间位置
a）平焊缝 b）立焊缝 c）横焊缝 d）仰焊缝

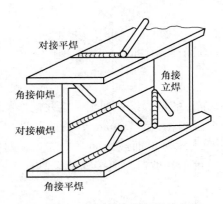

图 5-9 工字梁的接头与焊接位置

六、焊条电弧焊的焊接参数

焊接参数主要有焊条直径、焊接电流、焊接层数、焊接速度和电弧电压。电弧电压和焊接速度在焊条电弧焊中除非特别指明，否则均由焊工视具体情况掌握。

1）焊条直径的选择。焊条直径主要取决于工件厚度、接头形式、焊缝位置和焊接层数等因素。平焊对接时焊条直径的选择可参考表 5-4。

表 5-4 焊条直径的选择

工件厚度/mm	≤1.5	2.0	3	4 ~ 7	8 ~ 12	≥13
焊条直径/mm	1.6	1.6 ~ 2.0	2.5 ~ 3.2	3.2 ~ 4.0	4.0 ~ 4.5	4.0 ~ 5.8

2）焊接电流的选择。确定焊接电流时，应考虑到焊条直径、工件厚度、接头形式、焊接位置和焊接层数等，其中最主要的是焊条直径。焊条直径越大，使用的焊接电流也相应增大（见表 5-5）。焊接电流的选择原则是在保证焊接质量的前提下，尽量采用较大的焊接电流，并配合较大的焊接速度，以提高生产率。焊接低碳钢时，焊接电流和焊条直径的关系可由下列经验公式确定：

$$I = (30 \sim 55)d$$

式中，I 为焊接电流（A），d 为焊条直径（mm）。

114

表 5-5　焊接电流的选择

焊条直径/mm	1.6	2.0	2.5	3.2	4.0	5.0	5.8
焊接电流/A	25～40	40～70	70～90	100～130	160～200	200～270	260～300

一般平焊，且用酸性焊条时，可用大的焊接电流，在横焊、立焊、仰焊时，焊接电流应比平焊时小 10%～20%。对合金钢和不锈钢焊条，由于焊芯电阻大，热胀系数大，若电流过大，则焊接过程中焊条容易发红而造成药皮脱落，因此焊接电流应适当减小。

3）焊接层数的选择。中厚板开坡口后，应采用多层焊。焊接层数一般以每层厚度小于 4～5mm 的原则确定。

七、焊条电弧焊基本操作技术

焊条电弧焊的基本操作技术主要包括引弧、运条和熄弧三个步骤。

1）引弧。使焊条与工件之间产生稳定的电弧。首先将焊条末端与工件表面接触形成短路，然后迅速将焊条向上提起 2～4mm 的距离，电弧即引燃。引弧的方法有两种：敲击法和划擦法，如图 5-10 所示，一般常用划擦法。

2）运条。引弧后，首先必须掌握好焊条与工件之间的角度。焊接时，焊条应有三个基本运动（见图 5-11）：即焊条向下均匀送进，送进速度应等于焊条熔化速度，以保持弧长稳定；焊条沿焊接方向逐渐移动，移动速度应等于焊接速度；焊条作横向摆动，以获得适当的焊缝宽度。

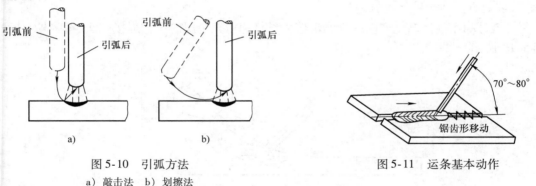

图 5-10　引弧方法　　　　　　　　　　图 5-11　运条基本动作
a）敲击法　b）划擦法

3）熄弧。每当一条焊缝到头时，都要收尾熄弧。熄弧时应将焊条逐渐向焊缝斜前方拉，同时逐渐提高电弧，至电弧自然熄灭。熄弧操作不好，会造成裂纹、气孔、夹渣、弧坑等缺陷。

八、焊条电弧焊焊接质量

对焊件质量影响最大的是焊缝，合格的焊缝应该是：焊缝有足够的熔深、合适的熔宽与余高，焊缝与母材的表面过渡平滑，弧坑饱满；焊接应力及焊接变形小；无缺陷；力学性能及其他性能（如高温性能、耐蚀性能、致密性能）合格。但在焊接生产过程中，由于材料选择不当，焊前准备工作（如清理、装配、焊条烘干、工件预热等）做得不好，焊接参数选择不合适或操作方法不正确，由于焊件局部受热和温度分布不均匀等工艺特点，会造成各种焊接缺陷及焊接变形，影响焊件的质量。

常见的焊接缺陷有未焊透、烧穿、气孔、夹渣、裂纹等。焊接变形的主要形式有：纵向变形、横向变形、角变形、弯曲变形和翘曲变形等。

部分焊接缺陷及焊接变形必然要影响焊件的性能和使用，必须修补或校正。裂纹和烧穿则导致焊件报废。

九、操作注意事项

1）防止触电。焊前应检查焊机接地是否良好；使用的面罩、工作鞋和焊接手套必须保持干燥。

2）防止弧光伤害和烫伤。焊接时必须穿好工作服、戴好工作帽和焊接手套，工作场地应用屏风遮挡；应使用钳子夹持焊件，切勿用手接触高温焊件和焊条；清理焊渣时，防止焊渣飞入眼内或烫伤皮肤。

3）防止有毒气体、火灾和爆炸。在焊接场地周围不得放置易燃易爆物品，并有通风排烟装置；焊接导线应妥善放置以防被烧坏；焊钳或焊机出现故障应切断电源再行检查；焊接结束后，应及时切断电源，焊钳不要放在工作台上。

第三节　气焊和气割

一、气焊

气焊是利用气体燃烧产生的高温来熔化母材和填充金属的一种焊接方法。其焊接过程如图 5-12 所示。

图 5-12　气焊的过程

1—焊丝　2—工件　3—熔池　4—焊缝　5—焊炬

气焊通常使用的气体是乙炔（C_2H_2）和氧气，乙炔和氧气在焊炬中混合均匀后从焊嘴喷出燃烧的火焰称为氧－乙炔焰，将焊件和焊丝熔化形成熔池，冷却凝固后形成焊缝。气焊的焊丝仅作为填充材料，和熔化的母材一起形成焊缝。气焊时气体燃烧会产生大量的 CO_2、CO、H_2 气体包围熔池，起到保护作用。

与电弧焊相比，气焊热源的温度较低（最高约为 3150℃），热量分散，加热缓慢，生产率低，焊件变形严重，所以应用不如电弧焊广泛。但是，气焊设备简单，操作灵活方便，且不需要电源。气焊主要用于焊接厚度在 3mm 以下的低碳钢薄板和管子的焊接、铸铁件的焊补。对焊接质量要求不高的不锈钢，铜、铝及其合金，低熔点材料也可采用气焊进行焊接。

1. 气焊设备

气焊所用的设备及气路连接如图5-13所示，它是由氧气瓶、乙炔瓶、减压器、回火保险器及焊炬等组成。

（1）氧气瓶 氧气瓶是用来运输和储存高压氧气的钢瓶，其容积为40L，储存氧气压力最高达14.7MPa。按照规定，氧气瓶外面漆成天蓝色，并用黑漆标明"氧气"字样。

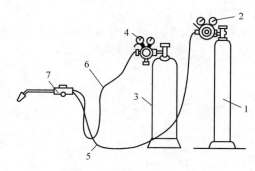

图5-13 气焊设备及其连接
1—氧气瓶 2—氧气减压器 3—乙炔瓶 4—乙炔减压器
5—氧气管（黑色） 6—乙炔管（红色） 7—焊炬

氧气瓶储存高压氧气，应该正确保管和使用，否则有爆炸的危险。放置氧气瓶必须平稳可靠，不应与其他气瓶混在一起；气焊工作场地和其他火源要距氧气瓶5m以上；禁止撞击瓶体；严禁沾染油脂；夏天要防止暴晒，冬天阀门冻结时严禁火烤，应当用热水解冻。

（2）乙炔瓶 乙炔瓶是储存溶解乙炔的钢瓶。乙炔能溶解于丙酮中，钢制乙炔瓶内首先要塞满有活性炭、木屑和硅藻土等组成的多孔性填充物，然后注入丙酮，充满填充物的空隙，再将低温高压的乙炔灌入丙酮溶液中，这样就可使乙炔稳定而安全地储存在瓶中。乙炔瓶的工作压力为1.5MPa，容积为40L。按照规定，乙炔瓶外面漆成白色，并用红漆标明"乙炔"字样。

乙炔瓶储存高压可燃烧气体，应该正确保管和使用，否则有爆炸的危险。放置乙炔瓶必须平稳可靠，不应与其他气瓶混在一起；乙炔瓶只能直立放置，严禁横躺卧放，否则内充溶剂会从瓶口流出来；禁止撞击瓶体；夏天要防止暴晒，冬天阀门冻结时严禁火烤，应当用热水解冻。

（3）减压器 减压器的作用是将高压气体降为焊接时所需的低压气体，并保持焊接过程中气体压力基本稳定的装置，气焊时，供给焊炬的氧气压力通常只有0.2~0.4MPa，乙炔压力最高不超过0.15MPa，故减压器是不可缺少的。

减压器使用时先缓慢打开氧气瓶或乙炔瓶的阀门，然后旋转减压器调节手柄到所需压力为止。停止工作时，先松开调节手柄，再关闭氧气瓶或乙炔瓶阀门。

（4）回火保险器 回火保险器是装在气路系统上防止火焰向燃气管路或气源回烧的保险装置。气体不在焊嘴外燃烧，而是沿着乙炔管道向里燃烧的现象称为回火。如果回火蔓延到乙炔瓶内，则会引起爆炸事故。回火保险器的作用就是使回烧的火焰在进入乙炔瓶之前被熄灭，并隔断乙炔的来路，使回火现象不致扩展。

（5）焊炬 焊炬是气焊的主要工具，其作用是使乙炔和氧气按一定比例混合和燃烧并获得所需要的气焊火焰。

最常用的焊炬是射吸式的，如图5-14所示。它是利用氧气高速喷入射吸管，使喷嘴周围形成真空，对乙炔形成了一种负压，把乙炔吸入射吸管，使之混合，点燃即成焊接火焰。在使用时，先开氧气阀再开乙炔阀，两种气体在混合管内均匀混合后从焊嘴喷出点燃。一般焊炬都配有5个大小不同的焊嘴，以便于焊接不同厚度的工件。

2. 气焊火焰

气焊时通过焊炬改变氧气与乙炔的混合比例，得到三种不同的气焊火焰：中性焰、氧化焰和碳化焰，如图 5-15 所示。

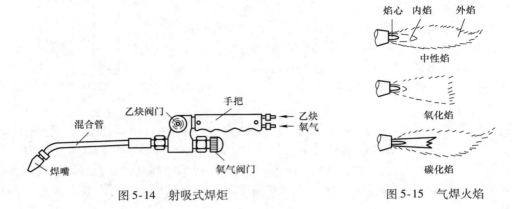

图 5-14　射吸式焊炬　　　　　　　　　图 5-15　气焊火焰

（1）中性焰　氧气与乙炔混合比例为 1～1.2 时，燃烧所得的火焰为中性焰，它由焰心、内焰和外焰三部分组成。内焰温度最高，可达 3000～3200℃，焊接时应使用内焰加热。中性焰适用于焊接低碳钢、中碳钢、普通低合金钢、不锈钢、纯铜、铝及铝合金等金属材料，是应用最为广泛的火焰。

（2）氧化焰　氧气与乙炔的混合比例大于 1.2 时，燃烧所得的火焰为氧化焰。氧化焰比中性焰短，分为焰心和外焰两部分，火焰最高温度可达 3100～3300℃。由于火焰中含有过量的氧，故对熔池有氧化作用，一般很少使用。只有在气焊黄铜、锡青铜和镀锌铁板时才采用轻微氧化焰，以利用其氧化性，在熔池表面形成一层氧化物薄膜，防止锌、锡在高温时蒸发。

（3）碳化焰　氧气与乙炔的混合比例小于 1 时，燃烧所得的火焰为碳化焰。碳化焰比中性焰长，也由焰心、内焰和外焰三部分组成，其明显特征是内焰呈乳白色。碳化焰的最高温度为 2700～3000℃。由于氧气较少，燃烧不完全，乙炔分解为碳和氢，具有较强的还原作用和一定的碳化作用。碳化焰适用于焊接高碳钢、铸铁和硬质合金等材料。

3. 焊丝和焊剂

焊丝作为填充金属填充焊缝，焊丝质量对焊件性能有很大影响。焊接时，根据焊件材料选择与母材成分相符的焊丝。

焊剂的主要作用是保护熔池金属，去除焊接过程中形成的熔渣，增加液态金属的流动性。焊接低碳钢时不需要焊剂，直接依靠中性焰对熔池的保护作用，就可以获得满意的焊缝。

焊剂的种类很多，根据不同金属所产生的不同熔渣的性质，应该选用相应的焊剂。我国气焊焊剂的牌号有 CJ101（不锈钢、耐热钢用）、CJ201（铸铁用）、CJ301（铜合金用）、CJ401（铝合金用）。焊剂的主要成分有硼酸、硼砂及碳酸钠等。

4. 气焊基本操作技术

1）点火、调节火焰与灭火。点火时，先微开氧气阀门，再打开乙炔阀门，随后点燃火焰。此时的火焰为碳化焰，可看到轮廓分明的三层火焰，然后逐渐开大氧气阀门调节到所需火焰状态。在点火过程中，若有放炮声或火焰熄灭，应立即减少氧气或放掉不纯的乙炔，再点火。灭火时，应先关乙炔阀门，再关氧气阀门避免引起回火。

2）平焊操作。平焊时，一般是右手持焊炬，左手握焊丝，两手动作要协调相互配合，沿焊缝向左或向右焊接。

焊嘴与焊丝轴线的投影应与焊缝重合，如图5-16所示。焊炬与焊缝间夹角 α 的大小对焊件加热的程度有影响，α 越大，热量就越集中。开始焊接时，为了尽快加热工件形成熔池，α 应取大些（可达 80° ~ 90°）；正常焊接时，α 一般应保持在 30° ~ 50° 之间。焊接结束时，为了更好地填满尾部焊坑，避免烧穿，α 应适当减小（可至 20°）。

焊炬向前移动的速度应能保证焊件熔化并保持熔池具有一定的大小。

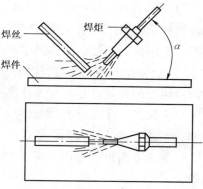

图 5-16 焊炬的角度

二、气割

气割是根据金属加热到燃点以上时能在氧气中剧烈燃烧的原理，利用割炬来切割金属的。气割时，先用氧 – 乙炔焰将金属预热到燃点（约 1300℃，呈黄白色），然后打开切割氧阀门，使高温金属燃烧，金属燃烧所生成的熔渣被高压氧吹走，金属燃烧时产生的热量和氧 – 乙炔焰一起又将邻近的金属预热到燃点，沿切割线以一定的速度移动割炬，即可形成切口，如图5-17所示。

气割时用割炬（见图5-18）代替焊炬，其余设备与气焊相同。

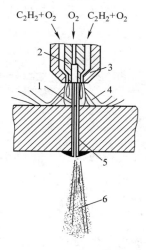

图 5-17 氧气切割
1—切割氧 2—切割嘴 3—预热嘴
4—预热焰 5—割缝 6—氧化渣

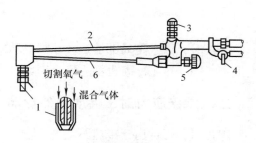

图 5-18 割炬
1—割嘴 2—切割氧气管
3—切割氧阀门 4—乙炔阀门
5—预热氧阀门 6—预热焰混合气体管

金属材料只有满足下列条件才能采用氧气切割。

1）金属的燃点应低于熔点，这是保证切割是在燃烧过程中进行的基本条件。否则，切割使金属先熔化变为熔割过程，不能形成整齐的切口。

2）燃烧所生成的金属氧化物的熔点应低于金属本身的熔点，且流动性要好，这样才能保证燃烧产物在液体状态容易被吹走。否则，就会在割口表面形成固态氧化物薄膜，阻碍氧气流与下层金属接触，使切割过程不能正常进行。

3）金属在氧中燃烧时放出的热量要多，且金属本身的导热性要低。这是为了保证下层及割口附近的金属有足够的预热温度，使切割过程能连续进行。

完全满足上述条件的金属材料只有纯铁、低碳钢、中碳钢和低合金钢等。高碳钢、高合金钢、不锈钢、铸铁和铜、铝及其合金都不能气割，而应采用等离子弧切割。

气割设备简单，操作灵活方便，适应性强，广泛应用于型钢下料和铸钢件浇冒口的切除。

第四节　焊接变形和焊接缺陷

焊接质量的优劣直接影响到焊接构件的安全使用，一个合格的焊件应当是无缺陷的，力学性能合格，焊缝有足够的熔深、合适的宽度与余高，焊缝与母材的表面过渡平滑，弧坑饱满。但在实际焊接生产中，有时会产生焊接缺陷，影响焊件的质量。

一、焊接变形及焊接缺陷产生的原因

焊件在焊后产生的残留变形称为焊接残余变形，也是我们通常所说的焊接变形。焊接变形通常有横向收缩变形、纵向收缩变形、角变形、弯曲变形、波浪变形和扭曲变形6种，如图5-19所示。

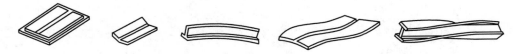

图5-19　焊接变形的基本形式

焊接时，由于是局部加热，在加热和冷却过程中，焊件上各处温度分布不均匀，冷却速度也不相同，热胀冷缩也不一致，因此，致使焊件不可避免地要产生焊接应力和焊接变形。

二、焊接应力对工件质量的影响

焊接时，焊件由于冷热不均匀，会在焊件内产生焊接应力，焊接应力的存在会降低焊件的承载能力，引起焊件的形状和尺寸发生变化，促使裂纹产生和扩大，甚至使焊件在工作中突然破坏而造成严重事故的发生。

常见的焊接缺陷及其产生的原因见表5-6。

表 5-6　常见焊接缺陷及其产生的原因

缺陷名称	简图	特征	产生的主要原因
未焊透	未焊透	焊件与熔敷金属在根部或尾间未全部焊合	1. 电流太小，焊接速度太快 2. 坡口角度尺寸不对
焊瘤	焊瘤	熔化金属流淌到焊缝之外未熔化的母材上形成的金属瘤	1. 焊条熔化太快 2. 电弧过长 3. 运条不正确 4. 焊速太慢
烧穿	烧穿	焊缝某处有自上而下的表面不平整的通洞	1. 电流过大，间隙过大 2. 焊速过低，电弧在焊缝处停留时间过长
夹渣	夹渣	焊缝内部或多层焊间有非金属夹渣	1. 坡口角度过小 2. 焊条质量不好 3. 除锈清理不彻底
气孔	气孔	焊缝的表面或内部有大小不等的孔	1. 焊条受潮生锈，药皮变质、剥落 2. 焊缝未彻底清理干净 3. 焊速太快，冷却太快
裂纹	裂纹	在焊缝或近缝区的焊件表面或内部产生横向或纵向的裂缝	1. 选材不当，预热、缓冷不当 2. 焊接顺序不当 3. 结构不合理，焊缝过于集中
咬边	咬边	在焊缝两侧与母材交界处产生的沟槽或凹陷	1. 焊接电流过大 2. 焊接速度太快 3. 运条方法不当

三、防止焊接应力和变形的工艺措施

防止焊接应力和变形的措施可以从结构设计和工艺两方面来解决。焊接结构在设计上考虑比较周到，注意减少焊接应力和焊接变形，要比单从工艺上来解决较为方便。

1. 焊接结构设计

1）合理选择焊缝的尺寸和形式：在获得相同能力的前提下，尽量选择焊缝金属少的坡口形式，减少焊缝长度，对减少变形有利。

2）尽可能减少不必要的焊缝：焊接元件应尽量采用型材，避免不必要的焊缝。

3）合理安排焊接位置：应避免应力集中。

4）尽可能选择焊接性好的原材料，焊接构件也应尽可能选用同一种材料进行焊接。

2. 工艺措施

1）采用焊前预热、焊后热处理的措施：预热的目的是减小焊件上各部分的温差，降低焊缝区的冷却速度，从而减少焊接应力和变形，预热温度一般为 400℃ 以下。焊后对焊件进行去应力退火，对于消除焊接应力具有良好效果。

2）选用合理的焊接顺序：尽量使焊缝能自由收缩，长焊缝采用分散对称焊工艺。

3）反变形法：事先估计好结构变形的大小和方向，然后在装配时给予一个相反方向与焊接变形相抵消。

4）锤击焊缝：焊后用圆头小锤对红热状态下的焊缝进行锤击，从而使焊接应力得到一定的释放。

5）刚性固定：将构件加以固定来限制焊接变形。

6）合理选择焊接方法和焊接参数：选用热输入较低的焊接方法，可以有效防止焊接变形。

7）机械拉伸法：对焊件进行加载，使焊缝区产生微量塑性拉伸，可以使残余应力降低。

第五节　其他焊接方法

随着生产的发展，对焊接加工的质量和生产率要求也越来越高，于是，除焊条电弧焊，出现了许多其他的焊接方法。

一、气体保护焊

气体保护焊焊接时，保护气体从喷嘴中以一定的速度喷出，将电弧、熔池、焊丝或电极端部与空气隔开，以获得优良性能的焊缝。常见的有以氩气为保护气体的氩弧焊和以二氧化碳为保护气体的二氧化碳气体保护焊。

1. 氩弧焊

氩弧焊是以氩气作为保护气体的电弧焊。氩气是惰性气体，可保护电极和熔池金属不受空气的有害作用，如图 5-20 所示。在高温下，氩气不与金属起化学反应，也不溶于金属，因此氩弧焊的质量较高。

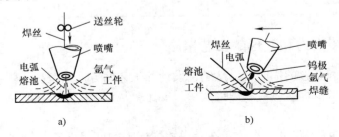

图 5-20　氩弧焊示意图
a）熔化极　b）非熔化极

按所用电极不同，氩弧焊可分为非熔化极氩弧焊和熔化极氩弧焊。

（1）非熔化极氩弧焊　非熔化极氩弧焊是利用金属钨或钨的合金（钨钍、钨铈）棒作电极，又称钨极氩弧焊。焊接时，钨极不熔化，只起导电与产生电弧的作用，但由于钨极的载流能力有限，电弧的功率受到一定的限制，因此只适于焊接厚度小于 6mm 的工件。

钨极氩弧焊在焊接钢材时，多用直流电源正接，以减少钨的烧损。焊接铝、镁及其合金时，则希望用直流反接或交流电源。目前，钨极氩弧焊已广泛用于飞机制造、化工及纺织工业中。

（2）熔化极氩弧焊　为了适应厚件的焊接，在钨极氩弧焊的基础上又发展了熔化极氩弧焊。熔化极氩弧焊是用焊丝作电极并兼作填充金属，焊丝由送丝滚轮送进。

熔化极氩弧焊的特点是熔深大、熔敷速度快、劳动生产率高；电弧热量集中，可减少焊接变形。熔化极氩弧焊均采用直流反接法。由于电极是焊丝，所以焊接电流可大大增加，可焊接中厚板。

2. 二氧化碳气体保护焊

二氧化碳气体保护焊是以 CO_2 作为保护气体的电弧焊。它是焊丝作电极，靠焊丝和焊件之间产生的电弧熔化工件与焊丝形成熔池，熔池凝固后成为焊缝。

二氧化碳气体保护焊的焊接装置如图 5-21 所示。它主要由焊接电源、焊炬、送丝机构、供气系统和控制电路等部分组成。焊丝由送丝机构送出，二氧化碳气体以一定压力和流量从焊炬喷嘴喷出。当引燃电弧后，焊丝末端、电弧及熔池均被二氧化碳气体所包围，以防止空气的侵入而起到保护作用。

二氧化碳气体保护焊具有电弧的穿透能力强，熔深大，焊丝的熔化率高，生产率高等优点。二氧化碳气体来源广泛，价格低，能耗少，焊接成本低。缺点是由于二氧化碳高温时可分解为一氧化碳和原子氧，因此造成合金元素烧损、焊缝吸氧，导致电弧稳定性差、金属飞溅大等。

二、埋弧焊

埋弧焊也称熔剂层下电弧焊。它是利用焊丝连续送进焊剂层下产生电弧进行焊接的一种方法。它以连续送进焊丝代替焊条电弧焊的更换焊条，以颗粒状的焊剂代替焊条药皮。焊接时，焊接机头上的送丝机构将焊丝送入电弧区并保持选定的弧长。电弧在焊剂层下面燃烧，使焊丝、接头及焊剂熔化形成熔池，并在焊剂保护下形成焊缝。焊机带着焊丝均匀地沿坡口移动，或焊机机头不动，工件匀速运动以完成工件的焊接过程。埋弧焊的焊丝输送与电弧移动均由专门机构控制完成，如图 5-22 所示。

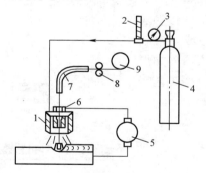

图 5-21 二氧化碳气体保护焊设备示意图
1—喷嘴 2—流量计 3—减压器 4—CO_2 气瓶 5—焊机
6—导电嘴 7—送丝软管 8—送丝轮 9—焊丝盘

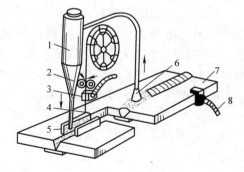

图 5-22 埋弧焊设备
1—焊剂斗 2—送丝滚轮 3—导电嘴 4—焊丝
5—焊剂 6—焊剂回收器 7—焊件 8—电缆

埋弧焊具有生产效率高、焊缝质量高、劳动条件好及操作容易等优点。埋弧焊适用于焊接中、厚板（6～60mm）的焊接。可焊接碳素钢、低合金钢、不锈钢、耐热钢和纯铜等。埋弧焊只适于平焊位置的对接和角接的平直长焊缝，或较大直径的环缝平焊；不能焊接空间位置与不规则焊缝。埋弧焊在造船、化工容器、桥梁及冶金机械制造中应用最为广泛。

三、钎焊

钎焊是利用熔点比工件低的钎料作填充金属，适当加热后，钎料熔化而将处于固态的工件连接起来的一种焊接方法。其特点是熔化的钎料靠润湿和毛细管作用吸入并保持在工件间隙内，依靠液态钎料和固态工件金属间原子的相互扩散而达到连接。钎焊时，一般要用钎剂。钎剂的作用在于清除焊件表面的氧化膜及其他杂质；改善钎料流入间隙的条件；保护钎料及焊件免于氧化，提高钎焊接头的质量。钎焊时，先将表面干净的工件以搭接形式装配好，然后把钎料放在间隙内或间隙附近，当焊件与钎料被加热至稍高于钎料的熔点时，钎料熔化并渗入充满间隙，冷凝后便形成了钎焊接头。

钎焊加热温度低，焊件的金属组织及力学性能变化不大，焊接应力和变形小，容易保证焊件的形状和尺寸精度，接头光整，生产率高，不仅适用于同种金属的焊接，也适于异种金属的焊接。按所用钎料的熔点不同，钎焊可分为软钎焊和硬钎焊两类。

1. 软钎焊

软钎焊的钎料熔点低于 450℃，接头强度一般不超过 70MPa，常用锡铅合金作钎料（锡焊），用松香、氯化锌溶液等作钎剂，广泛应用于受力不大的仪表、导电元件与线路的焊接。软钎焊可用烙铁、喷灯和炉子加热，也可把焊件直接侵入已熔化的钎料中。

2. 硬钎焊

硬钎焊的钎料熔点高于 450℃，接头强度可达 500MPa，常用的钎料有铜基、铝基、银基和锰基合金，钎剂是硼砂、硼酸和碱性氟化物等，适用于受力较大、工作温度较高的钢、铜、铝合金件以及某些工具的焊接。硬钎焊可采用氧－乙炔焰加热、电阻加热、感应加热、炉内加热和盐浴加热等方法。

四、电阻焊

电阻焊是利用电流直接通过工件本身和工件之间的接触面所产生的电阻热将工件接触面局部加热到塑性状态或熔融状态，同时加压而完成焊接过程的一种方法。焊接时不需外加焊接材料和焊药，易实现焊接过程的机械化和自动化。按工艺特点，电阻焊可分为点焊、对焊和缝焊三种，如图 5-23 所示。

电阻焊的特点是生产率高，它是在低电压（1～12V）、大电流（几千到几万安），短时间内进行焊接，耗电量大，设备较复杂，投资大。

1. 点焊

点焊是焊件装配成搭接接头，压紧在两电极之间，利用电阻热熔化母材金属，形成焊点的电阻焊方法。焊接时电流通过在电极压力下接触在一起的工件产生电阻热，使接触面的一点或多点焊接起来。施焊时采用了低电压、大电流的短时间脉冲加热，电流集中在接触面，使之形成一个焊接金属熔核。当切断电流时，保护电极压力，焊缝金属迅速冷却和凝固。在不到1s 的时间内完成每一焊点，然后电极退回，取出工件。

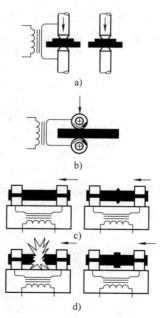

图 5-23　电阻焊原理
a）点焊　b）缝焊
c）电阻对焊　d）闪光对焊

点焊时熔化金属不与外界空气接触，焊点缺陷少，强度高；焊件表面光滑，变形小，适用于薄板冲压件搭接（如汽车驾驶室、车箱）、薄板与型钢构架、蒙皮结构（如车箱侧墙和顶棚、拖车箱板）、网和空间构架及交叉钢筋等。

2. 缝焊

缝焊过程与点焊相似，只是用旋转的圆盘状滚动电极代替了柱状电极，焊接时，盘状电极压紧焊件并转动（也带动焊件向前移动），配合断续通电，即形成连续重叠的焊点，因此称为缝焊。缝焊时电流通过焊件产生电阻热，施加压力，焊接的重叠焊点则形成连续焊缝，其密封性好，但缝焊所需焊接电流较大。主要用于焊接厚度为 3mm 以下的要求密封性高的薄壁结构，如油箱、小型容器与管道等。

3. 对焊

按加压和通电方式的不同，对焊可分为电阻对焊和闪光对焊两种。

（1）电阻对焊　电阻对焊是将焊件装配成对接接头，使其端面紧密接触，利用电阻热加热至塑性状态，然后迅速施加顶锻力完成焊接的方法。焊接时，首先将两个工件装在对焊机的两个电极夹具中对齐夹紧，并施加预压力使两个工件端面紧贴，然后开始通电，当强电流通过焊件及其接触面时，利用电阻产生的热量，使工件接触处迅速升温而达到塑性状态，随之切断电源，施加压力，两工件接触面便产生一定的塑性变形而形成接头。

（2）闪光对焊　闪光对焊是在工件未接触之前先接通电源，然后使工件逐渐接触。因端面个别点的接触，电阻热迅速使之升温熔化，熔化的金属在电磁力的作用下形成火花溅出，造成闪光。连续闪光一段时间后，工件端面形成一熔化层和塑性层，此时断电，并加压顶锻，将熔化层挤出，焊件遂焊合成一体。

闪光对焊不仅能焊接相同金属，且能焊接异种材料（如铝－钢、铜－钢、铝－铜等），被焊工件可以是直径小到 0.01mm 的金属丝，也可以是断面大到 20000mm² 棒材和金属型材。

五、摩擦焊

摩擦焊是利用焊件接触端面相互摩擦所产生的热，使端面达到热塑性状态，然后迅速施加顶锻力，实现焊接的一种固相压焊方法。当前广泛应用的是两个圆形截面焊件的摩擦焊。摩擦焊具有以下优点。

1）焊接质量稳定，焊件尺寸精度高，接头废品率低于电阻对焊和闪光对焊。

2）焊接生产率高，比闪光对焊高 5~6 倍。

3）适于焊接异种金属，如碳素钢、低合金钢与不锈钢、高速钢之间的连接，铜－不锈钢、铜－铝、铝－钢、钢－锆等之间的连接。

4）加工费用低，省电，焊件无需特殊清理。

5）易实现机械化和自动化，操作简单，焊接工作场地无火花、弧光及有害气体。

缺点：靠工件旋转实现，焊接非圆截面较困难。盘状工件及薄壁管件，由于不易夹持也很难焊接。受焊机主轴电动机功率的限制，目前摩擦焊可焊接的最大截面为 20000mm²。摩擦焊机一次性投资费用大，仅适于大批量生产。

应用：摩擦焊以其优质、高效、节能、无污染的技术特色，在航空、航天、核能、兵器、汽车、电力、海洋开发、机械制造等高新技术和传统产业部门得到了越来越广泛的应用。异种金属和异种钢产品，如电力工业中的铜－铝过渡接头，金属切削用的高速钢－结构钢刀具等；结构钢产品，如电站锅炉蛇形管、阀门、拖拉机轴瓦等。

发展：摩擦焊工艺方法已由传统的几种形式发展到二十多种，极大地扩展了摩擦焊的应用领域。被焊零件的形状由典型的圆截面扩展到非圆截面（线性摩擦焊）和板材（搅拌摩擦焊），所焊材料由传统的金属材料拓宽到粉末合金、复合材料、功能材料、难熔材料，以及陶瓷－金属等新型材料及异种材料领域。

第六节　焊接技术发展趋势

随着科学技术的发展，焊接技术也在不断地向高质量、高生产效率、低能耗的方向发展。目前，出现了许多新技术、新工艺，拓宽了焊接技术的应用范围。

新材料的出现对焊接技术提出了新的课题，成为焊接技术发展的重要推动力，所以，一些先进的焊接技术也随之出现。

一、等离子弧焊简介

1. 等离子弧

一般电弧焊的电弧不受外界约束，称为自由电弧，电弧区内的气体尚未完全电离，能量也未高度集中起来。如果采用一些方法使自由电弧的弧区横截面受到压缩，使弧柱气体完全成为等离子弧，温度和能量密度可显著增大。

等离子电弧发生装置如图 5-24 所示。在钨极和工件之间加一较高电压，经高频振荡器使气体电离形成电弧。电弧通过细孔道的喷嘴时，弧柱被强迫缩小，称为机械压缩效应。当通入一定压力和流量的冷气（氩气或氮气）时，冷气流均匀地包围电弧，使弧柱外围强烈冷却，迫使带电粒子流（离子和电子）往弧柱中心集中，弧柱再次被压缩，称为热压缩效应。此外，带电粒子在弧柱中的运动可看成是电流在一束平行的"导线"内移动，其自身

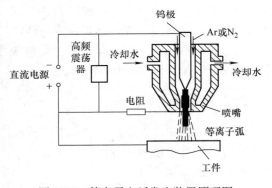

图 5-24　等离子电弧发生装置原理图

磁场产生的电磁力会使这些"导线"相互吸引靠近，弧柱又进一步被压缩，称为电磁收缩效应。电弧在上述三种压缩作用下，被压缩的很细，能量高度集中，能量密度可达 $10^5 \sim 10^6 W/cm^2$，温度可达到 16000K 以上。因弧柱内的气体完全电离为离子和电子，故称为等离子弧。

2. 等离子弧焊

等离子弧焊是指借助水冷喷嘴对弧柱的拘束作用，获得较高能量密度的等离子弧进行焊接的方法。等离子弧焊应使用专用的焊接设备和焊丝，焊炬的构造应能保证在等离子弧周围通以均匀的氩气流，以保护熔池和焊缝不受空气的有害作用，它实质上是一种具有压缩效应的气体保护焊。

等离子弧焊除具有氩弧焊的优点外，还具有它自身的特点。等离子弧焊由于弧柱受压缩，使其能量密度大，弧柱温度高，穿透能力强。所以在焊接 10～12mm 厚度的工件可不开

坡口，也能一次焊透双面成形，焊接速度快，生产率高，工件变形小。即使电流小到 0.1A 时，电弧仍能稳定燃烧，并保持良好的挺直度和方向性，故可焊接很薄的板材。但等离子弧焊的设备比较复杂，气体耗用量大，只适宜于室内使用。

等离子弧焊可分为用于焊接 0.025 ~ 2.5mm 的板材和薄板的微束等离子弧焊和用于焊接大于 2.5mm 工件的大电流等离子弧焊。等离子弧焊主要应用于铜合金、合金钢、钛、钨及钼等金属的焊接。

二、电子束焊简介

电子束焊是利用高速、集中的电子束轰击工件表面所产生的热量进行焊接的一种高能束流焊接方法。一定功率的电子束经电子透镜聚焦后，其功率密度可以提高到 $10^6 W/cm^2$ 以上，是目前已实际应用的各种焊接热源之首。按工件在焊接时所处的真空度的不同，分为高真空电子束焊（真空度在 $6 \times 10^{-4} Pa$ 以上），低真空电子束焊（真空度为 1 ~13Pa）和非真空电子束焊。

电子束传送到焊接接头的热量和其熔化金属的效果与束流强度、加速电压、焊接速度、电子束斑点质量以及被焊材料的热物理性能等因素密切相关。

电子束焊的优点：

1）电子束穿透能力强，焊缝深宽比大，可焊难熔金属及厚大件。

2）热量高度集中，焊接速度快，热影响区小，焊接变形小。

3）焊缝纯度高，接头质量好，在真空下进行，金属不会被氧化或氮化。

4）工艺参数调节范围广，工艺适应性强，再现性好，可焊材料多。

电子束焊的适用范围：

由于电子束焊具有焊接深度大，焊缝性能好，焊接变形小，焊接精度高，并具有较高的生产率的特点，能够焊接难熔合金和难焊材料，因此，在航空、航天、汽车、压力容器、电力及电子等工业领域中得到了广泛的应用。

三、激光焊简介

激光是一种强度高、单色性好、方向性好的相干光束，聚焦后的激光束能量密度极高，可达 $10^{12} W/cm^2$ ，可以用来焊接和切割。激光焊就是利用高能量密度的激光束作为热源的一种高效精密焊接方法，如图 5-25 所示。

激光焊可以采用连续或脉冲激光束加以实现，激光焊按其工作原理可分为热传导型焊接和激光深熔焊接。功率密度小于 $10^4 ~ 10^5 W/cm^2$ 为热传导焊，此时熔深浅、焊接速度慢；功率密度大于 $10^5 ~ 10^7 W/cm^2$ 时，金属表面受热作用下凹成"孔穴"，形成深熔焊，具有焊接速度快、深宽比大的特点。

激光焊接与其他焊接技术相比，激光焊接的主要优点是：

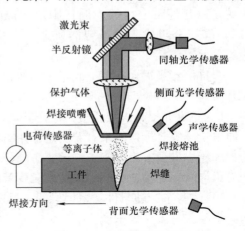

图 5-25　激光焊接原理图

1）能量密度大，焊接速度快、深度大、变形小。特别适合焊接热敏感材料。

2）激光辐射放出的能量极其迅速，能在室温或特殊条件下进行焊接。例如，激光通过电磁场，光束不会偏移；激光在真空、空气及某种气体环境中均能施焊，并能通过玻璃或光束透明的材料进行焊接。

3）可焊接难熔材料如钛、石英等，并能对异性材料施焊，效果良好。

4）可进行微型焊接。激光束经聚焦后可获得很小的光斑，且能精确定位，可应用于大批量自动化生产的微、小型工件的组焊中。

5）焊接时，焊接工件和焊接装置不需要接触，可焊接难以接近的部位，施行非接触远距离焊接，具有很大的灵活性。

6）激光束易实现光束按时间与空间分光，能进行多光束同时加工及多工位加工，为更精密的焊接提供了条件。

但是，激光焊也存在着一定的局限性。

1）要求焊件装配精度高，且要求光束在工件上的位置不能有显著偏移。这是因为激光聚焦后光斑尺寸小，焊缝窄，为加填充金属材料。若工件装配精度或光束定位精度达不到要求，很容易造成焊接缺陷。

2）激光器及其相关系统的成本较高，一次性投资较大。

为了消除或减少激光焊的缺陷，更好地应用这一优秀的焊接方法，提出了一些用其他热源与激光进行复合焊接的工艺，主要有激光与电弧、激光与等离子弧、激光与感应热源的复合焊接，双激光束焊接以及多光束激光焊接等。此外还提出了各种辅助工艺措施，如激光填丝焊（可细分为冷丝焊和热丝焊）、外加磁场辅助增强激光焊、保护气控制熔池深度激光焊、激光辅助搅拌摩擦焊等。

四、焊接机器人

焊接机器人是从事焊接（包括切割与喷涂）的工业机器人。根据国际标准化组织（ISO）工业机器人术语标准焊接机器人的定义，工业机器人是一种多用途的、可重复编程的自动控制操作机，具有三个或更多可编程的轴，用于工业自动化领域。焊接机器人主要包括机器人和焊接设备两部分。机器人由机器人本体和控制柜（硬件及软件）组成。而焊接设备（以弧焊及定位焊为例）则由焊接电源（包括其控制系统）、送丝机（弧焊）、焊枪（钳）等部分组成。对于智能机器人还应有传感系统，如激光或摄像传感器及其控制装置等。

焊接机器人很大程度上满足了焊接自动化的要求，自动化生产方面的优势可以总结为以下几条。

1）稳定和提高焊接质量，保证其均一性。焊接参数如焊接电流、电压、焊接速度和焊丝伸出长度等对焊接结果有着决定作用。采用机器人焊接时，每条焊缝的焊接参数都是恒定的，焊缝质量受人为因素影响较小，降低了对工人操作技术的要求，因此焊接质量稳定。而人工焊接时，焊接速度、焊丝伸出长度等都是变化的，很难做到质量的均一性。

2）改善了劳动条件。采用机器人焊接，工人只需要装卸工件，远离了焊接弧光、烟雾和飞溅等。对于点焊来说，工人无需搬运笨重的手工焊钳，使工人从高强度的体力劳动中解脱出来。

3）提高劳动生产率。机器人可 24h 连续生产。随着高速高效焊接技术的应用，采用机器人焊接，效率提高得更为明显。

4）产品周期明确，容易控制产品产量。机器人的生产节拍是可定的，因此安排生产计划非常明确。

5）缩短产品改型换代的周期，减小相应的设备投资。可实现小批量产品的焊接自动化。机器人与专机的最大区别就是可以通过修改程序以适应不同工件的生产。

五、焊接自动化水平的提高

电子技术、计算机微电子技术和自动化技术的发展，推动了焊接自动化技术的发展。特别是数控技术、柔性制造技术和信息处理技术等单元技术的引入，促进了焊接自动化技术革命性的发展。

1）焊接过程控制系统的智能化是焊接自动化的核心问题之一，也是未来开展研究的重要方向。将来应开展最佳控制方法方面的研究，包括线性和各种非线性控制。最具代表性的是焊接过程的模糊控制、神经网络控制，以及专家系统的研究。

2）焊接柔性化技术也是着力研究的内容。在未来的研究中，将各种光、机、电技术与焊接技术有机结合，以实现焊接的精确化和柔性化。用微电子技术改造传统焊接工艺装备，是提高焊接自动化水平的根本途径。将数控技术配以各类焊接机械设备，以提高其柔性化水平，是当前的一个研究方向；另外，焊接机器人与专家系统的结合，实现自动路径规划、自动校正轨迹、自动控制熔深等功能，是近期研究的重点。

3）焊接控制系统的集成是人与技术的集成和焊接技术与信息技术的集成。集成系统中信息流和物质流是其重要的组成部分，促进其有机的结合，可大大降低信息量和实时控制的要求。注意发挥人在控制和临机处理的响应和判断能力，建立人机互动的友好界面，使人和自动系统和谐统一，是集成系统的不可低估的因素。

4）提高焊接电源的可靠性、质量稳定性和控制性、以及优良的动态性，也是我们着重研究的课题。开发研制具有调节电弧运动、送丝和焊枪姿态，能探测焊缝坡开头、温度场、熔池状态、熔透情况，适时提供焊接参数的高性能焊机，并应积极开发焊接过程的计算机模拟技术。使焊接技术由"技艺"向"科学"演变辊实现焊接自动化的一个重要方面。

第六章　车削加工

第一节　车削加工概述

车削加工是在车床上利用工件的旋转运动和刀具的移动来改变毛坯形状和尺寸将其加工到所需零件形状和尺寸的一种切削方法，主要用来加工零件上的回转表面及部分端平面（见图6-1），加工的尺寸精度可达 IT11 – IT6，表面粗糙度 Ra 可达 12.5~0.8μm。

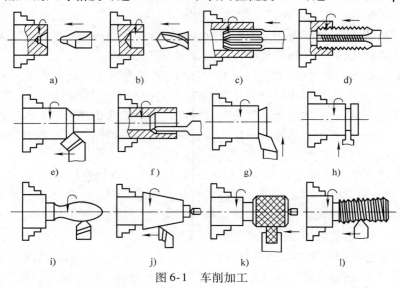

图 6-1　车削加工

a）钻中心孔　b）钻孔　c）铰孔　d）攻螺纹　e）车外圆　f）车孔　g）车端面
h）切断　i）车成形面　j）车锥面　k）滚花　l）车螺纹

车削加工的主运动是工件随车床主轴的旋转运动，进给运动由车床提供刀具沿工件轴线方向的纵向和横向移动，它使刀具和工件之间产生附加的相对运动，不断地或连续地切除工件上多余的切屑，并得出具有所需几何特性的加工面。切削用量三要素中，切削速度 v_c 为工件旋转线速度，进给量 f 为刀具在进给运动方向上相对工件的位移量，背吃刀量 a_p 为工件的已加工表面和待加工表面之间的垂直距离。车削加工所用刀具主要是车刀，还可以使用钻头、铰刀、镗刀及滚花刀。

第二节　卧式车床

主要用车刀在工件上加工回转表面的机床称为车床。车床是机械加工领域使用最广和最常见的设备，按其用途和工件的安装不同，常用车床有卧式车床、立式车床、卡盘多刀车床和仪表六角车床、数控立式车床等。

130

一、常规卧式车床构造及功能

现以常用 C6132A 和 CA6140 卧式车床作为生产、教学常见车削加工设备来介绍，其主要外形和结构如图 6-2 ~ 图 6-4 所示。

（1）床身　用来支承和连接各主要部件之间有严格、准确相对位置的基础零件。床身上面有内、外两组平行的导轨，外侧的导轨用以床鞍的运动导向定位；内侧的导轨用以尾座的移动导向定位。床身的左右两端分别支承在左右床脚上，床脚固定在地脚螺栓地基或用可调减振垫铁上。床脚内装有变速箱和电气箱。

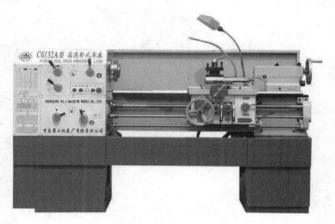

图 6-2　C6132A 卧式车床外形

（2）变速箱　主要用于安装主轴和主轴的变速机构，主轴前端安装卡盘以夹紧工件，

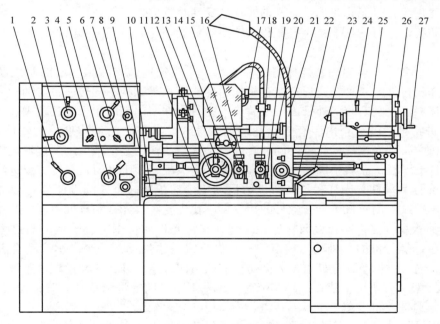

图 6-3　C6132A 卧式车床操作手柄位置图

1、5—螺距及进给量选择手柄　2—改变进给方向手柄　3、7—主轴转速选择手柄　4—冷却泵转换开关
6—电动机转速选择旋钮　8—急停按钮　9—连接丝杠与光杠手柄　10、23—主轴正反转或停止控制手柄
11—总电源开关　12—连接过载保险接合子用手柄　13—手动纵向移动刀架溜板手柄
14—手动横向移动刀架手柄　15—方刀架锁紧手柄　16—刀架纵向自动进给手柄
17—固定方刀架用手柄　18—总电源开关　19—刀架横向自动进给手柄　20—向床身上固定刀架螺钉
21—手动移动小刀架手柄　22—连接丝杠与对合螺母手柄　24—固定顶尖套筒手柄
25、26—尾座体横向调整螺钉　27—向床身上固定尾座体手柄

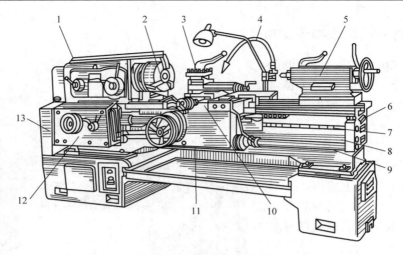

图 6-4　CA6140 卧式车床

1—主轴箱　2—卡盘　3—刀架　4—切削液管　5—尾座　6—床身　7—丝杠　8—光杠
9—操纵杆　10—大溜板　11—溜板箱　12—进给箱　13—挂轮箱

并带动工件旋转实现主运动。为方便安装长棒料，主轴为空心结构。电动机的运动通过变速箱内的变速齿轮，可变化成六种不同的转速从变速箱输出，并传递至主轴箱，这样的传动方式称为分离传动。目的在于减小机械传动中产生的振动及热量对主轴的不良影响，提高切削加工质量。

（3）主轴箱　主轴箱安装在床身的左上端，主轴箱内装有一根空心的主轴及部分变速机构。变速箱传来的六种转速通过变速机构，变成主轴十二种不同转速，主轴的通孔中可以放入工件棒料。主轴右端的外锥面用来装夹卡盘等附件，内锥面用来装夹顶尖。

（4）进给箱　进给箱内装有进给运动的变速齿轮，主轴的运动通过齿轮传入进给箱，经过变速机构带动光杠或丝杠以不同的转速转动。它的作用是把从主轴经挂轮机构传来的运动传给光杠或丝杠，获得不同的进给量和螺距，经溜板箱而带动刀具实现直线进给运动。

（5）光杠和丝杠　光杠和丝杠将进给运动传给溜板箱。车外圆端面等自动进给时用光杠传动，车螺纹时用丝杠传动，丝杠的传动精度比光杠高。光杠和丝杠不能同时使用。

（6）溜板箱　溜板箱与大溜板连在一起，它将光杠或传来的旋转运动通过齿轮齿条机构（或丝杠、螺母机构）带动刀架上的刀具做直线进给运动，是操纵车床实现进给运动的主要部分，通过手柄接通光杠可使刀架做纵向或横向进给运动，接通丝杠可车螺纹。

（7）刀架　刀架用来装夹刀具，带动刀具做多个方向的进给运动。刀架做成多层结构，从上往下分别是大溜板、中溜板、转盘、小溜板和方刀架。

大溜板可带动车刀沿床身上的导轨做纵向移动，是纵向车削用的。中溜板可以带动车刀沿大溜板上的导轨做横向移动，是横向车削用和控制被吃刀量。转盘与中溜板用螺栓相连，松开螺母可在水平面内转动任意角度。小溜板用于纵向车削较短工件或角度工件，可沿转盘上的导轨做短距离移动，当转盘转过一个角度时，其上导轨转动一个角度，此时小溜板便可以带动刀具沿相应方向做斜向进给，最上面的方刀架专门夹持车刀，它最多可装四把车刀。逆时针松开锁紧手柄可带动方刀架旋转，选择所用刀具，顺时针旋转时方刀架不动，但将方刀架锁紧承受加工中各种力对刀具的作用。

（8）尾座　尾座装在床身内导轨上，可以沿导轨移动到所需位置，由底座、尾座体、套筒等部分组成。套筒在尾座体上。套筒前端有莫氏锥孔，用于安装顶尖支承工件或用来装钻头、铰刀钻夹头。套筒后端有螺母和一轴向固定的丝杠相连接，摇动尾座上的手轮使丝杠旋转，可以带动套筒向前伸或向后退。当套筒退到终点位置时，丝杠的头部可将装在锥孔中的刀具或顶尖顶出，移动尾座及套筒前均须松开各自锁紧手柄，移到位置后再锁紧。松开尾座体与底座的固定螺钉，用调节螺钉调整尾座体的横向位置，可以使尾座顶尖中心与主轴顶尖中心对正，也可以使它们偏离一定距离，用来车削小锥度长锥面。

二、卧式车床的传动系统

1. 机床传动的基本方式

机床的传动可分为机械传动、液压传动、电气传动和气压传动等。机械传动应用机械元件传递运动和动力，工作可靠，维修方便，应用较广。液压传动常用油液作介质，通过液压元件传递运动和动力，它结构简单，传动平稳，容易实现自动化，它的应用日益广泛。电气传动系统比较复杂，成本较高，主要用于龙门刨床、重型镗床等大型、重型机床。气压传动动作迅速，易于实现自动化，但运动不平稳，驱动力较小，噪声大，主要用于机床的某些辅助运动（如夹紧工件）及小型机床的进给运动传动中。

2. 机床传动的组成

机床传动用机械传动常用的五种方式组合，即带传动、齿轮传动、齿轮齿条传动、蜗杆蜗轮传动和丝杠螺母传动的组合。利用五种最常用的传动方式，可以实现机床部件的旋转运动、直线运动，也可以实现机床运动的变速和换向。

3. 机床传动链

所谓传动链，就是把若干有传动关系的传动件依次组合而成的一个传动系统。

如图 6-5 所示的传动链，运动自轴 I 输入，转速为 n_1，经带轮 d_1、d_2 传至轴 II，又经圆柱齿轮 z_1、z_2 传至轴 III，再经锥齿轮 z_3、z_4 传至轴 IV，然后经圆柱齿轮 z_5、z_6 传至轴 V，最后经蜗杆 k 及蜗轮 z_7 传至轴 VI 把运动输出。

4. 传动原理图

为了简化传动系统图，便于阅读和分析传动系统，常采用规定的符号来表示机床各传动件及它们之间的相互关系。

图 6-6 ~ 图 6-8 分别是 C6132A 和 CA6140 车床的传动框图和传动系统图，从传动系统图可知，车床的运动路线传递有两条，一是由主电动机经带轮和主轴箱使主轴旋转，实现主切削运动，称为主运动传动系统。另一条是从主轴箱挂轮到进给箱，再经光杠或丝杠到溜板箱使刀架移动，称为进给运动系统。

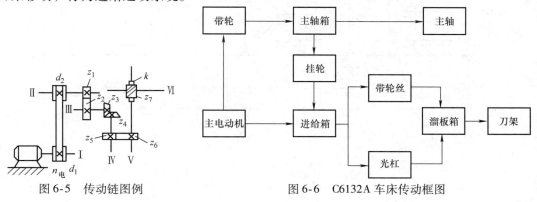

图 6-5　传动链图例　　　　图 6-6　C6132A 车床传动框图

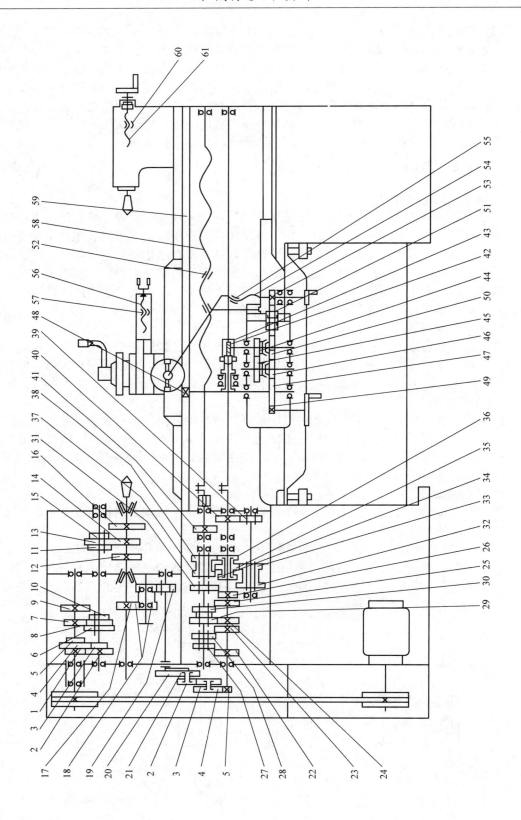

主轴箱

部件	主轴箱																				
图上编号	1	2	3	4	5	6	7	8	9	10	11	12	13	14	15	16	17	18	19	20	21
齿数及螺纹线数	23	45	23	45	23	29	39	45	23	43	40	46	37	30	55	53	55	35	55	29	58
模数或螺距	2.5											3							2		
变位量																					
材料	40Cr																		45		
热处理	齿部G52																		齿部G54		

进给箱

部件	进给箱																			
图上编号	22	23	24	25	26	27	28	29	30	31	32	33	34	35	36	37	38	39	40	41
齿数及螺纹线数	27	30	26	21	27	24	48	52	24	36	52	26	52	39	26	39	39	39		
模数或螺距	3		2	3.5	2.5	3	2		3.5	2.5	2									
变位量	0.8			−0.35	−0.30.7									−0.4 − 0.45						
材料	45																			
热处理	齿部G48																			

交换齿轮

部件	交换齿轮								
图上编号	A B C D								
齿数及螺纹线数	36	42	45	57	66	76	78	87	
模数或螺距	1.75								
变位量									
材料	45								
热处理	T235 齿部G48								

溜板箱

部件	溜板箱										
图上编号	42	43	44	45	46	47	48	49	50	51	52
齿数及螺纹线数	2	45	24	60	25	55	14	15	38	47	1
模数或螺距	2.5				2						6
变位量											
材料	HT200		45				40Cr		45		锑铜铸铁
热处理	T235 齿部C42		齿部G48								

刀架 / 床身 / 尾座

部件	刀架					床身		尾座	
图上编号	53	54	55	56	57	58	59	60	61
齿数及螺纹线数	13	1	1	1	1	1	齿条	1	1
模数或螺距	2		4			6	2	4	
变位量						3			
材料	45		锑铜铸铁			45		锑铜铸铁	45
热处理	T235 Z		Z			Z（HB190） 齿部G48		Z	

图6-7 C6132A 车床传动系统图及对照表

135

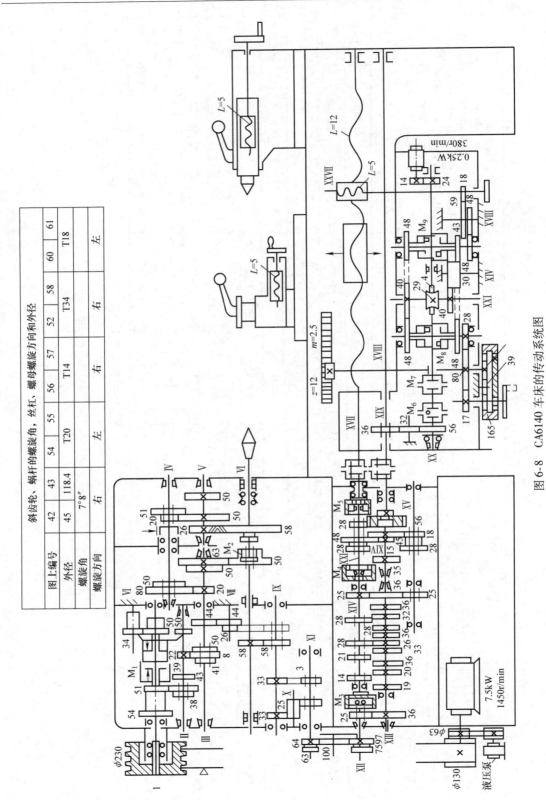

图上编号	42	43	54	55	56	57	58	60	61
外径	45	118.4	T20	T14	T34	T18
螺旋角		7°8″
螺旋方向	右	右	左	右	右	右	左

斜齿轮、蜗杆的螺旋角，丝杠、螺母螺旋方向和外径

图 6-8 CA6140 车床的传动系统图

三、车床附件及工件安装

在车床上加工，正确安装工件的基本原则是装夹要考虑正确地定位，保证加工表面回转中心与车床主轴中心线重合，牢固地夹紧。利用自定心卡盘、单动卡盘、顶尖、中心架、跟刀架、花盘、弯板、心轴等常用的附件（夹具）可快捷地完成工件装夹。装夹方法依据工件的形状结构、长度、直径及长径比等来选择。

1. 用自定心卡盘装夹工件

自定心卡盘由一个大锥齿轮、三个小锥齿轮、三个卡爪和卡盘体四部分组成。当使用三爪扳手插入任何一个小锥齿轮的方孔，转动扳手，均能带动大锥齿轮旋转，于是，大锥齿轮面的平面螺纹就带动三个卡爪作向心（夹紧）或离心（放松）的运动，从而夹紧工件。自定心卡盘的结构简图如图6-9所示。由于三个爪是同时移动的，夹持圆形截面工件时可自行对正，对正精度约为 $0.05 \sim 0.15$mm。自定心卡盘夹工件一般不须找正，方便迅速，在常规中小型圆形或六边形截面的轴类或盘类零件（长径比 $L/D < 4$）加工中自定心卡盘应用最普遍，但不能获得高的定心精度，而且夹紧力较小。将自定心卡盘换上三个反爪也可用来装夹直径较大的工件。使用自定心卡盘装夹工件的步骤如下。

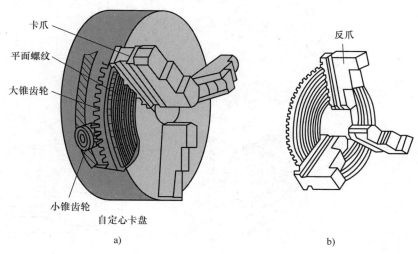

卡爪
平面螺纹
大锥齿轮
小锥齿轮
自定心卡盘
a)

反爪
b)

图6-9 自定心卡盘
a）自定心卡盘外形及自定心卡盘结构 b）反自定心卡盘

1）将毛坯放正轻轻夹持在三个爪之间，用手转动卡盘，检查并调整工件中心使之与主轴中心重合，再用力夹紧工件，并随即取下卡盘扳手。注意毛坯零件的夹持长度是否足够。夹持长度一般不小于10mm。

2）操作车床主轴调速手柄至低速回转位置，起动主轴检查工件有无偏摆，若出现偏摆，则在停车后用小锤轻敲找正，然后再夹紧工件；并注意每次使用卡盘扳手后及时取下扳手，以免开车时飞出伤人。

3）移动车刀架至全部车削行程内，用手旋转卡盘，检查车刀架与卡盘或工件在切削行程内有无干涉。

2. 用单动卡盘装夹工件

与自定心卡盘不同，单动卡盘有四个独立运动的卡爪均匀地分布在圆周上，每一个卡爪后面均是一个丝杆螺母机构，它的四个单动卡爪的径向位置是由四个螺钉单独调节的，结构如图 6-10 所示。当使用卡盘扳手转动螺杆时，带有螺纹的卡爪就会做向心或离心的移动。它可以用来装夹圆形和偏心工件、方形工件、椭圆形或其他不规则的零件（长径比 $L/D < 4$），如图 6-11 所示。其特点是每爪能单独移动，夹紧力较强。同样，也可将单动卡盘换上四个反爪用来装夹直径较大的工件。

图 6-10　单动卡盘

由于单动卡盘的四个卡爪是独立移动的，因此不具备自定心功能。在实际车削加工中，要使工件加工面的轴线与机床主轴轴线同轴，就必须找正。找正所用的工具是划线盘或百分表，找正方法如图 6-12 所示。划线盘用于按工件上毛糙的表面或按钳工划的线去找正，找正精度低。百分表用于已加工表面的找正，通过表针指示的跳动值判断是否对正，找正精度较高（用百分表找正加工表面的方法是车削精加工的最普遍使用手段）。

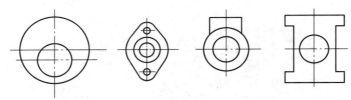

图 6-11　用单动卡盘装夹工件举例

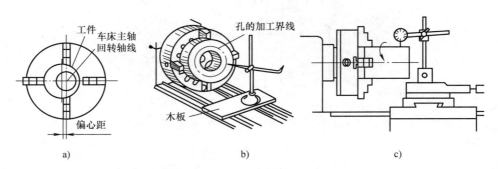

图 6-12　用单动卡盘时工件的找正
a）用单动卡盘装夹工件　b）用划线盘找正　c）用百分表找正

3. 用顶尖装夹工件

车削加工中常采用双顶尖方式装夹长径比在 4 至 10 之间的细长轴类零件。采用双顶尖装夹时，安装在主轴上的称前顶尖，安装在尾座的称后顶尖。装夹前将工件端面钻出中心孔，然后将顶尖的圆锥面顶在中心孔中。由于一种装夹方法必须包含定位和夹紧两个方面，双顶尖仅完成了定位任务，夹紧任务则靠拨盘和卡箍完成，以便传递转矩，如图 6-13a 所示。在生产中还经常采用另一种双顶尖装夹方法，如图 6-13b 所示，在自定心卡盘上夹一小段圆柱棒料，车出的 60°圆锥面代替前顶尖，用自定心卡盘代替拨盘，卡箍拨在卡盘的任一卡爪上。

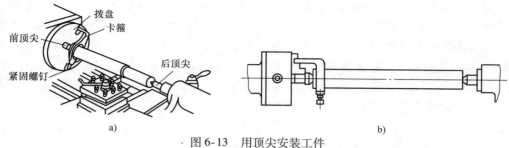

图 6-13　用顶尖安装工件

a）用双顶尖安装工件　b）用自定心卡盘代替拨盘

顶尖分为固定顶尖和回转顶尖两类（图 6-14）。为了防止高速车削时工件与后顶尖强烈摩擦、发热烧损刀尖和中心孔，后顶尖常用回转顶尖，即装有滚动轴承的顶尖，这种顶尖把顶尖与工件中心孔的滑动摩擦变成滚动摩擦因而能承受较高的转速。而前顶尖随主轴及工件一起转动，前顶尖与工件间没有相对运动，故采用固定顶尖。采用双顶尖装夹工件，首先要检查前后两顶尖的轴线是否同轴，工件与顶尖之间不能过紧或过松，在不影响车刀切削的前提下，顶尖尽量伸出短一些，以提高车削刚度。

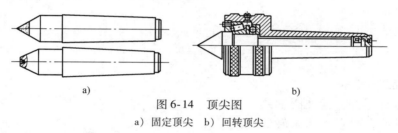

图 6-14　顶尖图

a）固定顶尖　b）回转顶尖

4. 中心架与跟刀架的应用

在车床加工 $L/D \geqslant 10$ 的细长轴类零件时，为了防止工件被车刀顶弯或工件振动，需要中心架（跟刀架）增加工件的刚度，减少工件车削时自身的弯曲变形，中心架用压板和螺栓螺母紧固在车床的床身导轨上，不随车刀移动，其三个爪支承在预先加工好的工件外圆上，起固定支承作用，中心架上有三个支承爪夹持工件（见图 6-15），作用是支承工件，提高工件刚度。

图 6-15　中心架的应用

a）用中心架车细长轴的外圆　b）用中心架车轴或套筒的端面和孔

使用中心架时，在工件安放支承爪的地方应预先车出一个"颈部"（比支承爪宽并留出精车余量），调整支承爪的位置及松紧程度，使工件平稳旋转。与工件摩擦处应经常加润滑油，且转速不宜选择得过高，以免损坏工件。中心架或跟刀架一般多用于细长轴或又重又长的轴、阶梯轴以及长轴的端面，中心孔及内孔加工。跟刀架与中心架一样用于车削刚度差的细长轴。其不同点在于它紧固于刀架的大溜板上，随大溜板的移动而移动。跟刀架上一般只有两个支承爪。使用前须先在工件上尾座一端车削出一小段外圆，并根据它调节跟刀架的支承，然后车出零件全长。图 6-16 和图 6-17 所示为跟刀架及其使用示意图。

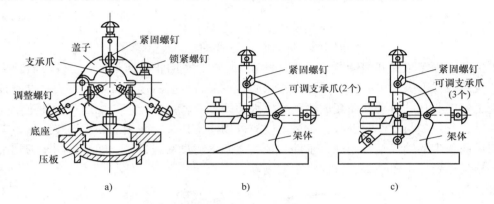

图 6-16　中心架和跟刀架

a）中心架　b）二爪跟刀架　c）三爪跟刀架

5. 心轴及工件装夹

对于盘套类零件，当外圆轴线与孔的轴线要求同轴时，或者端面与轴线的跳动有要求时，而又无法在一次装夹完成所需加工，需要使用心轴。用心轴装夹工件时，一般要与双顶尖、拨盘一起配合使用。齿轮毛坯的加工就是一个典型例子。使用时，把零件上的孔先精加工出来，将心轴插入孔中，然后以双顶尖支承心轴进行外圆加工。心轴的种类及装夹工件如图 6-18 所示。

图 6-17　跟刀架的应用

6. 用花盘和弯板、压板、螺栓装夹工件

花盘是装夹在车床主轴上的一个大圆盘，端面上有呈放射状排列的许多长槽用于连接螺栓。对于大而扁且形状不规则的零件，要求零件的一个面与装夹面平行或对于要求孔、外圆的轴线与安装面垂直时，可以把工件直接压在花盘上加工，如图 6-19 所示。

弯板是有较高的垂直度和刚度的角形铁板，常常和花盘、压板、螺栓配合使用。图 6-20 所示是花盘与弯板配合使用安装工件的方法，借助弯板可以保证孔与平面或孔与孔之间的垂直度，工件需用指示表仔细找正，可获得较高的定位精度，但工作效率较低。花盘装夹不规则零件时往往都是重心偏向一边，尤其装夹较大工件进行高转速车削时，需要在另一边增加平衡铁予以平衡，以减少零件旋转时因离心力引起的振动，影响加工质量。

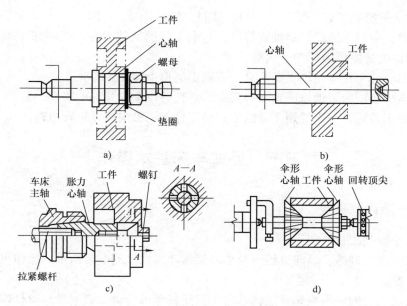

图 6-18 用心轴安装工件示例

a）圆柱心轴 b）锥度心轴 c）胀力心轴 d）伞形心轴

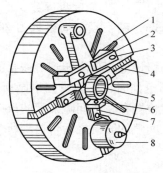

图 6-19 用花盘安装工件

1—垫铁 2—压板 3—螺钉 4—螺钉槽

5—工件 6—角铁 7—紧定螺钉 8—平衡铁

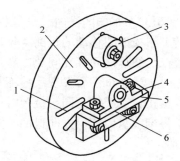

图 6-20 用花盘、弯板安装工件

1—螺钉孔槽 2—花盘 3—平衡铁

4—工件 5—安装基面 6—弯板

四、车刀的装夹

右偏刀安装在四方刀架的左边，车刀的前刀面朝上，如图 6-21 所示。在方刀架上安装车刀时必须注意以下几点。

1）车刀安装在刀架伸出长度不能太长，一般为刀体高度的 1.5 ~ 2 倍。在不影响切削和观察的前提下应尽量短，以提高车刀的切削刚度（一般不允许超过刀杆厚度的两倍），否则车削时易产生振动。

2）为了提高车刀安装夹紧的接触刚度，

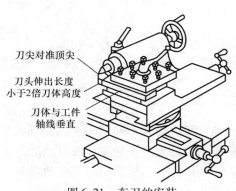

图 6-21 车刀的安装

刀尖对准顶尖

刀头伸出长度小于2倍刀体高度

刀体与工件轴线垂直

刀杆下的垫片应平整稳定，并尽量减少垫片数目，垫平压紧。

3）车刀刀尖应与车床的主轴轴线等高，对准工件的回转中心，否则加工端面时中心会留下凸台，可依据尾座顶尖高度来调整。

4）车刀刀杆应与车床主轴轴线垂直，否则主副偏角均发生变化。

5）车刀至少要用两个螺钉压紧在刀架上，并交替逐个拧紧。

6）安装好车刀后，一定要用手动的方式对工件加工极限位置进行检查。

第三节　卧式车床基本操作

一、车床操作基础

刻度盘及手柄刻度盘的使用：

普通车床的横向进给、纵向进给以及小刀架移动量均靠刻度盘指示。操作车床时必须正确地使用刻度盘。

控制横向进给量的中滑板刻度盘，是由一对丝杠螺母传动。刻度盘与丝杠连为一体，中滑板与螺母连为一体。刻度盘转一周则螺母带动中滑板移动一个螺距。因此，

$$刻度盘每转 1 格横刀架移动的距离（mm） = \frac{丝杠螺距}{刻度盘读数}$$

例如，C6132A 车床的横向进给丝杠的螺距为 4mm，刻度盘一周格数为 200 格。所以，刻度盘每转 1 格横刀架移动的距离 = 4/200 = 0.02mm。

由于丝杠与螺母之间存在间隙，靠近刻度时必须慢慢地将刻度转到所需要的格数，当刻度手柄摇过时，或者试切后发现尺寸不对而需将车刀退回时，不能直接退至所要求的格数。因为当刻度盘正转或反转至同一位置时，刀具的实际位置存在由间隙引起的误差。因此，正确的操作是将刻度盘向相反方向退回半圈左右，消除间隙的影响之后再摇到所需位置，如图6-22b、c 所示。

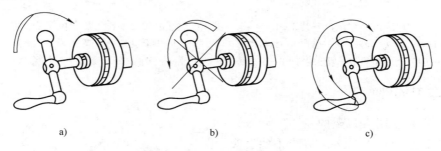

a)　　　　　　　　　　b)　　　　　　　　　　c)

图 6-22　正确进刻度的方法

二、粗车与精车

车削加工分为粗车和精车（需磨削为半精车）。

粗车的目的是尽快切去大部分余量，提高加工效率，作为精加工的预加工。粗车切削力很大，切削用量要与所使用的车床的强度、刚度和功率相适应，首先选择较大的切削深度，

其次选择较大的进给量,最后选取中等或偏低的切削速度(见表6-1)。在粗车铸件、锻件时,切削深度应该大于毛坯硬皮厚度,使刀尖避开硬皮层。

精车是以保证零件的几何精度和表面质量为目的的。粗车后留给精车的加工余量一般为 $0.5 \sim 1$mm,切削用量选取较小的切削深度和进给量、很高或很低的切削速度可提高车削质量(见表6-2)。例如,切削钢件,若采用硬质合金刀具高速切削,速度取 100m/min 以上;若使用高速钢刀具低速切削时,速度可取 5m/min 以下。

表6-1 粗车的切削用量推荐范围

材料	用高速钢车刀			材料	用硬质合金车刀		
	背吃刀量 a_p/mm	切削速度 v_c/(m/min)	进给量 f/(mm/r)		背吃刀量 a_p/mm	切削速度 v_c/(m/min)	进给量 f/(mm/r)
车削铸铁	$1.5 \sim 3$	$12 \sim 24$	$0.15 \sim 0.4$	车削铸铁	$2 \sim 5$	$30 \sim 50$	$0.15 \sim 0.4$
车削钢	$1.5 \sim 3$	$12 \sim 42$	$0.15 \sim 0.4$	车削钢	$2 \sim 5$	$40 \sim 60$	$0.15 \sim 0.4$

表6-2 精车的切削用量推荐范围

	背吃刀量 a_p/mm	切削速度 v_c/(m/min)	进给量 f/(mm/r)
车削铸铁	$0.1 \sim 0.15$	$60 \sim 70$	$0.05 \sim 0.2$
车削钢:低速	$0.05 \sim 0.1$	$20 \sim 30$	$0.05 \sim 0.2$
车削钢:高速	$0.3 \sim 0.5$	$100 \sim 120$	$0.05 \sim 0.2$

三、试切的方法和步骤

在精加工中,因横向进给机构的间隙等原因,依靠刻度盘调整进刀量往往不能满足精度要求,而要采用试切方法车削。以车削外圆为例,使用精车刀,试切长度为 $1 \sim 3$mm,试切方法及步骤如图6-23所示。

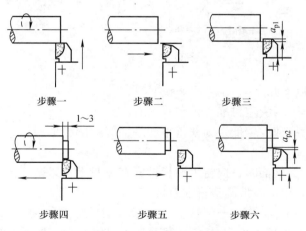

图6-23 试切的方法和步骤

1)开车对刀,使车刀与工件表面轻微接触。

2)向右退出车刀。

3）横向进刀 a_{p1}。

4）纵向切削 1～3mm。

5）退出车刀，停车进行测量。

6）若尺寸不到，再次进刀 a_{p2}，重复5）步，直至尺寸符合要求。

第四节　车削加工基本方法

一、车端面、钻中心孔

1. 车端面

轴类、盘类、套类工件的端面经常用来做轴向定位和测量的基准，车削加工时一般都先将端面车出。车削端面常用右偏刀和弯头刀车削，方法有三种。

1）由外向中心车削。车削到中心时凸台瞬时去掉，刀尖易损坏。背吃刀量大容易引起扎刀，使端面内凹。

2）由中心向外车削。一般用于车削带孔的端面或精车端面。

3）分层车削。适用于端面切削余量大的工件。

图6-24为使用弯头刀和右偏刀车端面示意图。弯头刀应用广泛，刀尖强度高，适于车削较大的端面。右偏刀适于精车，当背吃刀量较大时会使车刀扎入工件之中端面出现凹面，由中心向外走刀可克服这一缺点。

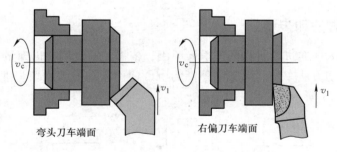

弯头刀车端面　　　右偏刀车端面

图6-24　车端面

车端面时应注意以下几点。

1）车端面时，车刀刀尖应对准工件轴线中心。

2）工件中心处的线速度较低，为获得整个端面较好的表面质量，车端面时转速比车外圆的转速高一些。

3）车削直径较大的端面时，应将大溜板锁紧在床身上，以防止因大溜板让刀而引起的端面外凸或内凹，此时用小溜板调整背吃刀量。

2. 钻中心孔

中心孔是轴类工件在顶尖上安装或加工工艺的定位基准，按国家标准中心孔有 A、B、C 三种类型，A 型由 60°锥孔和里端小圆柱孔形成，60°锥孔与顶尖的 60°锥面配合，里端的小孔用以保证锥孔面与顶尖锥面配合贴切，并可储存少量的润滑油。B 型中心孔的外端多了个 120°的锥面，用以保证 60°锥孔的外缘不碰伤，另外也便于在顶尖上车轴类的端面（见图

144

6-25）。由于中心孔直径小，在车床上钻中心孔时选择较高的转速并缓慢进给，进给均匀，待钻到尺寸后让中心钻稍作停留，以降低中心孔的表面粗糙度（见图6-26）。

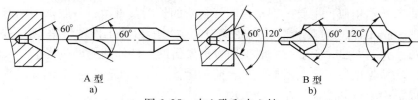

A型
a)

B型
b)

图 6-25　中心孔和中心钻

a）加工普通中心孔　b）加工双锥面中心孔

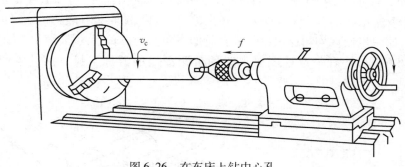

图 6-26　在车床上钻中心孔

二、车外圆及台阶面

将工件车削成圆柱形表面的加工称为车外圆。车削外圆及台阶是车床上旋转表面加工最基本、最常见的操作。由于加工零件技术要求不同，所采用的刀具和切削用量上都有区别。

外圆及台阶车刀有尖刀（直头外圆车刀）、弯头刀、90°偏刀、圆头精车刀和宽刃精车刀等。

尖刀用于精车外圆（见图6-27a）和车无台阶或台阶不大的外圆，也可用于车倒角。

45°弯头刀不仅能车外圆（见图6-27b），还能车端面、倒角和有45°斜面的外圆。

偏刀车外圆时径向力很小（见图6-27c），常用于车细长轴外圆和有直角台阶的外圆，也可以车端面。

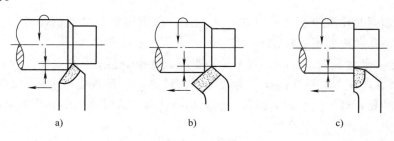

a)　　　　　　　　b)　　　　　　　　c)

图 6-27　车外圆

a）尖刀车外圆　b）45°弯头刀车外圆　c）右偏刀车外圆

右偏刀主要用来车削带直角台阶的工件。由于右偏刀切削时产生的径向力小，常用于车削细长轴。

圆头精车刀的刀尖圆弧半径大，用于精车无台阶的外圆。带直角台阶的外圆可以用精车刀车削。采用宽刃精车刀可以减小外圆表面粗糙度。

车台阶同车外圆相似，主要区别是控制好台阶的长度及直角，一般采用偏刀车削。

高度小于5mm的台阶称低台阶，应使偏刀的主切削刃与工件轴线垂直，用一次走刀车完并形成直角，如图6-28a所示。一般采用直角尺借助工件外圆的母线找正。长度采用刻线痕法控制，也就是先用尺子量出所要加工台阶的距离并用刀尖轻划一个记号，然后参照记号车削。也可以采用床鞍刻度盘控制切削长度。

高度大于5mm的台阶称高台阶，它要分层车削。车刀的安装应使主切削刃与工件轴线呈93°～95°角，而不再是90°角，台阶的长度依然用刻线痕法控制，但要留出车直角的余量，如图6-28b所示。图6-28a表明要分多次进刀车削。图6-28b表明每次纵向送进后用手摇动横溜板，使刀慢慢地均匀退出以形成台阶的直角。台阶长度的检测可以采用金属直尺或内卡钳（见图6-29），有一定精度要求时用带测深尺的游标卡尺，批量生产时可用样板检测。

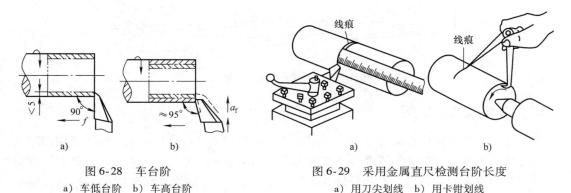

图6-28　车台阶　　　　　　　　图6-29　采用金属直尺检测台阶长度
a）车低台阶　b）车高台阶　　　　　a）用刀尖划线　b）用卡钳划线

三、车床上的孔加工

在车床上可以用麻花钻头、扩孔钻、铰刀、车刀、镗刀等刀具进行孔加工。

1. 钻孔

轴类零件端面的孔常用麻花钻头在车床加工，也可用扩孔钻或机用铰刀进行扩孔和铰孔。在车床上钻孔过程如下（见图6-30）：

1）用自定心卡盘装夹工件时，对于长轴要用卡盘和中心架一起安装。

2）钻头装在尾座上。钻头的柄部为圆锥形，只要将钻头插入尾座孔中即可。若锥度不相符可以加过渡套。对于较细的麻花钻，柄部是圆柱形，这时要借助钻头夹夹持后再安装于尾座的套筒之中。

3）钻孔前要先车端面，必要时先用短钻头或中心钻在工件中心预钻出小坑，以免钻偏。

4）由于钻头刚度差、孔内散热和排屑较困难，钻孔时的进给速度不能太快，切削速度也不宜太快。要经常退出钻头排屑冷却。钻钢件时要加切削液冷却，钻铸铁件时一般不加切削液。

146

5）钻通孔时，在即将钻通时要减小进给量，以防折断钻头。孔被钻通后，先退出钻头后再停车。钻不通孔时，可以利用尾座刻度或做记号来控制孔的深度。

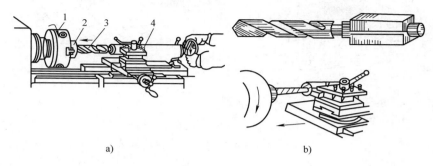

图 6-30　在车床上钻孔
a）钻孔操作示意图　b）钻头装在刀架上
1—自定心卡盘　2—工件　3—钻头　4—尾座

2. 车孔

车孔是利用车孔刀对工件上铸出、锻出的孔作进一步的加工。车孔主要用于较大直径孔加工，可以进行粗加工、半精加工和精加工。车孔可以提高原孔的轴线位置精度。常用的内孔车刀有两种，即通孔车刀和不通孔车刀（见图 6-31），主要区别在车刀的主偏角是否大于90°。车刀要进入孔内切削，车刀杆比较细且车刀旋伸长度较大，刚度差，因此加工时背吃刀量和进给量都选得较小，走刀次数多，生产率不高，但车孔加工的通用性强，广泛应用单件、小批量生产。

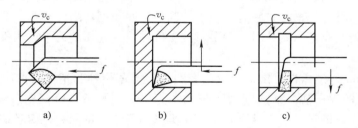

图 6-31　车孔
a）车通孔用通孔车刀　b）车不通孔用不通孔车刀　c）切内槽用切槽车刀

车床车孔的尺寸精度控制与外圆车削基本一样，仍然采用边测量边加工的试车法，孔径的测量也是用游标卡尺，精度要求高的可用内径千分尺或内径百分表测量，在大批量生产时可以用量规来进行检验。孔深度的控制与车台阶时相似，可以用刻线痕法测量控制（见图 6-32），精度高时须用游标卡尺或深度尺进行测量。

由于车孔加工是在工件内部进行的，操作者不易观察到加工状况，操作比较困难，应注意以下事项。

1）车孔时刀杆尽可能粗一些，但在车不通孔时，车刀刀尖到刀杆背面的距离必须小于孔的半径，否则孔底中心部位无法车平。

2）车刀装夹时，刀尖应略高于工件回转中心，留出变形量，以减少加工中的振动和扎刀现象，也可以减少车刀下部碰到孔壁的可能性，尤其车小孔时。

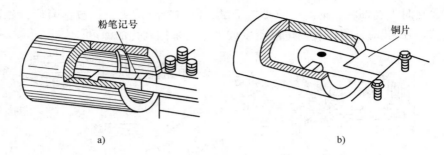

图 6-32　控制车孔深度刻线法

a）用粉笔划长度记号　b）用铜片控制孔深

3）车刀伸出刀架长度应尽量短些，以增强车刀杆的刚度，减少振动，但伸出长度不得小于车孔深度。

4）车孔时因刀杆相对较细，刀头散热条件差、排屑不畅、易产生振动和让刀，所以选用的切削用量比车外圆小些。其调整方法与车外圆基本相同，只是横向进给方向相反。

5）开动机床车孔前使车刀在孔内手动试走一遍，确认无运动干涉后再开车切削。

四、车槽和切断

1. 车槽

回转体工件表面经常有分布在外圆表面、内孔或端面上一些沟槽，这些槽包括螺纹退刀槽、砂轮越程槽、油槽、密封圈槽等。在轴的外表面车槽与车端面类似。

车槽所用的刀具为车槽刀，它有一条主切削刃、两条副切削刃和两个刀尖，加工时沿径向由外向中心进刀，车槽刀安装时刀尖要对准工件轴线；主切削刃平行工件轴线，刀尖要与工件轴线等高。

宽度小于 5mm 的沟槽称窄槽，可用主切削刃与槽宽相等的车槽刀一次完成槽加工。宽度大于 5mm 的沟槽称宽槽，车削宽槽要分几步完成（见图 6-33）。先沿纵向分段，粗车、再精车，车出槽深及槽宽；当工件有几个同一类型的槽时，用同一把刀具切削槽宽，以便保证槽宽一致。

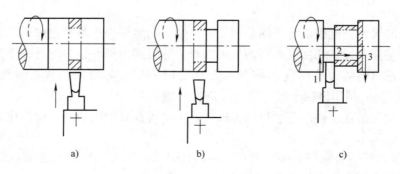

图 6-33　切宽槽

a）一次横向进给　b）二次横向进给　c）末一次横向进给后再以纵向精车槽底

2. 切断

切断是将坯料或工件从夹端上分离下来。切断刀与切槽刀相似，只是刀头更为窄长，刚度更差。刀头宽度一般为 2~6mm，长度比工件的半径长 5~8mm。安装和使用切断刀时要非常小心，刀具轴线应垂直于工件的轴线，刀头伸出方刀架的长度要短。刀尖必须与工件回转中心等高，否则切断处将剩有凸台，且刀头容易损坏（见图 6-34）。

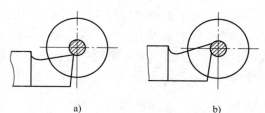

图 6-34 切断刀刀尖位置
a）切断刀安装过低，刀尖处易被绷刃
b）切断刀安装过高，不利于切削

切断时呈半封闭切削，刀具要切至工件中心，排屑困难，容易将刀具折断。装夹工件时应尽量将切断处靠近卡盘以增强工件刚度。对于大直径工件有时采用反切断法，目的在于排屑顺畅，此时卡盘与主轴连接处必须有保险装置，以防倒车使卡盘与主轴脱开。切断铸铁等脆性材料时采用直进法切削，切断钢等塑性材料时常采用左、右借刀法切削。切断时应注意下列事项。

1）切断时刀尖必须与工件等高，否则切断处留有断台，也容易损坏刀具。

2）切断时一般由自定心卡盘夹持工件，切断部位应尽可能靠近卡盘，增强工件刚度，减小切削时振动。

3）切断刀伸出不宜过长，以增强刀具刚度。

4）减小刀架各滑动部分的间隙，提高刀架刚度，减少切削过程中的变形与振动。

5）切断时切削速度要降低，采用缓慢均匀的手动进给，以防进给量太大造成刀具折断。

6）切钢件时应适当使用切削液，加快切断过程的散热。

五、车锥面、车成型面及滚花

1. 常用圆锥简介

圆锥体和圆锥孔的圆锥面配合具有接触紧密，装拆方便，定心精度高，而且小锥度配合表面还能传递较大的扭矩等优点。例如，大直径的麻花钻以及尾座套筒与顶尖都使用锥柄结构配合（见图 6-35）。

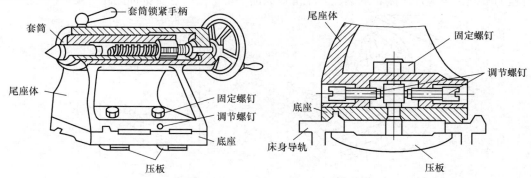

图 6-35 车床尾座的结构

机械工程中常用的标准圆锥有米制圆锥和莫氏圆锥两类。米制圆锥锥度值固定为 1:20，大端直径按标准系列变化的，常用号有 4、6、80、100、120、140、160、200 共 8 个号，号数表示圆锥的大端直径；莫氏圆锥锥角是按系列变化的，基准直径不变，莫氏圆锥及莫氏锥度分为 0、1、2、…、6 等 7 种。莫氏圆锥及莫氏锥度目前在机械制造业中应用较为广泛，如钻头、铰刀、车床主轴孔。圆锥体的基本参数有大端直径 D、小端直径 d、圆锥半角 $\frac{\alpha}{2}$、锥度 c、圆锥长度 L，如图 6-36 所示。计算如下。

$$D = d + 2L\tan\frac{\alpha}{2} = d + cL$$

$$d = D - 2L\tan\frac{\alpha}{2} = d - cL$$

$$\tan\frac{\alpha}{2} = \frac{D-d}{2L}$$

$$c = \frac{D-d}{L} = 2\tan\frac{\alpha}{2}$$

$$L = \frac{D-d}{c}$$

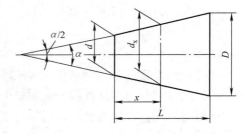

图 6-36　圆锥面的基本尺寸

2. 车削圆锥方法

将工件表面车削成圆锥面的工艺方法称为车圆锥。车削圆锥面的方法常用的有宽刀法、小刀架转位法、偏移尾座法和靠模法。其中宽刀法和靠模法主要用于批量生产之中，分别适宜于加工短锥面和长锥面。小刀架转位法和偏移尾座法是两种最常用的加工方法。

（1）宽刀法　就是利用主切削刃横向直接车出圆锥面，此时，切削刃的长度要略长于圆锥母线长度，切削刃与工件回转中心线成半锥角 $\frac{\alpha}{2}$，这种方法方便、迅速，能加工任意角度的内、外圆锥（见图 6-37）。车床上倒角实际就是宽刀法车削短圆锥。

（2）小刀架转位法　小刀架转位法是使车床中滑板上的转盘可以转动任意角度，松开上面的紧固螺钉，使小滑板转过半锥角 α，将螺钉拧紧后，转动小滑扳手柄，沿斜向进给，便可以车出圆锥面（见图 6-38）。这种方法操作简单方便，适用于车削长度小于 150mm 各种锥度的内、外圆锥面，能保证一定的加工精度，在单件、小批量生产加工较短的锥面用得多。受小滑板行程的限制，不能加工太长的圆锥。小滑板只能手动进给，加工锥面的粗糙度大。

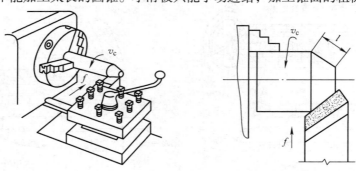

图 6-37　宽刀法车圆锥面

（3）偏移尾座法 尾座体相对于尾座底座可以通过丝杠横向调节位置。当移动尾座体时，使后顶尖与前顶尖有一个偏移量，刀具在大溜板带动下沿纵向进给，就车出了圆锥面。如图6-39所示，尾座带动顶尖横向偏移距离s，使得安装在两顶尖间的工件回转轴线与主轴轴线成半锥角$\frac{\alpha}{2}$，这样车刀做纵向走刀时车出的回转体母线与回转体中心线成$\frac{\alpha}{2}$斜角，形成锥角为α的圆锥面。这种方法适合加工小锥度（$\alpha < 10°$）、锥面较长的外锥面，车削时可自动进刀，车出锥面的表面粗糙度较低。

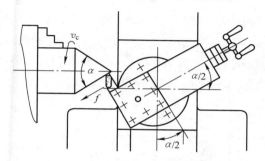

图6-38 小刀架转位法车圆锥面

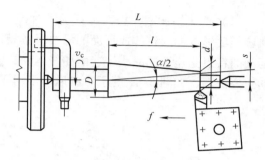

图6-39 偏移尾座法车圆锥面

若工件总长为L_0，尾座的偏移量s为：

$$s = \frac{D - d}{2L}L_0 \tan\frac{\alpha}{2} = L_0\frac{c}{2}$$

偏移尾座法因受尾座顶尖偏移量s的限制，车削锥面的锥度一般不大于15°，多用于单件、小批量生产。为了减少由于顶尖偏移带来的不利影响，最好使用球头顶尖。

（4）靠模法 靠模装置的底座固定在床身的后面，底座上装有靠模板。松开紧固螺钉，靠模板可以绕定位销钉旋转，与工件的轴线成一定的斜角。靠模板上滑块可以沿靠模滑动，而滑块通过连接板与滑板连接在一起，中滑板上的丝杠与螺母脱开，其手柄不再调节刀架横向位置，而是将小滑板转过90°，用小滑板上的丝杠调节刀具横向位置以调节所需的背吃刀量（见图6-40）。如果工件的锥角为α，则将靠模调节成$\alpha/2$

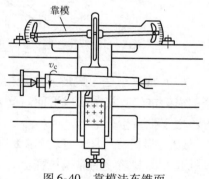

图6-40 靠模法车锥面

的斜角，当大溜板做纵向自动进给时，滑块就沿着靠模滑动，从而使车刀的运动平行于靠模板，车出所需的圆锥面。

靠尺装置一般要自制，也有作为车床附件供应的。

机械靠模装置的底座固定在床身的后侧面，如图6-40所示。底座上装有靠模尺，靠模尺可以根据需要扳转一个斜角（α）。使用靠模时，需将中溜板上螺母与横向丝杠脱开，并把长板与滑块连接在一起，滑块可以在靠模尺的导轨上自由滑动。这样，当床鞍做自动或手动纵向进给时，中溜板与滑块便可一起沿靠模尺方向移动，即可车出圆锥斜角为α的锥面。加工时，小刀架需扳转90°，以便调整刀的横向位置和切削深度。

靠模法可加工较长的内、外锥面，圆锥斜度不大，一般$\alpha < 12°$，若圆锥斜度太大，中

溜板由于受到靠模尺的约束，纵向进给会产生困难。靠模法能采用自动进给，锥面加工质量较高，表面粗糙度值 Ra 可达 $6.3 \sim 1.6 \mu m$，可加工锥度小，较长的内、外圆锥面，适用于成批和大量生产。

3. 成形面车削

在回转体上有时会出现母线不是直线而是曲线（如手柄、手轮、圆球等），由此所形成的这些表面称为成形面。成形面的车削方法有手动法（双手控制法）、成形刀法、靠模法和数控法等。

（1）双手控制法　操作者双手同时操作中滑板和小滑板手柄移动刀架，使刀头运动的轨迹与要形成的回转体成形面的母线尽量相符合。它们的合成运动轨迹就是所需要的曲线。运动的特点是连续的纵横变速的曲线运动，双手控制车削成形面难度较大，其要领在于两手动作要协调，如图 6-41 所示。成形面可用样板度量（见图 6-42）。

 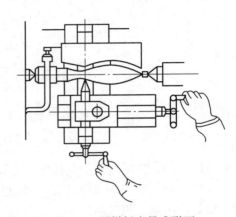

图 6-41　双手控制法车成形面　　　　　　图 6-42　用样板度量成形面

（2）成形刀法　成形刀法是指切削刃形与工件回转表面的成形面的母线一致，通过车床的横向进给直接车出成形面。此方法必须有专用成形刀，设计、制造复杂，成本较高，此方法用于批量生产。

（3）靠模法　图 6-43 所示为用靠模法加工手柄的成形面。此时刀架的横向滑板已经与丝杠脱开，其前端的靠模拉杆上装有滚轮，当刀架纵向进给时，拉杆上滚轮在靠模曲线槽内做强制运动，从而使刀架上的刀尖随着曲线轨迹移动，加工出相应的成形面（手柄的成形面）。靠模法加工成形面操作简单，生产率也较高，但须制造靠模曲线槽，曲线槽精度直接影响成形面的形状精度，因而多用于有一定精度要求成形面的批量生产中。

（4）数控法　数控法是用数控车床的纵向（Z）进给与横向（X 轴）进给联动功能，实现刀尖曲线运动轨迹，从而车削出成形面，此方法是车床数控化的新的车削功能，完全由数控车床自动完成，只是需要编制相应的加工程序，是目前普通车削加工向数控车削加工发展的必然结果。

4. 滚花

滚花是用滚花刀在原本光滑的工件表面挤压，使其产生塑性变形而形成凸凹不平但均匀一致的花纹（见图 6-44）。滚花的花纹有直纹和网纹两种，滚花刀（见图 6-45）也分直纹滚

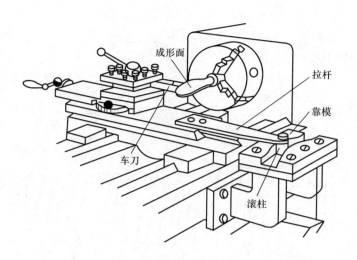

图 6-43　用靠模法车成形面

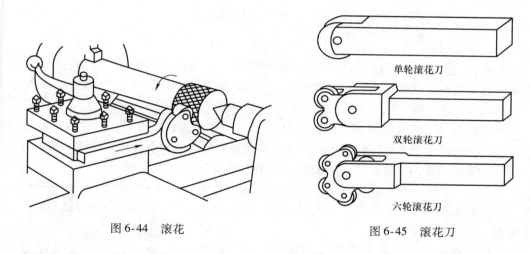

图 6-44　滚花

单轮滚花刀

双轮滚花刀

六轮滚花刀

图 6-45　滚花刀

花刀和网纹滚花刀，刀纹也有粗细之分，工件上花纹的粗细取决于滚花刀花纹的粗细。滚花时工件受的径向力大，工件装夹时应使滚花部分靠近卡盘；滚花时工件转速要低，要充分的润滑，以减少塑性流动的金属对滚花刀的摩擦和防止细屑滞塞在滚花刀内产生乱纹。

六、螺纹车削加工

1. 螺纹简介

普通螺纹各部分名称、定义、基本计算方法如下（见图6-46）。

牙型角 α ——螺纹在轴线方向剖面的牙型角度。

螺距 P ——相邻近两牙沿轴线方向的距离。

大径 D、d ——外螺纹的牙顶直径（内螺纹牙底直径）。

小径 D_1、d_1 ——外螺纹的牙底直径（内螺纹牙顶直径）。

中径 D_2、d_2 ——平分螺纹理论高度（一个假想圆直径）。

理论高度——螺纹牙型三角形的高度。

工作高度 h——内螺纹与外螺纹实际啮合的高度。

牙型高度——等于螺纹外径和内径差数的一半值。

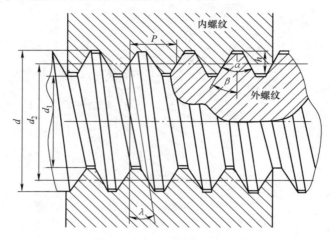

图 6-46　普通螺纹的公称尺寸

2. 螺纹加工过程

在车床上车螺纹时，螺纹车刀切削部分的形状必须与将要车的螺纹的牙型相符，螺纹车刀的尖角与螺纹的牙型角相等（用对刀板检验）。车普通螺纹的螺纹车刀尖角 $\varepsilon_r = 60°$，前角 $r_o = 0°$。车削过程如下：

（1）安装工件　工件的安装方法同车外圆基本一样，要装正夹紧，以免在车螺纹中松动而乱扣。用外圆车刀车外圆并倒角，如果是阶梯轴则应在阶梯根部车螺纹退刀槽。

（2）安装螺纹车刀　螺纹车刀中心线应与工件轴线垂直，且刀尖要与工件的轴线保证等高。螺纹车刀牙型角 α 一般要使用角度样板对刀，以保证与所车制螺纹的牙型相符（见图6-47）。

（3）调整机床　首先是根据所加工螺距 P 大小，在车床的床头铭牌上可以查出变换手柄的位置；并调整进给箱变换手柄的位置及挂轮，若仍不能满足要求则要计算并调整挂轮；其次是脱开车床光杠改用丝杠传动，选取主轴转速低速挡，以便有足够的时间退刀。然后按螺纹的旋向，调整三星挂轮换向机构，最后再检查溜板导轨的间隙，以免间隙过大而引起扎刀。

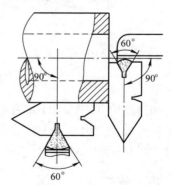

图 6-47　螺纹车刀的形状及对刀

螺纹车削的加工余量比较大，若整个牙型高度较深，应分几次走刀切完，每次走刀的背吃刀量由中溜板上刻度盘来控制，必须落在第一次走刀车出的螺纹槽内，否则就会"乱扣"而成为废品。第一刀的背吃刀量大一些，以后逐次减少，最后一刀的背吃刀量不要小于 0.15mm。车至螺纹终了时要先及时快速退出车刀，再停车手动返回。为了保证二次进刀不"乱扣"，丝杠与工件的螺距之比不为整数倍时不许脱开对开螺母返回。

3. 车削螺纹的方法与步骤

车削螺纹之前应先在螺纹起始端车出 45°或 30°倒角，操作如图 6-48 所示。

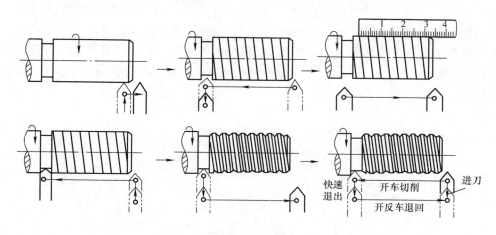

图 6-48　车螺纹的操作

1）使车刀与工件轻微接触记下刻度盘读数，向右退出车刀。

2）合上对开螺母，在工件表面上车出一条螺旋线，横向退出车刀，停机。

3）反转使车刀退到或手动返回至进刀的初始位置，然后用金属直尺检查螺距是否正确。

4）利用横向刻度盘手柄，调整背吃刀量，开车切削。

5）车刀将至行程终了时，应做好退刀停机准备，先快速退出车刀，然后停机反转退回刀架。

6）再次横向进背吃刀量继续切削，往复其切削过程。

一般精度螺纹车削用螺纹环规（螺纹塞规）进行检查（见图 6-49）。

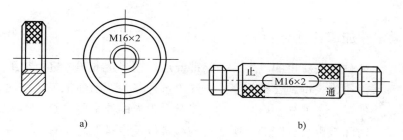

a)　　　　　　　　　　　　　　　　　　b)

图 6-49　螺纹量规

a）检查外螺纹的螺纹环规　b）检查内螺纹的螺纹塞规

4. 车削螺纹的进刀方法

车削螺纹的进刀方法通常有直进法、左右进刀法、斜进法三种（见图 6-50）。

（1）直进法　车螺纹时只用中溜板横向进刀。螺纹车刀左右刀刃及刀尖全部同时参加切削，此法操作简便，但是容易扎刀。因而常用于车削小螺距或脆性材料的螺纹，还用于最后一次进刀精车螺纹。

（2）左右进刀法　车螺纹时除了用中溜板横向进刀外，同时用小溜板带动车刀左右微量进给相配合，使得左右刀刃交替切削，此法适用于塑性材料和大螺距的螺纹粗车。

（3）斜进法　车螺纹时除了用中溜板横向进刀外，小溜板也同时向一个方向进给。使螺纹车刀基本上只有一个刀刃参加切削，由于是单刃切削，车刀受力较小，散热和排屑较好，因而不容易引起扎刀。不过螺纹牙形有一面表面较粗糙，此法适用于大螺距或塑性材料螺纹的粗车。

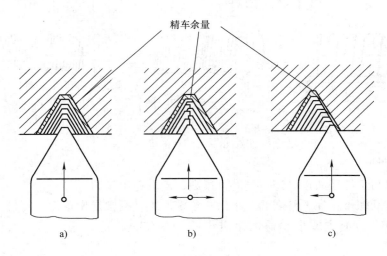

图 6-50　车螺纹的进给方法
a）直进法　b）左右进刀法　c）斜进法

第五节　车削典型零件示例

一、典型零件加工工艺分析

生产过程中，各种方法获得的毛坯，一般都要通过按一定的顺序进行加工，使之达到图样要求的精度和表面质量，得到合格的零件。这个过程称为切削加工工艺过程。显然，工艺过程不同，所采用的机床、夹具、刀具、量具以及对工人的技术要求都有很大的不同，所耗费的材料、劳动、时间等也会有差别，所获得的经济效益也必然有大有小。因此，工程技术人员往往制定出几个不同的方案，然后选取在具体生产条件下最合理的一个，争取做到"优质、高产、低耗"，同时保证工人的安全和良好的劳动条件。制定切削加工工艺方案的基本步骤可以归纳如下。

1. 典型零件加工工艺分析

检查零件图的完整性和正确性，包括检查视图、尺寸、公差和技术要求是否齐全和合理，若有问题应及时提出，并与有关的设计人员共同研究，以作适当、必要的修改，然后对零件的技术要求进行详细的分析。在了解零件的结构、形状和尺寸的基础上，判断零件上各待加工表面的种类：平面、外圆、内孔、成形面及其他特殊面，分析其精度（包括尺寸精度、形状精度和位置精度）和表面粗糙度要求是否合理，并粗略考虑它们的加工方法。例如，平面—铣、刨、磨、拉等；外圆—车、磨等；内孔—车、钻、铰、镗、磨、拉等。同时，还要详细分析图样上的材料、热处理等各项技术要求，以及标题栏中的零件数量等。

2. 选择毛坯

毛坯的选择不但直接影响毛坯制造的工艺性、生产成本、设备条件，同时也影响切削加工的工艺装备、能源消耗以及工时定额等。当然，也影响零件本身的使用性能。要正确地选择毛坯，可以从以下几个方面来考虑。

1）毛坯的材质必须满足零件的使用要求。

2）零件的形状、尺寸应适合毛坯生产。例如，直径较大的阶梯轴应选用锻件；形状复杂的箱体类零件应考虑选用铸造毛坯；尺寸大的零件考虑选用焊接件、自由锻件或砂型铸件，而尺寸较小的零件则考虑选用模锻件、金属模锻件、熔模铸件等。

3）根据本厂设备与技术条件考虑毛坯生产的可能性。

4）根据零件的生产数量考虑毛坯生产的经济性。

以上原则在选择毛坯时很难一一得到满足，应根据具体情况权衡利弊，综合考虑，尽量做到使零件的生产成本低，使用性能高。

3. 选择定位基准

定位基准是切削加工中工件定位的依据。合理选择定位基准对保证加工精度、安排加工顺序和提高生产率有着重要的影响。定位基准有粗基准和精基准两类，粗基准以毛坯表面作为定位基准，而精基准则以加工过的表面作为定位基准。

（1）粗基准的选择原则

1）选取不加工的表面作粗基准。如果有多个不加工表面，则应选与加工表面位置精度要求高的表面作粗基准。

2）若所有表面都加工，则应选加工余量小的表面作粗基准。

3）选取要求加工余量均匀的表面作粗基准。

4）选取光洁、平整、面积足够大、装夹稳定的表面作粗基准。

5）由于粗基准的定位精度低，因此，粗基准在同一尺寸方向上通常只允许使用一次。

（2）精基准选择原则

1）基准重合原则。尽可能使定位基准和设计基准重合，以清除基准不重合误差。

2）基准同一原则。尽可能使用同一个定位基准加工各表面，以保证各表面间的位置精度。

3）互为基准原则。当两个加工表面之间的精度要求很高时，可以采取互为基准的原则，反复多次进行精加工。

4）自为基准原则。以加工表面本身作为定位基准，适于对加工余量小而均匀的表面进行精加工或光整加工。

上述定位基准的选择原则，在实际应用中可能会出现相互冲突的情况，这时应根据生产的具体情况，全面分析整个加工工艺过程中的工艺基准，抓住问题的关键进行合理选择。

4. 拟定典型零件车削加工工艺路线

拟定加工工艺路线就是把加工工件所需的各个工序按顺序排列出来。它主要包括选择加工方法、安排加工顺序、选择机床及夹具、量具、刃具等。其间要以产品质量、生产率和经济性三方面的要求为出发点，经综合分析后，科学地制订出最佳工艺路线。

（1）选择加工方法　加工方法的选择，应根据工件的结构形状、加工表面的精度和表面粗糙度要求、生产类型、材料性质，并结合生产厂的具体生产条件来综合考虑，进行合理选择。

（2）安排加工顺序　合理安排加工顺序一般应遵循以下原则。

1）基准先行。作为精基准的表面应首先安排加工，因为后面的加工要以它来定位。如轴类零件的中心孔，箱体类零件的底面等。

2）先粗后精。粗、精加工分阶段进行，可以保证零件加工质量，提高生产效率和经济效益。

3）先主后次。主要表面的粗加工和半精加工一般都安排在次要表面加工之前，其他次要表面如非工作表面、键槽、螺钉孔等可穿插在主要表面加工工序之间或稍后进行，但应安排在主要表面最后精加工或光整加工之前，以防止加工过程中损坏已加工的高精度表面。

4）工序的集中与分散。二者各有优缺点，应根据生产类型、零件的结构特点及本厂的现有设备等进行综合分析决定。

5）适当安排热处理工序。为保证良好的切削性，粗加工前可安排退火或正火；调质一般安排在粗加工后，半精加工之前；淬火、回火一般为最终热处理，其后安排磨削加工。

6）检验工序。常安排在粗加工之后，主要工序前，转移工件前以及全部加工结束之后。特种检验另行安排。

7）其他工序，如表面处理、镀铬、发蓝处理等均安排于全部加工之后；去毛刺、清洗等可安排在工序间穿插进行；打件号一般是打号面加工完后打出，以备后续工序使用，若后续工序不用可放在最后打出。

（3）机床和夹具、量具、刃具的选择　工件上各加工面的加工顺序和加工方法确定后，就可根据零件的尺寸、精度要求和生产类型，确定适当的机床型号及夹具、量具、刃具和其他辅助工具。

机床设备的选择主要有以下原则。

1）机床的主要规格尺寸应与加工零件的外形尺寸相适应。

2）机床的精度应与工序要求的加工精度相适应，在保证质量的前提下选加工成本低的设备。

3）机床的生产率应与加工零件的生产类型相适应。

4）机床的选择应符合生产厂的具体情况，应尽可能避免外协加工。

二、车削典型零件示例

1. 销轴（见图 6-51）

小批量生产时的车削加工步骤，见表 6-3。该销轴选用 $\phi40mm$ 的 45 号钢，车削加工前用锯床下料，总长 320mm（75mm 长，4 件，加料头长 20mm）。

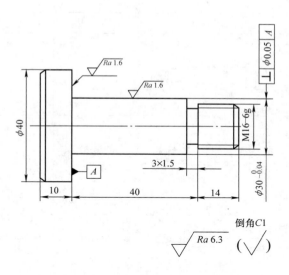

图 6-51　销轴零件图：材料：45

表 6-3　典型零件车削加工工艺

序号	加工内容	加工简图	刀具	夹具	量具
1	车端面，钻中心孔		弯头车刀，中心钻	自定心卡盘	游标卡尺
2	粗车 $\phi16mm \times 75mm$ $\phi13mm \times 64mm$ $\phi11mm \times 16mm$		90°偏刀	自定心卡盘，顶尖	游标卡尺
3	切退刀槽 $\phi8mm \times 3mm$		切槽刀	自定心卡盘，顶尖	游标卡尺
4	精车 $\phi12mm$ $\phi10mm \times 16mm$		90°偏刀	自定心卡盘，顶尖	游标卡尺

（续）

序号	加工内容	加工简图	刀具	夹具	量具
5	倒角 1×45°			自定心卡盘，顶尖	
6	车 M10 螺纹		60°三角螺纹刀	自定心卡盘，顶尖	金属直尺，样板
7	切断，全长 71mm		切断刀	自定心卡盘，顶尖	游标卡尺
8	掉头，车球面 R20 用双手同时操纵		45°弯头车刀	自定心卡盘	游标卡尺
9	检验				卡尺，金属直尺，螺纹环规

2. 衬套（见图 6-52）

小批量生产时的车削加工步骤见表 6-4。该衬套选用 $\phi30$ 的 45 号钢，车削加工前用锯床下料，总长 220mm（25mm 长，8 件）

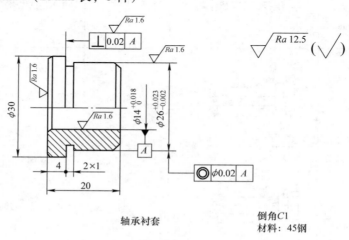

轴承衬套

倒角C1
材料：45钢

图 6-52 衬套零件图

表 6-4 典型零件车削加工工艺

序号	加工内容	加工简图	刀具	夹具	量具
1	车端面，钻中心孔		弯头车刀，中心钻	自定心卡盘，	游标卡尺
2	钻孔 $\phi13mm \times 30mm$		钻头，铰刀	自定心卡盘，顶尖	游标卡尺
3	粗车 $\phi16mm \times 75mm$ $\phi13mm \times 64mm$ $\phi11mm \times 16mm$ 切退刀槽 $\phi8mm \times 3mm$		90°偏刀	自定心卡盘，顶尖	游标卡尺
4	切槽 $\phi24mm \times 2mm$，保证尺寸 16mm 和 $Ra1.6\mu m$		切槽刀	自定心卡盘，顶尖	游标卡尺
5	精车外圆 $\phi26mm \times 16mm$，扩、铰内孔 $\phi14mm \times 22mm$		90°偏刀	自定心卡盘，顶尖	游标卡尺
6	倒角 $1 \times 45°$		45°弯头车刀	自定心卡盘，顶尖	金属直尺，样板
7	切断，全长 21mm		切断刀	自定心卡盘，顶尖	游标卡尺
8	掉头车端面保证尺寸 20mm，倒角 $1 \times 45°$		45°弯头车刀	自定心卡盘，（夹 $\phi26$ 时，垫铜皮）	游标卡尺
9	检验	—	—	—	卡尺，金属直尺

第七章　铣削、刨削、磨削加工

第一节　铣削、刨削、磨削实训概述

铣削、刨削和磨削是传统切削加工工艺的重要组成部分，可完成机械零件各类平面、斜面、成形面、沟槽等外形的成形，此外，还可完成部分孔的加工。

一、铣削、刨削、磨削实训目的和要求

1. 铣削、刨削、磨削实训的基本知识要求

1）了解铣床、刨床和磨床的加工基本知识、发展现状。

2）了解机床的用途与型号，机床的主要构成及作用。

3）了解三种机床对应的刀具材料、刀具特点、类型和结构特点。

4）了解三种机床上工件的常用装夹方法，了解机床的常用附件的原理与用途。

2. 铣削、刨削、磨削实训的基本技能要求

1）掌握铣床、刨床和磨床的基本操作方法。

2）掌握铣削、刨削和磨削的基本加工方法，能够完成简单表面的加工。

3）熟悉常用的测量方法。

二、铣削、刨削、磨削实训安全守则

1. 操作前必须熟知第一章实训安全的内容，并自觉遵守。

2. 操作前须让机器空转，检查机器的声音正常后才能继续操作；铣削时先看铣床工作台运动是否平稳，刨削时滑枕是否有侧向晃动，磨削时要检查砂轮是否有裂纹，磁性吸盘和换向挡块能否正常工作。

3. 开始切削时吃刀不要太猛，应逐渐增大到正常状态，以防损伤刀具、工件或设备而造成事故。

4. 机床运行时禁止变速操作、调整机床、清除切屑和工件测量等。

5. 装卸工件或离开机床时，必须停机。

6. 铣床自动走刀时须先检查行程限位器是否位置正确和可靠，不得同时启动两个进给方向的机动进给。

7. 操作中出现异常现象应及时停车检查，出现事故或故障应立即切断电源，通知指导老师，检修、修复前不得使用。

8. 不得用手触碰刀具、砂轮和主轴，除屑应用工具进行，禁止用手抓或用嘴吹。

9. 操作时正确站位：铣削时与铣削工件保持一定的距离，刨削时站在滑枕的侧面，磨削时站在砂轮的侧面，以免切屑伤人。

第二节　铣　削

一、铣削概述

铣削是指在铣床上利用多刃刀具（即铣刀），在刀具的旋转（主运动）和工件的移动（或转动，进给运动）配合下，去除工件表面的余量，从而获得所要求工件形状的加工方法。

铣削加工的范围非常广泛，可加工平面、台阶面、沟槽（包括键槽、直角槽、角度槽、燕尾槽、T形槽、圆弧槽、螺旋槽）和成形面等。此外，还可以进行孔加工（钻孔、扩孔、铰孔、镗孔）和分度工作。一般铣削加工的精度可达 IT9 ~ IT8，表面粗糙度为 $Ra1.6 \sim 6.3\mu m$。

如图 7-1 所示为铣削加工的主要加工范围。

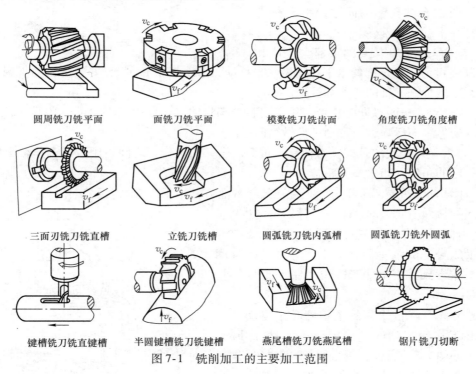

| 圆周铣刀铣平面 | 面铣刀铣平面 | 模数铣刀铣齿面 | 角度铣刀铣角度槽 |

| 三面刃铣刀铣直槽 | 立铣刀铣槽 | 圆弧铣刀铣内弧槽 | 圆弧铣刀铣外圆弧 |

| 键槽铣刀铣直键槽 | 半圆键槽铣刀铣键槽 | 燕尾槽铣刀铣燕尾槽 | 锯片铣刀切断 |

图 7-1　铣削加工的主要加工范围

二、铣床

铣床的种类很多，按其主轴的空间位置不同，可分为卧式铣床和立式铣床；按其床身的不同，可分为单柱铣床和龙门铣床；按其用途不同，可分为普通铣床和专门用途铣床；按其运动控制系统不同，又可分为传统加工铣床和数控铣床。其中，卧式铣床和立式铣床应用最多，卧式铣床的主轴是水平布置的，而立式则是垂直布置，并与工作台平面垂直。

1. 卧式万能铣床

这类铣床中应用最广泛的是卧式万能升降台铣床，主要用于铣削中小型零件上的平面、沟槽，尤其是螺旋槽和多齿零件。图 7-2 显示了 X6132 卧式升降台铣床的主要组成部分。

机床编号 X6132 中，X 表示该机床的类代号为铣床类，61 表示该机床的型组代号为卧式万能机床，32 表示该机床的主参数（工作台工作面宽度）为 320mm。

X6132 卧式万能升降台铣床的主要组成部分包括：

1）床身与底座，铣床起支撑主体作用的直立部分和安装基座，用于固定和支撑铣床上的所有部件。

2）主轴，卧式布置在床身的上部，为空心轴，前端有锥孔和端面键，用于安装铣刀导杆并带动铣床旋转。

3）悬梁，布置在床身的顶部，其悬出长度可调（可沿床身顶部的水平导轨做水平移动，手工调整），用于安装铣刀轴支架和支撑铣刀轴，以减少铣刀轴的弯曲和颤动。

4）工作台，也叫纵向工作台，用于安装铣床附件、夹具和工件，可沿其下方布置的转台上的导轨做纵向运动，以带动工件做纵向进给。

5）转台，万能型的卧式铣床特有，布置在床鞍和工作台之间，用于将工作台在水平面内扳转一定的角度（可达 ±45°）。

6）床鞍，也叫横向工作台，布置在升降台上方，用于支撑转台和工作台，可沿升降台上的横向导轨做横向运动，带动工件做横向进给。

7）升降台，是工作台及以下各部件的支撑部件，可沿床身上的垂直导轨做上下移动，既可用于调整工作台到铣刀的距离，也可带动工件作垂直进给。

卧式万能升降台铣床的主轴旋转主运动的传动系统和工作台移动的进给传动系统是分开的，分别由不同的电动机驱动；通过单手柄操纵机构，工作台在三个方向均可实现快速移动。

2. 立式铣床

立式铣床用于铣削中小型零件上的平面、沟槽、螺旋槽和多齿零件等，广泛应用的是升降台立式铣床，如图 7-3 所示，典型型号如 X5032。

与卧式铣床相比，其组成部分和运动基本相同。区别在于，其顶部无水平导轨和悬梁，而是设置了一个立式铣头，主轴布置在铣头里，用于

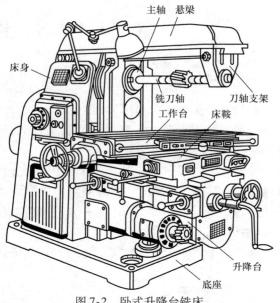

图 7-2　卧式升降台铣床

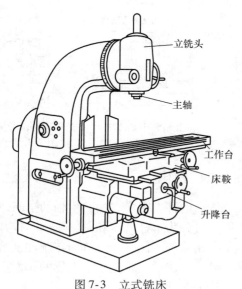

图 7-3　立式铣床

164

安装铣刀；另外，立铣头和床身之间设置了一个转盘，可使主轴与工作台倾斜一个角度，用于铣削斜面。

三、铣床常用附件

铣床的常用附件有机用虎钳、分度头、回转工作台和万能铣头等，如图7-4所示。

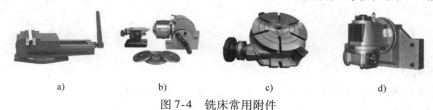

图 7-4　铣床常用附件

a）机用虎钳　b）分度头　c）回转工作台　d）万能铣头

1. 机用虎钳

机用虎钳是一种通用夹具，常用于安装小型和形状规则的工件，使用时，可将其固定在机床工作台上，用于夹持工件进行切削加工。机用虎钳适用于支架、盘套、板块及轴类等零件，如图7-5所示。

使用时，应保证固定钳口与工作台面的垂直度和平行度，为此，机用虎钳初步安装后需要进行校正，通常用指示表、角尺或划线针进行，然后将机用虎钳紧固。

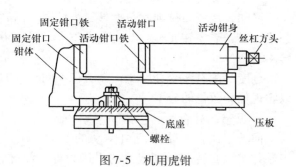

图 7-5　机用虎钳

2. 分度头

在铣削加工或钳加工中，常会遇到铣六方、齿轮、花键和刻线等工作，在工件每铣过一面或槽之后，需要转过一个角度再铣下一面或槽，这种工作就是分度。分度头就是根据这类加工需要而设计的，能对工件在水平、垂直和倾斜位置进行分度的机床附件。

万能分度头应用最多，如图7-6所示。基座上装有回转体，而分度头的主轴、主轴前端的自定心卡盘或顶尖则安装在回转体内，可以随回转体在铅锤平面内摆动。分度时，摇动分度手柄，通过蜗轮蜗杆带动分度头主轴旋转完成分度。

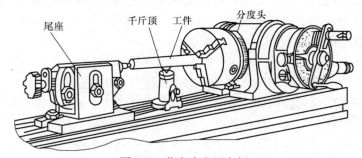

图 7-6　分度头应用实例

FW250是最常用的分度头型号，其工作原理如图7-7所示。手轮带动的单线蜗杆与分度头主轴的传动比是1:40，即手轮转一圈，则主轴转1/40圈；若加工一个齿数为 z 的齿轮，

165

每加工一个齿槽后加工下一齿槽时工件（即分度头主轴）需分度 $1/z$ 圈，手轮需要转过的圈数 n 有如下关系：

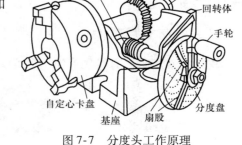

$$1 : \frac{1}{40} = n : \frac{1}{z} \quad \text{即} \quad n = \frac{40}{z}$$

式中　n——分度手轮圈数；

　　　z——工件圆周等分数。

上述公式一般为分数，可化简为：

$n =$ 整圈数 + 分数表示的不足 1 圈的圈数

图 7-7　分度头工作原理

分度头上带有其上有很多等分孔的分度盘，就是为了实现上述公式中的第二项分度不足 1 圈的圈数要求的。

例如，用铣刀铣削四方，每铣完一边后铣下一边，分度手轮要转的圈数为 $n = 60/4 = 15$，即手轮旋转 15 圈即可实现。

又如，用铣刀铣削六角螺母，每铣完一面后分度手轮要转多少圈再铣第二面，则由上述公式可得，需要转 $n = 40/6 = 6 + 4/6 = 6 + 44/66$ 圈，即手轮转 6 个整圈，再在 66 个孔圈上转 44 孔。

分度头配有多个分度盘，盘上在不同直径的圆周上有多圈不同数量的均布孔，这样就可以实现任意数量的分度。

3. 回转工作台

回转工作台是指带有可转动的台面、用以装夹工件并实现回转和分度定位的机床附件，简称转台、转盘、平分盘或圆形工作台等，如图 7-8 所示。

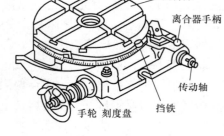

回转工作台可以用于满足工件沿圆周分度或铣削工件上的圆弧表面的要求，有手动进给和机动进给两种。工作前，回转工作台需要先通过 T 形螺栓固定在机床工作台上，而回转台中央有一孔，可用于确定转盘的回转中心，工件则固定在转盘上。

图 7-8　回转工作台

手动时，将离合器手柄置于中间位置，摇动手轮，就能直接带动与回转台相连的蜗轮转动实现进给；当需要机动进给时，则需将离合器手柄置于两边位置（取决于回转台的旋向），同时，将传动轴与万向节头连接，由铣床的传动系统来驱动回转台完成进给。

4. 万能铣头

万能铣头和立铣头都是卧式升降台铣床的主要附件，用以扩大铣床的使用范围和功能。

将卧式铣床的悬梁向后面推回，装上万能铣头或立铣头，铣头的底座用四个螺栓固定在铣床垂直导轨上，这样，卧式铣床就具有了立铣的功能，可以一机多用。

万能铣头或立铣头是用齿数比为 1:1 的直齿轮和一对弧齿圆锥齿轮将卧铣主轴的转动传递到万能铣头或立铣头的主轴上，铣头主轴的转速级数与铣床的转速级数完全相同。

装上立铣刀后，铣头主轴直立可以铣垂直面，将铣头主轴扳转某一角度可以铣斜面，而万能铣头的主轴可以在相互垂直的两个回转面内回转，如图 7-9 所示。

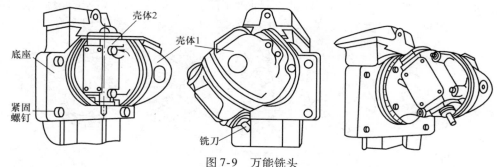

图 7-9 万能铣头

通过万能铣头的应用，卧式铣床不仅可以完成卧铣、立铣的工作，还能铣削各个倾斜方向上的平面、沟槽及成形面，大大地拓宽了卧式铣床的功能。

四、铣刀

铣刀是一种多刃刀具，种类很多。

1. 铣刀的类型

按材料不同，铣刀可分为高速钢和硬质合金两大类；按刀齿与刀体的结合形式可分为整体式和镶齿式；按铣刀在机床上的安装方法可分为带孔铣刀和带柄铣刀；按铣刀的用途和形状可分为加工平面铣刀、沟槽铣刀以及加工特形面的铣刀。

1）加工平面铣刀。加工平面用的铣刀主要包括面铣刀和圆柱铣刀，如图 7-10 所示。面铣刀的切削工作部分为铣刀端面，圆柱铣刀则为圆柱面。如果是加工比较小的平面，也可以使用立铣刀和三面刃铣刀。

2）沟槽铣刀。加工直角沟槽用的铣刀主要有立铣刀、键槽铣刀、三面刃铣刀和锯片铣刀等。其中，立铣刀的螺旋角较大，齿数随直径增大而增多；键槽铣刀螺旋角较小，一般为 2 齿，可轴向进给。加工特形槽的铣刀主要有 T 形槽铣刀和燕尾槽铣刀，如图 7-11 所示。

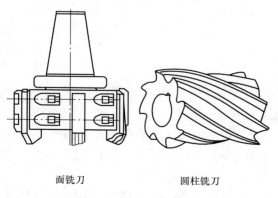

面铣刀   圆柱铣刀

图 7-10 加工平面铣刀

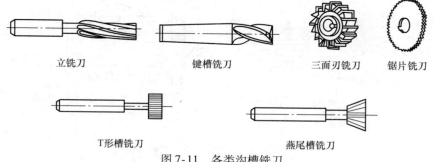

立铣刀   键槽铣刀   三面刃铣刀   锯片铣刀

T形槽铣刀   燕尾槽铣刀

图 7-11 各类沟槽铣刀

167

3）加工特形面铣刀。根据特形面的形状而专门设计的成形铣刀又称特形铣刀，如内圆弧铣刀、外圆弧铣刀、模数铣刀、单角度铣刀和双角度铣刀等，如图7-12所示。

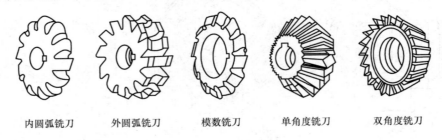

内圆弧铣刀   外圆弧铣刀   模数铣刀   单角度铣刀   双角度铣刀

图 7-12   特形面铣刀

2. 铣刀的安装

铣刀的安装形式取决于铣刀的结构。

1）带孔铣刀。带孔铣刀如圆柱形铣刀、三面刃铣刀、模数铣刀以及圆弧铣刀等，安装时需要使用长刀杆，如图7-13所示。

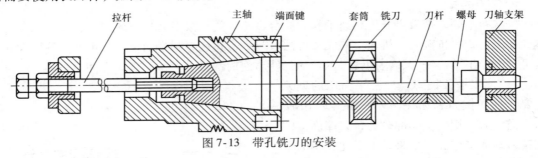

拉杆   主轴   端面键   套筒   铣刀   刀杆   螺母   刀轴支架

图 7-13   带孔铣刀的安装

这类铣刀安装的特点是采用双支撑（主轴和刀轴支架）固定刀杆，可提高铣削时切削系统的刚度，减小振动，保证加工精度。

2）带柄铣刀。带柄铣刀分锥柄和直柄两种，锥柄用于直径规格较大（一般22mm以上）的铣刀，直径越大，锥柄的号数越大（莫式锥号）。锥柄和直柄铣刀因结构差异，在机床上的安装是不同的。

锥柄铣刀的安装如图7-14a所示。安装时，若锥柄铣刀的锥度与主轴孔锥度相同，铣刀可直接装入铣床主轴中，并用拉紧螺杆将铣刀拉紧，否则，则需利用大小合适的变锥套筒将铣刀装入主轴锥孔中。

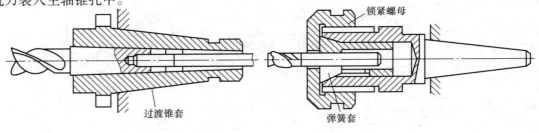

锁紧螺母

过渡锥套

弹簧套

a)   b)

图 7-14   带柄铣刀的安装
a）锥柄铣刀   b）直柄铣刀

直柄用于小直径铣刀。安装时，刀具需要通过弹簧套夹持后再放入主轴孔中，如图 7-14b 所示。

五、铣削平面、斜面、台阶面

1. 铣削平面

铣床上铣削平面是指加工工件上一个独立的、较大的面，有圆周铣和端铣两种加工方法，如图 7-15 所示。

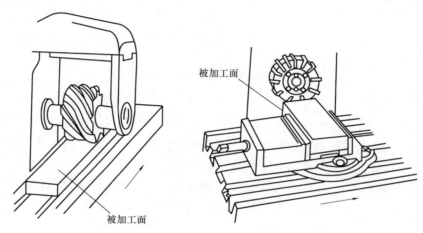

被加工面

被加工面

图 7-15　铣削平面

1）端铣。端铣是平面加工的主要方法。端铣时，参与切削的刀齿较多，故切削平稳，并且端面刀齿副的切削刃有修光作用，所以加工质量好，切削效率高，刀具耐用。

2）圆周铣。圆周铣是利用分布在铣刀圆柱面上的刀刃（直刃或螺旋形刃）进行铣削而形成平面的，有顺铣和逆铣两种方式。

顺铣是指在铣刀与工件已加工面的切点处，铣刀切削刃的线速度运动方向与工件进给方向相同，如图 7-16a 所示。铣削时，刀齿切入点处的切削厚度大，容易切入工件，刀具磨损小。工件受铣刀切削力的向下分力作用，增加了压紧效果，切削平稳，加工表面质量好，利于提高切削速度。另一方面，铣刀对工件切削力的水平分力方向与进给方向相同，驱动工作台进给的丝杠螺母副间的间隙存在会引起机床的振动、窜动或抖动，使切削过程的平稳性变差，限制了顺铣法在实际生产中的应用。

逆铣是指在铣刀与工件已加工面的切点处，铣刀切削刃的线速度运动方向与工件进给方向相反，如图 7-16b 所示。铣削时，刀齿切入的切削厚度由零逐渐增大到最大，因刀齿的切削刃口存在一定的钝圆和材料的塑性作用，刀齿在接触工件后要滑行一段距离后才能切入工件，刀刃与工件摩擦严重，故刀具磨损较大，工件已加工表面的粗糙度增大。铣刀对工件切削力的垂直分力是向上的，故对工件的压紧力有一定抵消作用，特别是切削厚度较大时。另一方面，因铣刀对工件切削力的水平分力与进给方向相反，工作台下的丝杠螺母副始终保持紧密接触，故工作台不会发生窜动，不会出现打刀现象。一般，在生产中的圆周铣多用逆铣方式进行。

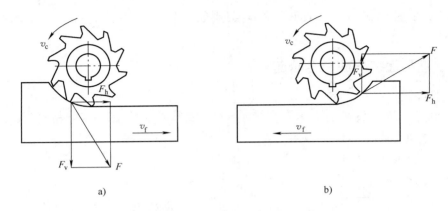

图 7-16　平面的圆周铣
a）顺铣　b）逆铣

2. 铣削斜面

工件的斜面一般是指相对工件的主要外形基准倾斜的平面。加工斜面的方法很多，包括通过工件倾斜、刀具刃口倾斜和刀具主轴倾斜的方式来实现。

1）工件倾斜铣斜面，即通过夹具对工件的夹持，使工件相对工作台平面倾斜一个角度，如图 7-17 所示，夹具包括机用虎钳、分度头或专门设计的夹具。

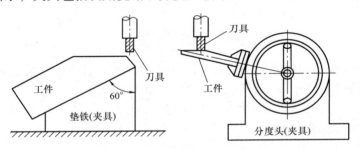

图 7-17　工件倾斜铣斜面

2）刃口倾斜铣斜面，即通过角度铣刀或成形铣刀完成斜面的铣削，如图 7-18 所示。

3）刀具主轴倾斜铣斜面，一般是通过万能铣头扳转一个角度来实现的，如图 7-19 所示。

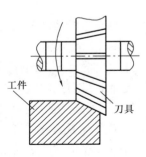

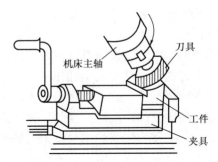

图 7-18　刃口倾斜铣斜面　　　　图 7-19　刀具主轴倾斜铣斜面

3. 铣削台阶面

台阶面是指工件上介于顶面和底面之间且与其平行的平面，如图7-20所示。

铣台阶面时，刀具要同时切削两个相互垂直的平面，一般有以下几个方法。

1）用三面刃盘铣刀加工台阶面，如图7-21所示。正确安装后，可通过试切确定背吃刀量和切削宽度，若余量较大，可分多次进行。

2）用立铣刀加工台阶面，如图7-22所示。

3）用组合铣刀加工台阶面，如图7-23所示。这种情形用于具有两个完全相同且对称台阶面的工件，可在卧式铣床上完成。

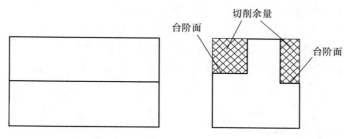

图7-20 台阶面

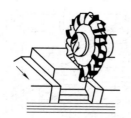

图7-21 三面刃盘铣刀加工台阶面　图7-22 立铣刀加工台阶面　图7-23 组合铣刀加工台阶面

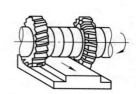

六、铣沟槽

工件上的沟槽很多，如普通直槽、各种轴上键槽、轴上花键槽、T形槽、燕尾槽、渐开线齿槽以及各种特形槽等。按槽的纵向形状不同，沟槽有通槽、半通槽和封闭槽三类。

轴上花键槽的加工一般在花键机床上完成，当单件少量时也可在铣床上进行。铣削时，用三面刃盘铣刀先加工一个槽的一侧，然后分度，反复进行完成所有槽的同一个侧面，然后用同样的方法完成另一侧面。

渐开线齿槽可用模数盘铣刀或指形铣刀在铣床上加工完成，一次完成整个槽面的加工。

常用的沟槽，如普通直槽、轴上键槽、T形槽、燕尾槽的加工分述如下。

1. 普通直槽的加工

普通直槽指一般的矩形槽，其加工原理如图7-24所示。一般可用三面刃盘铣刀、盘形槽铣刀或立铣刀加工，也可用键槽铣刀完成。当槽深较大时，可多次进给完成。

铣削前，工件的定位夹紧至关重要。若工件是块状，可用找正后的机用虎钳夹紧；若是外圆磨削过的轴类工件，也可用机用虎钳夹紧；若是一般的轴类，可借用分度卡盘夹紧一

171

端，另一端用尾座顶尖顶紧，轴刚度较弱时，在轴的中部可增设千斤顶或 V 型块增加刚度；若工件是异形，则可设计专用夹具完成工件的定位与夹紧。

2. 轴上键槽的加工

轴上键槽的形状和普通沟槽相同，但槽宽的尺寸精度较高（一般 IT9），槽两侧的表面粗糙度较小（一般 $Ra3.2\mu m$），对轴线的对称度公差一般要达到 7～9 级。

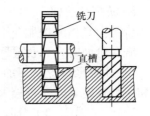

图 7-24　普通直槽的加工

铣键槽工件的安装方法与直槽的相同。

1）用盘形铣刀铣削键槽，可加工通槽、圆角半通槽。

安装工件时，若工件已精加工，可用机用虎钳装夹，如图 7-25 所示。若工件直径精度不足，则可用自定心卡盘和尾座顶尖装夹，中间用千斤顶支撑。

一般地，盘形铣刀的宽度应按照键槽的宽度尺寸选取，槽深一次到位，从键槽的开放端切入。

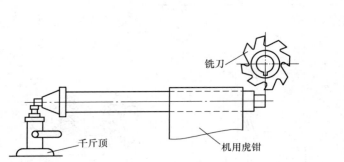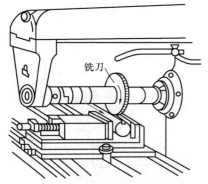

图 7-25　普通直槽的加工

2）用键槽铣刀铣削键槽，主要用于加工封闭槽和直角半通槽，当然也可用于加工通槽。

键槽铣刀一般用于长度较短、精度较高的键槽加工，其装夹方法与盘形铣刀加工时一样，区别在于槽深需要多次加工形成。根据多次加工时刀具和路径的规划，又可分为分层铣削法和粗精铣削法。

分层铣削法，是指直接用符合键槽宽度尺寸的铣刀将工件加工到尺寸，如图 7-26a 所示。铣削时，移动工件使键槽铣刀对准键槽的首端作径向切入，切入一定深度后转为纵向进给，达到另一端后铣刀径向退出，再将工件退回，铣刀再次对准首端，完成一个循环。重复多个循环，即可完成键槽的加工。前面的循环，需在键槽两端留余量 0.2～0.5mm，切削深度控制在 0.5～1mm，最后一个循环时，两端尺寸和底部深度尺寸铣削到位。分层铣削法每次深度控制在 1mm 以内，磨损后可通过端磨修复，便于刀具的复用。

粗精铣削法，是指用粗铣刀具和精铣刀具分别完成铣削任务，即粗铣键槽铣刀完成前面的循环，精铣键槽铣刀完成最后一个循环，如图 7-26b 所示。粗铣键槽铣刀直径比键槽宽度尺寸小 0.3～0.5mm，可以是外圆复磨过的键槽铣刀。粗精铣削法使刀具的耐用度大幅提高，减少了刀具的磨损，键槽的尺寸精度更好。

172

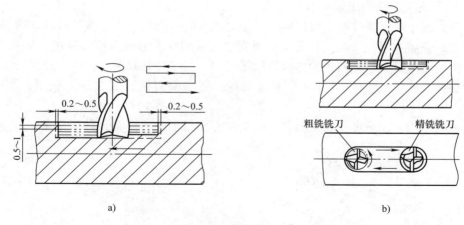

图 7-26 键槽的铣削方法

a）分层铣削法 b）粗精铣削法

3. T 形槽和燕尾槽的加工

T 形槽和燕尾槽的加工分三个步骤：1）铣直槽。2）用相应的 T 形槽铣刀或燕尾槽铣刀铣削内槽。3）用成形铣刀为槽倒角，如图 7-27 所示。

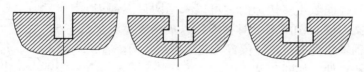

图 7-27 T 形槽加工的三个步骤

T 形槽或燕尾槽必须至少有一端是开放的，以便于刀具的切入，用 T 形槽铣刀或燕尾槽铣刀铣削内槽的情形如图 7-28 所示。

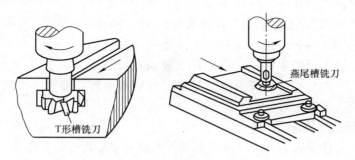

图 7-28 T 形槽和燕尾槽加工时的内槽切削

七、铣等分零件

机械零件中有很多等分表面，如四方、六方、齿轮等。若等分表面是平面，且与轴线平行，则可以在铣床上完成铣削。

铣床上铣削等分面，根据工件的定位、夹持方式和刀具的不同，可以有以下多种形式。

1. 万能分度头上铣削正多边形

当等分体属于轴类零件时，可以借助万能分度头完成铣削。当零件轴较长，两端有中心孔时，工件可安装在万能分度头和尾座的顶尖之间，用立铣刀或面铣刀铣削，如图 7-29 所示。若工件刚度不足，可在两顶尖之间增设千斤顶。当零件轴较短，工件可悬臂安装，即将万能分度头扳至水平位置，用自定心卡盘夹持，用三面刃铣刀或立铣刀铣削，如图 7-30 所示。

铣完一面，用万能分度头将工件转过一个等分角后加工下一面，直至完成。

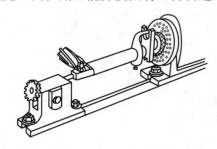 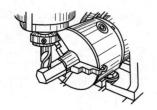

图 7-29　万能分度头上双顶加工正多边形　　　图 7-30　万能分度头上悬臂加工正多边形

2. 组合铣刀铣正多边形

当工件较小且为偶数正多边形时，可以采用两只三面刃铣刀组成的组合铣刀同时铣削两个对称面，以提高效率。加工时，分度头主轴轴线需扳至铅锤位置，与工作台台面垂直，用自定心卡盘夹持工件，如图 7-31 所示。

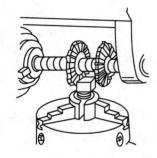

这种方法的要点是组合铣刀要与工件对正。首件工件用于试切以将刀具和工件对正。

首件工件装夹后，横向移动工作台，靠目测将工件与刀具大致对正，锁紧横向工作台，纵向手动进给，铣削一部分后退出，测量两个铣削面的距离 d_0，分度头旋转 180°再切，只有一侧刀具能切到工件，完成后退回。工件此时偏向了吃刀一侧，测量两个铣削面的距离 d_1，则工件需要朝吃刀一侧

图 7-31　万能分度头上组合铣刀加工正多边形

的反方向移动 $(d_1 - d_0)/2$，解锁横向工作台，移动该距离后锁紧，则铣刀和工件的对正工作完成，换上新的坯件后可以加工了。

3. 靠胎定位铣正多边形

当工件较大，且两端没有供夹持的部分时，可以采用靠胎定位工件。

一种情形如图 7-32 所示，在机用虎钳上置一靠胎（V 形块），V 形块的宽度小于工件的长度；V 形块的底面水平，两个 V 形面与底面的角度正好使工件上面需要铣削的平面保持水平而定位，机用虎钳夹紧工件后可以铣削顶面。

另一种情形如图 7-33 所示，将机用虎钳的固定钳口铁做成靠胎（V 形块），V 形块的角度与正多边形的相邻面角度相同。V 形块起定位作用，同时与活动钳口铁一起完成工件的夹紧，然后进行铣削。

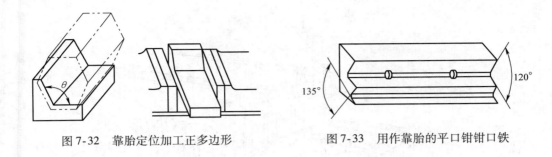

图 7-32 靠胎定位加工正多边形　　　图 7-33 用作靠胎的平口钳钳口铁

第三节　刨削加工

一、刨削概述

刨削是指机床带动刨刀作直线运动实现对工件的切削加工，可用于加工平面、斜面、各种沟槽如直槽、V 形槽、T 形槽、燕尾槽，以及成形表面等，如图 7-34 所示。刨削加工的精度一般为 IT10 ~ IT8，表面粗糙度一般为 $Ra6.3 ~ 1.6\mu m$。

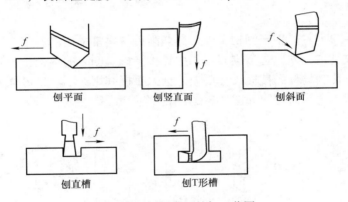

图 7-34　刨削常用的加工范围

刨削常用的机床包括牛头刨床、龙门刨床及立式刨床（插床）。

二、刨床及刨刀

1. 牛头刨床组成及运动

刨削加工最常用是牛头刨床，其结构组成如图 7-35 所示。

工件通过夹具安装在工作台上，夹具可以是机用虎钳、自定心卡盘或其他专门设计的夹具，工件较大时也可通过压板螺栓直接安装在工作台的台面上。

刨刀安装在滑枕前面的刀架上，刀架可相对滑枕扳转一定的角度。

工作时，刀具由滑枕带动作往复运动以完成切削主运动的行程和回程，主切削运动速度可通过变速手柄调整。

横向进给运动用于加工水平面，可手动进给和机动进给；加工斜面或竖直面时，进给运动通过转动刀架上的手轮手动完成。

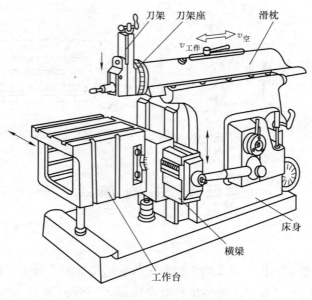

图 7-35　牛头刨床

2. 刨刀

刨刀是一种单刃刀具，用于刨切工件，其切削刃材料常采用高速钢或硬质合金。高速钢刨刀一般为整体式结构，硬质合金刨刀则采用焊接结构。刨刀的结构与车刀相似，只是其承受的冲击力较大，使其导杆的截面尺寸更大。刨刀根据其用途不同，可分为平面刨刀、偏刀或角度偏刀、切刀和弯头刀等，如图 7-36 所示。

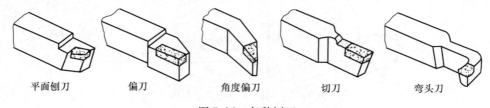

平面刨刀　　　偏刀　　　角度偏刀　　　切刀　　　弯头刀

图 7-36　各种刨刀

三、刨削平面及沟槽

1. 刨削平面

刨削的平面包括水平平面、竖直平面和斜面。

刨削水平平面时，工件在工作台上需正确地定位并夹紧，加工面平行于工作台台面；刨刀安装在刀座上，刀座在刀架上可置于中间位置固定，刀架后的转盘为正位。加工时，横向进给可机动完成；若是精加工，回程时可手工抬刀，以免刨刀划伤工件的已加工表面。刨削水平平面时的情形如图 7-37 所示。

刨削竖直平面时，刀架后的转盘也是正位，即角度指示对准零线，刀座则需适当扳转一定的角度，以使刀杆偏离加工表面，如图 7-38 所示。加工时，工作台不做横向进给，进给运动通过人工转动刀架上的手轮获得，每退刀回程后进给一次。

刨削斜面时，刀架后的转盘需要根据斜面的角度扳转一定的角度，如加工与水平面成60°的斜面时，转盘需转动30°，如图 7-39 所示。刀座则根据刨刀的切削部分形状需要将刀杆偏离加工面。进给运动与刨削竖直平面时相同。

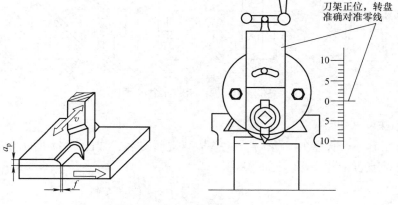

图 7-37　刨水平面

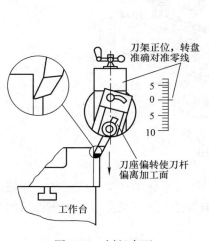

图 7-38　刨竖直面

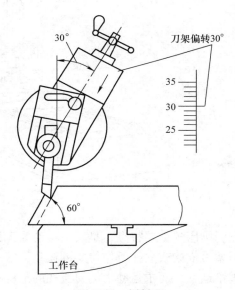

图 7-39　刨斜面

2. 刨削沟槽

沟槽类型很多，如直槽、燕尾槽、T 形槽等。

以刨削 T 形槽为例，需经过刨削直槽、刨削两侧内槽、刨刀倒角三步，每次刨削时的进给方向如图 7-40 所示。

四、龙门刨床和插床简介

刨削常用的机床除了牛头刨床外，还有龙门刨床及插床。

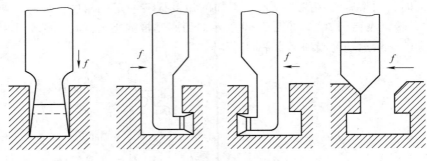

图 7-40　刨沟槽的三个步骤

1. 龙门刨床

龙门刨床因有一个大型的"龙门"式框架结构而得名，如图 7-41 所示。它主要用于大型零件的加工，或若干件小零件同时刨削。

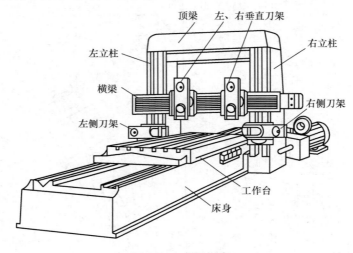

图 7-41　龙门刨床

龙门刨床的主要特点，是其主运动为工作台带动工件所作的往复直线运动，而进给运动则是刀架沿横梁或立柱所作得间歇运动，这一点与牛头刨床正好相反，即牛头刨床的工作台提供进给运动，而主运动由刨刀所在的滑枕提供。

龙门刨床主要由床身、工作台、减速箱、左右立柱、横梁、顶梁、进给箱、左右垂直刀架、左右侧刀架、润滑系统、液压安全器及电气设备等组成。

加工时，工件装夹在工作台上，根据被加工面的需要，可分别或同时使用垂直刀架和侧刀架，垂直刀架和侧刀架都可以垂直或水平两个方向的进给。刨削斜面时，可以将垂直刀架转动一定的角度。

刨床工作台的运动是可变速的，可由直流发电机和电动机组成的调速机组驱动，也可由变频调速系统驱动，以实现无级调速。工作时，工作台驱动系统使工件慢速接近刨刀，待刨刀切入工件后，再增速达到要求的切削速度；工件退出刨刀前减速，慢速离开刨刀，然后工作台再快速退回。工作台这样变速工作，能有效减少刨刀与工件的冲击，并提高工作效率。

2. 插床

插床是将牛头刨床的主运动部分改成立式而获得的，可利用插刀的竖直往复运动插削内孔键槽、花键槽、方孔和多边形孔等，特别是在加工不通孔或有障碍台肩的内孔键槽时，插床具有更好的可操作性。插床多用于单件或小批量生产中。

插床主要有普通插床、键槽插床、龙门插床和移动式插床等几种结构形式，普通插床的结构如图 7-42 所示。

普通插床的主要组成部分有床身、立柱、圆工作台、上滑座、下滑座以及驱动与传动系统。滑枕带着刀架沿立柱的导轨作上下往复运动，装有工件的工作台可利用上下滑座和圆工作台作纵向、横向和回转进给运动。

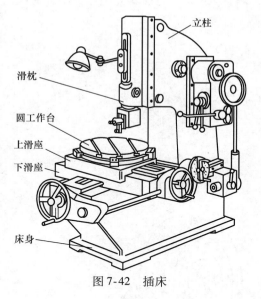

图 7-42　插床

第四节　磨　削　加　工

一、磨削概述

磨削是指利用砂轮或其他磨具对工件进行加工的工艺方法。砂轮或磨具表面上每一个凸出的磨粒相当于一个刀齿，磨粒密集度达 $60 \sim 1400$ 粒/cm^2，砂轮或磨具则相当于具有许多刀齿的铣刀，砂轮的旋转是切削主运动，故磨削是一种微刃切削，适合精加工。

1. 磨削加工的特点

磨削加工的质量好，常规的磨削加工达到的精度为 IT6 ~ IT5，表面粗糙度 Ra 值为 $0.8 \sim 0.2\mu m$。先进的精密磨削、超精密磨削和镜面磨削等磨削工艺，Ra 值甚至可低至 $0.01\mu m$。磨削的加工质量与砂轮结构和机床结构有关。

磨削速度高，温升高。磨削时砂轮的线速度一般为 $35m/s$，高速磨削时可达 $60 \sim 250m/s$，远高于普通切削刀具的线速度。在砂轮与工件间的挤压、摩擦、高速及砂轮导热性差等各因素共同作用下，磨削区域温度可达 $800 \sim 1000℃$，故切削过程中需大量使用切削液。

磨削适用材料广泛，磨削加工能用于加工一般的金属材料和非金属材料，还可用于加工一般金属刀具难以加工的硬材料，如淬火钢、硬质合金钢和超硬材料等。某些硬度较低、塑性很好的有色金属材料则不适合磨削工艺，因在磨削过程中切屑易附着砂轮堵塞磨粒间的空间，使砂轮丧失切削能力。

2. 磨削加工的应用范围

磨削能加工平面、内外圆柱面、曲面、锥面、螺纹、齿轮齿面、花键、导轨、曲轴，以及各种刀具等，典型的磨削工艺如图 7-43 所示。

磨削一般用于精加工；随着精密成形技术，如精密铸造、精密锻造、净尺寸成形（如

3D 打印技术）的发展，毛坯精度大为提高，磨削可以直接用于产品的最终成形，从而大大减少工件的加工成本。

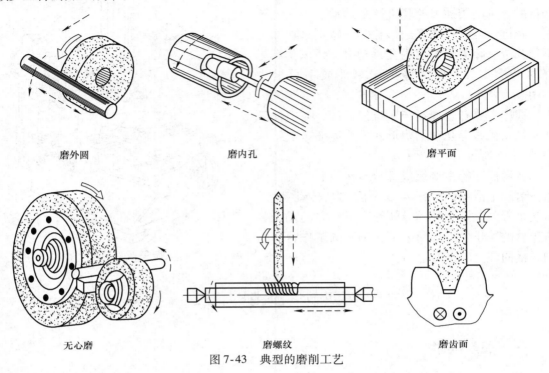

| 磨外圆 | 磨内孔 | 磨平面 |

| 无心磨 | 磨螺纹 | 磨齿面 |

图 7-43 典型的磨削工艺

二、砂轮

砂轮是磨削用的刀具，是由磨料和黏合剂构成的多孔体，经由压坯、干燥和焙烧而成。砂轮的磨粒、黏合剂和气孔构成砂轮的三要素，三者均有重要作用，其组合不同，砂轮表现出的特性不同，对工件磨削的加工精度和生产效率有着重要的影响。磨粒承担切削刀刃的作用，刚玉类磨料用于磨削钢料和一般刀具，碳化硅磨料用于磨削铸铁、青铜和硬质合金等，粒度号小（粗颗粒）用于粗加工和软材料磨削，粒度号大（细颗粒）则用于精加工。砂轮的黏合剂将磨料黏结起来，使砂轮形成各种不同的尺寸和形状。气孔是用来容屑的。

1. 砂轮的种类

砂轮种类繁多，其选用主要涉及砂轮的磨料与黏合剂类型、粒度大小、砂轮结构形状和尺寸。砂轮均是旋转体结构，其常用的截面形状如图 7-44 所示。

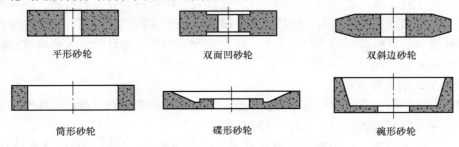

| 平形砂轮 | 双面凹砂轮 | 双斜边砂轮 |

| 筒形砂轮 | 碟形砂轮 | 碗形砂轮 |

图 7-44 常用砂轮的截面形状

2. 砂轮的安装

由于砂轮在磨削时的转速很高，砂轮安装前应检查砂轮是否存在破损或裂纹，确认完好后才能安装在砂轮轴上。

小砂轮可直接套在主轴上用螺母紧固；较大的砂轮需用两个法兰盘夹住后用螺母锁紧；大砂轮则需先装夹在具有平衡槽和平衡块的台阶法兰盘上，然后再套装在主轴上并用螺母锁紧。

大砂轮装上磨床前需经过校正平衡，以使砂轮重心与旋转中心重合。平衡的原理如图7-45所示。砂轮先装夹在台阶法兰盘上，穿上与主轴直径一致的心轴一起放在平衡架上已经调到水平位置的平衡轨道上。若不平衡，较重的部分总会自动转到下面，说明重心与心轴不重合，通过调整台阶法兰盘环形平衡槽中三个平衡块的相对位置，使重心移向心轴。反复进行，总可使砂轮转到任意位置置于平衡轨道上后均能静止不动，则校正平衡成功。

3. 砂轮的修整

砂轮工作一段时间后，磨粒逐渐变钝，砂轮工作表面空隙被堵塞，失去了切削功能，同时砂轮的正确几何形状被破坏，变得不规则，会降低磨削效率和工件的表面加工质量。这时必须进行修整，用金刚笔将砂轮表面一层变钝了的磨粒切去，以恢复砂轮的切削能力及正确的几何形状，如图7-46所示。

图 7-45　砂轮调平衡原理

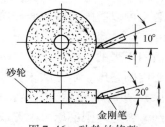

图 7-46　砂轮的修整

三、常用磨床

磨床的种类较多，按用途不同可分为外圆磨床、内圆磨床、平面磨床、无心磨床、工具磨床、齿轮磨床、螺纹磨床以及其他各种专业磨床等。常见的有外圆磨床、内圆磨床和平面磨床。

1. 外圆磨床

外圆磨床主要用于加工工件的圆周表面和端面，有普通外圆磨床和万能外圆磨床两种。两种磨床结构基本相同，只是后者装备了一个内圆磨头，可以完成某些内孔的磨削。

万能外圆磨床的结构示意图如图7-47所示，主要由床身、头架、工作台、尾座、砂轮架和内圆磨头等组成。

床身用来支撑磨床的其他部件；工作台分上、下两层，下工作台作纵向往复运动，可完成轴类工件磨削时的轴向进给，上工作台可相对下工作台作小角度调整，使安装在头架和尾座之间的轴类工件的轴线相对纵向进给方向偏转一个角度，以便磨削长锥面；头架安装在上工作台的一端，可以通过顶尖或卡盘定位工件，并使工件获得不同的转速以完成周向进给，另外，头架还可扳转一定的角度，以修磨顶尖或磨削短锥面；砂轮架用以支撑砂轮主轴，可沿床身上的横向导轨移动，实现砂轮的径向进给，另外，砂轮架连同内圆磨具可在水平面内

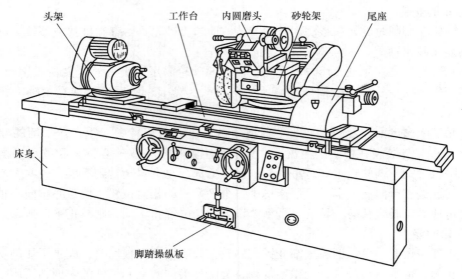

图 7-47 万能外圆磨床

扳转一定的角度，用于磨削短锥和顶尖；尾座的套筒内安装有尾顶尖，用以支撑长轴类工件的另一端；内圆磨头可以磨削内圆柱面和内锥面。

2. 内圆磨床

内圆磨床专门用于磨削工件的内孔，按工艺实现的方式不同，可分为普通内圆磨床、行星内圆磨床、无心内圆磨床、坐标磨床和专门用途的内圆磨床等。

普通内圆磨床如图 7-48 所示，其结构由床身、工作台、头架和砂轮架组成。按实现纵向进给的方式不同，普通内圆磨床可配置成头架做纵向进给和砂轮架做纵向进给两种。

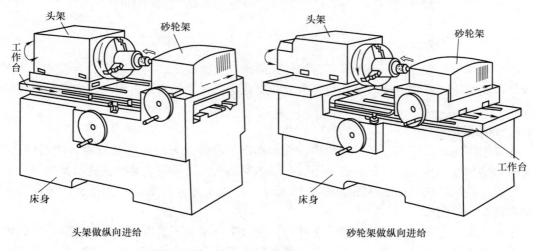

头架做纵向进给   砂轮架做纵向进给

图 7-48 内圆磨床

工作时，由装在头架主轴上的卡盘夹持工件做圆周进给运动，工作台带动头架沿床身导轨做纵向往复运动（另一种配置形式则为砂轮架做纵向往复运动）；砂轮架沿床身上的滑鞍做横向进给运动；头架还可绕竖直轴转至一定角度以磨削锥孔。

3. 平面磨床

平面磨床用于磨削工件的平面。平面磨床的砂轮主轴有卧轴式和立轴式两种配置，卧轴配置时，磨床利用砂轮的外周磨削，立轴配置时则用砂轮的端面磨削；磨床的工作台也有矩形工作台和圆工作台之分，故常见的平面磨床可分为卧轴矩台式、卧轴圆台式、立轴矩台式、立轴圆台式和各种专用平面磨床。

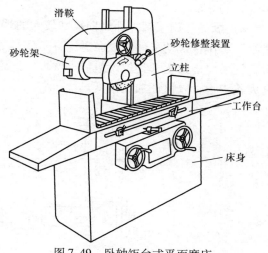

图 7-49 卧轴矩台式平面磨床

最常用的是卧轴矩台式平面磨床，其结构组成示意图如图 7-49 所示。

该平面磨床由床身、立柱、工作台、滑鞍和砂轮架等组成。床身是机床的基础和机架，用于支撑其他部件；立柱和床身固定连接在一起，有垂直升降导轨，用于支撑滑鞍和砂轮架，其中还设置有配重装置；工作台上配有电磁吸盘用于安装铁质工件或夹持工件的夹具，并做纵向进给，同时可做间隙的横向进给运动（手动或机动）；砂轮架提供切削主运动，并可由滑鞍带着在立柱上作升降移动，以改变背吃刀量。

四、磨削外圆、内圆及圆锥面

1. 磨削外圆柱面

磨削外圆柱面可在普通外圆磨床或万能外圆磨床上进行，简单的圆柱体外圆磨削还可在无心磨床上完成。

工件有顶尖孔时，工件可装夹在头架和尾座的顶尖之间（回转顶尖或固定顶尖），也可头架端用卡盘（三爪或四爪）夹持，尾座端用顶尖，当工件无顶尖孔或纵向长度不大时，还可仅用卡盘夹持作悬臂磨削，当工件为有同心孔的套类零件时，还可将工件套在心轴上进行。

上述各类装夹方式，取决于工件的尺寸、结构特征、精度等级、粗磨或精磨等。最常用的双顶尖装夹方式如图 7-50 所示，双顶尖用于定位工件，夹头固定在工件上，拨盘上的拨杆带动夹头旋转作轴向进给。

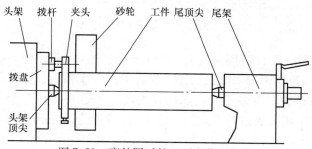

图 7-50 磨外圆时的双顶尖装夹方式

外圆柱面的磨削一般有横磨法和纵磨法两种。

1）横磨法用于圆柱面纵向尺寸小的情形，此时无纵向进给，如图 7-51a 所示。工件由头架带动做周向进给，砂轮以很慢的速度向工件做横向进给，直到工件尺寸到位（无火花出现）为止。

2）纵磨法用于圆柱面纵向尺寸较大的情形，如图 7-51b 所示。工件由头架带动做周向进给，工作台带动工件做纵向进给，工作台每次往复行程之后砂轮做一次横向进给，反复进行直到横向进给全部到位。最后一次横向进给后，工作台的往复行程可多次进行，直到看不到火花为止，以保证加工精度。

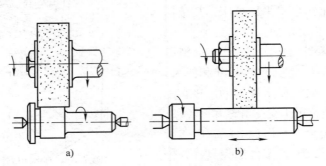

图 7-51　外圆柱面的磨削方法

纵磨法的生产效率较低。为提高磨削效率，横向进给也可一次性到位，此时周向和轴向进给都很慢，且要求砂轮的一个端面修成锥形以利砂轮的切入。

2. 磨削外圆锥面

磨削外圆锥面时，工件的装夹方式与磨削外圆柱面时类似，磨削方式也相同。

1）横磨法用于短锥面情形，此时无纵向进给，砂轮架做横向进给，头架带动工件做周向进给。锥面的成形，当工件较长时，可由砂轮架扳转一定角度实现，如图 7-52 所示。

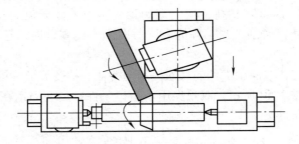

图 7-52　砂轮架转角度磨短锥

对盘套类形状工件，工件可用卡盘夹持在头架上，通过头架扳转角度实现锥面的成形。

2）纵磨法用于长锥面情形，此时需要工作台偏转一个角度，使被磨削圆锥表面与砂轮接触处的母线与工作台纵向方向平行。除砂轮的旋转主运动外，需要三个进给运动，即周向、轴向和横向，其中横向进给为纵向行程终了时的间歇运动，如图 7-53 所示。

3. 磨削内圆

内圆表面的磨削可在内圆磨床或万能外圆磨床上进行。

内圆磨削因砂轮要进入工件孔内工作，砂轮直径小，使内圆磨削与外圆磨削在工艺参

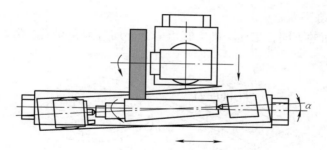

图 7-53　工作台偏转角度磨长锥

数、效率以及加工质量方面差别较大。砂轮直径小，为达到正常的砂轮线速度，要求砂轮转速高；砂轮要进入工件孔内，则要求有较长的长轴，刚度差、易变形和产生振动；砂轮与工件内圆曲率方向相同，接触弧较长，冷却条件差；砂轮的单个砂粒切削频率高，易磨钝和堵塞。内圆磨削的上述特点导致采用的切削用量小，效率低，且表面质量较外圆磨削时差。

　　内圆磨削时，工件用头架上的卡盘夹持，砂轮从一端孔口进入，磨削方式也可分为横磨法和纵磨法两种，与磨削外圆时类似。

　　磨削内圆柱面时工件孔轴线与砂轮轴线平行，如图 7-54 所示。内圆锥面磨削时，一般将头架扳转内圆锥面的半锥角，使砂轮与工件接触点的内锥母线与砂轮轴线平行，如图7-55所示。

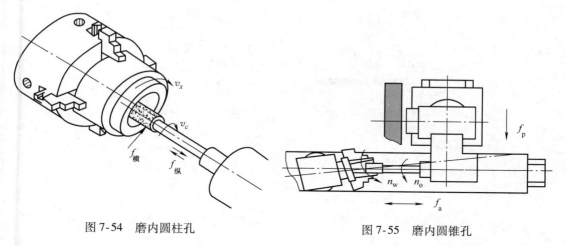

图 7-54　磨内圆柱孔　　　　　　　　　图 7-55　磨内圆锥孔

五、磨平面

　　工件的高精度平面加工或淬火零件的平面加工，一般在平面磨床上通过平面磨削的工艺完成。

1. 工件的装夹

　　平面磨床上的工作台均设有电磁吸盘，可用于直接安装钢、铸铁等磁性材料制成的零件。工件若没有可与工作台吸盘直接接触的安装面，或安装面太小、太偏，或为非磁性材料制成，或需要磨削斜面、垂直面等，则可通过装夹在精密机用虎钳、机用虎钳或专门设计的磨削夹具上。

185

2. 平面磨削方式

按砂轮的工作面的不同，平面磨削方式可分为外周磨削和端面磨削，如图 7-56 所示。

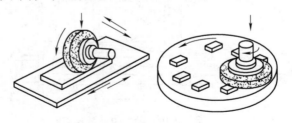

图 7-56　磨平面

按去除磨削余量的进给过程不同，可分为横向磨削法和深度磨削法。用横向磨削法加工时，逐层磨去加工表面，即每一个纵向行程磨去加工表面的一部分，纵向行程终了做横向进给再磨除表面的剩余部分，反复进行直至磨去整个表面的一层余量，多次重复上述过程，可磨除整个余量，如图 7-57 所示。用深度磨削法加工时，加工余量一次性去除，即砂轮的背吃刀量等于工件表面的加工余量，加工过程与横向磨削法磨去一层余量的过程类似，只是纵向进给速度要更低，如图 7-58 所示。

磨削的发展方向是高精度、低粗糙度和高效，先进磨削方法包括超高精度磨削、高速磨削、强力磨削、恒压磨削、成形砂轮磨削及砂带磨削等。

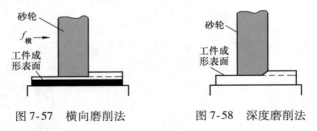

图 7-57　横向磨削法　　　图 7-58　深度磨削法

第八章 钳工与装配

第一节 实训概述

一、实训目的和要求

1. 实训目的

了解钳工的特点及其在机械制造和维修中的作用和地位。

了解划线、錾削、锯削、锉削、钻削、攻螺纹和套螺纹等加工方法各自的特点。

了解机械部件装配的基本知识。

2. 实训要求

掌握钳工基本技能；掌握钳工常用工具、量具的使用方法；能独立完成钳工作业件；具有独立拆装简单部件的技能；具有独立在钻床上装夹、钻孔加工操作的技能。

二、实训安全守则

1. 钳工工作台要放在便于工作和光线适宜的地方；钻床和砂轮一般应放在场地的边缘，以保证安全。

2. 要经常检查机床、工具，发现损坏后不得使用。

3. 台虎钳夹持工件时，工件应尽量放在中间夹紧，不得用锤子敲击台虎钳手柄或套上钢管施加夹紧力。

4. 使用电动工具时，要有绝缘保护和安全接地措施；使用砂轮时，要戴好防护眼镜。在钳工工作台上要安装防护网。

5. 毛坯和零件应放置在规定位置，排列整齐、安放平稳，要保证安全，便于取放，避免碰伤已加工表面。

6. 钻孔、扩孔、铰孔、攻螺纹、套螺纹时，工件要夹牢，加工通孔时要把工件垫起或让刀具对准工作台槽。

7. 使用钻床时，不准戴手套和手拿棉纱操作。更换钻头等刀具时，要用专用工具，不得用锤子击打钻夹头。

8. 清理铁屑时要用工具，禁止用手拉或用口吹。

9. 实训室严禁吸烟，注意防火。

10. 实训过程中，学生应严格遵守各项实训规章制度和操作规范，长头发学生须戴好帽子，严禁用工具对他人打闹。

第二节　钳 工 概 述

钳工是手持工具对金属材料进行加工的方法。加工时，工件一般被夹紧在钳工工作台的台虎钳上。

钳工的基本操作有划线、錾削、锯削、锉削、钻孔、攻螺纹和套螺纹、刮削及研磨等。

一、工艺特点及应用范围

钳工是目前机械制造和修理工作中不可缺少的重要工种，其主要特点是：

1）钳工工具简单，制造刃磨方便，材料来源充足、价廉，成本低。

2）钳工大部分是手持工具进行操作，加工灵活、方便，能够加工形状复杂、质量要求较高的零件。

3）钳工劳动强度大、生产率低、对工人技术水平要求较高。

4）钳工工作种类繁多，应用范围很广。目前采用机械设备不能加工或不适于机械加工的某些零件，可用钳工来完成。随着生产的发展，钳工工种已有了明显的专业分工，有普通钳工、划线钳工、装配钳工和修理钳工等。

普通钳工的应用范围主要包括：

1）在单件、小批量生产中，加工前的准备工作，如毛坯表面的清理、工件上划线等。

2）装配前对零件进行钻孔、铰孔、攻螺纹和套螺纹等工作；装配时，互相配合零件的修整；整台机器的组装、试机和调整等。

3）精密零件的加工，如锉制样板、刮削机器和量具的配合表面，以及夹具、模具的精加工等。

4）机器设备的维修等。

二、常用设备

钳工常用的设备有钳工工作台、台虎钳、砂轮机等，如图8-1a、b所示。

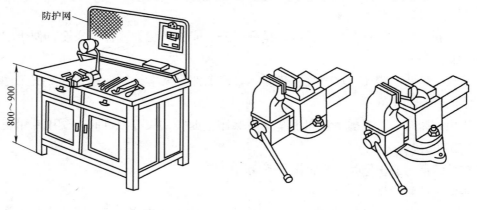

a)　　　　　　　　　　　　　　　　　　b)

图8-1　钳工常用设备

a）钳工工作台　b）固定式和回转式台虎钳

第三节　钳工基本操作

一、划线

根据图样要求，在毛坯或半成品工件表面上划出加工图形和界限的操作，称为划线。

1. 划线的作用

1）在毛坯上明确地表示出加工余量、加工位置的线或确定孔的位置，以作为加工工件或安装工件的依据。

2）在单件、小批量生产中，通过划线检查毛坯的形状和尺寸是否符合图样要求，避免不合格的毛坯投入机械加工而造成浪费。

3）通过划线使各加工表面的余量合理分配（亦称借料），从而保证毛坯少出或不出废品。

2. 划线的种类

（1）平面划线　在工件或毛坯的一个平面上划线（见图8-2a）。

（2）立体划线　在工件或毛坯的几个表面上划线，即在长、宽、高三个方向上划线（见图8-2b）。

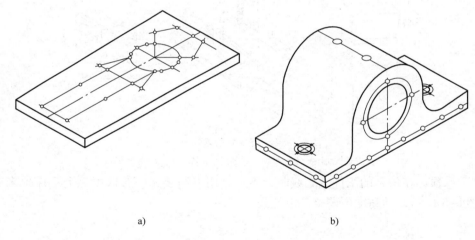

a)　　　　　　　　　　　　　　　　b)

图 8-2　划线

3. 划线的工具及用途

（1）基准工具　划线的基准工具是平板，如图8-3所示。划线平板由铸铁制成，并经过时效处理，上平面经过精刨及刮削，非常平直和光洁，是划线的基准平面。平板安置要牢固，上平面应保持水平以便稳定地支承工件。平板应各处均匀使用，不准碰撞或用锤子敲击，并保持清洁，以免使其精度降低。

（2）支承工具　常用的支承工具有：

1）方箱。方箱是用铸铁制成的空心立方体，如图8-4所示。方箱的六面都经过精加工，其相邻平面互相垂直，相对平面互相平行。其上有V形槽和压紧装置，用来安装轴、套筒、圆盘等圆形工件，以便找准中心或划中心线。方箱用于夹持尺寸较小而加工面较多的工件，通过翻转方箱，便可以在工件表面划出互相垂直的线。

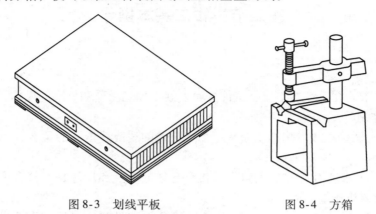

图 8-3　划线平板　　　　　图 8-4　方箱

2）V 形铁。V 形铁用碳钢制成，淬火后经磨削加工，V 形槽呈 90°，如图 8-5 所示。V 形铁用于夹持圆形工件，使工件轴线与平板平行。若工件较长，必须把工件架在两个等高的 V 形铁上，以保证工件轴线与划线基准面平行。

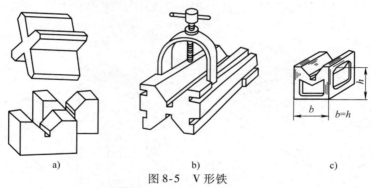

a)　　　　　　　　b)　　　　　　　　c)

图 8-5　V 形铁

a）普通 V 形铁　b）带夹持弓架的 V 形铁　c）精密 V 形铁

3）千斤顶。在较大的工件上划线时，不适合用方箱装夹，通常用三个千斤顶来支承工件，如图 8-6 所示，其高度可调整，以便找正工件。

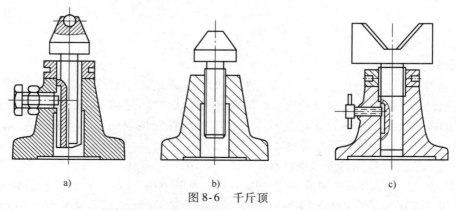

a)　　　　　　　　b)　　　　　　　　c)

图 8-6　千斤顶

a）机构完善的千斤顶　b）简单的千斤顶　c）带 V 形铁的千斤顶

4）角铁。如图 8-7 所示，用来夹持工件，一般常与压板配合使用。它有两个互相垂直的平面，通过角尺对工件的垂直度进行找正后，再用划针盘划线，可使所划线与原来找正的直线或平面保持垂直。

（3）划线工具

1）划针。针是用来在工件上划线的，如图 8-8 所示。图 8-9 所示为划针的用法。

2）划针盘。划针盘是立体划线和找正工件位置时常用的工具，如图 8-13 所示。调节划针到一定高度，并在平板上移动划针盘即可在工件上划出与平板平行的线。此外，还可以用来确定轴心。

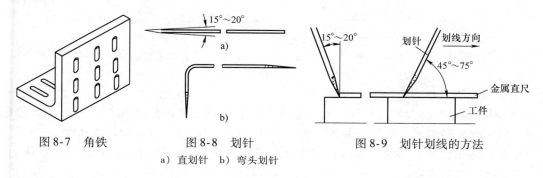

图 8-7　角铁　　　　　　图 8-8　划针　　　　　图 8-9　划针划线的方法

a）直划针　b）弯头划针

3）划规。划规是平面划线的主要工具，如图 8-10 所示。

4）样冲。样冲是用来在工件的线上打出样冲眼，以备所画的线模糊后，仍能找到原划线的位置，如图 8-11 所示。

5）游标高度卡尺。游标高度卡尺是精密量具之一，它附有划线量爪，如图 8-12 所示。用于半成品上已加工表面的划线，不能用来划毛坯，以免损坏划线量爪。

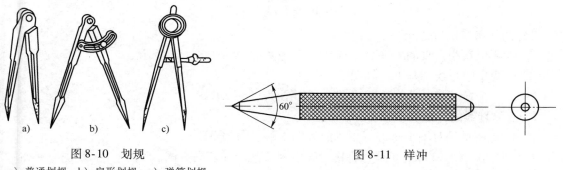

图 8-10　划规　　　　　　　　　　　图 8-11　样冲

a）普通划规　b）扇形划规　c）弹簧划规

（4）量具　划线时常用的量具有：金属直尺、高度尺及直角尺等，如图 8-13 所示。

4. 划线基准的选择

1）划线基准。划线时为了正确地划出并确定工件的各部位尺寸、几何形状和相对位置的点、线或面，必须选定工件上的某个点、线或面作为依据。这些作为依据的点、线或面称为划线基准。正确地选择基准是划线的关键。有了合理的基准，才能使划线准确、工作效率提高。

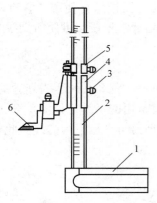 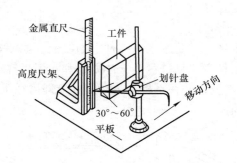

图 8-12　游标高度卡尺

1—底座　2—尺身　3—紧固螺钉
4—尺框　5—微调手柄　6—划线量爪

图 8-13　划针盘及常用量具

2）划线基准的选择原则。选择划线基准时，应根据工件的形状和加工情况综合考虑。一般可按下列顺序考虑：若工件上有已加工表面，则应以已加工表面为划线基准，这样能保证待加工表面和已加工面的位置和尺寸精度；若工件为毛坯，则应选重要孔的中心线为基准；若毛坯上没有重要孔，则应选较大的平面为划线基准，如图 8-14 所示。

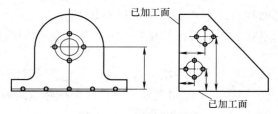

图 8-14　选择划线基准

3）划线基准的几种类型。

① 以两个互相垂直的外平面（或线）作为基准，如图 8-15a 所示。

② 以两条中心线为基准，如图 8-15b 所示。

③ 以一个平面和一条中心线为基准，如图 8-15c 所示。

5. 立体划线的方法和步骤

图 8-16 所示是对轴承座进行划线的实例，其步骤如下：

1）研究图纸、检查毛坯是否合格、确定划线基准和装夹方法。

该轴承座需要划线的部位有底面、φ50mm 轴承座内孔、2×φ13mm 螺钉孔及两个大平面，如图 8-16a 所示。

轴承的重要部位是内孔，划线基准应以内孔的两条互相垂直的中心线为基准，这样能保证孔壁均匀。此零件需要划线的尺寸分布在三个方向上，划线时零件要安放三次。

2）清理毛坯上的疤痕和飞翅、在划线部位涂上涂料，用铅块或木块堵孔。支承并找正工件。

用三个千斤顶支承轴承座底面，调整千斤顶高度，将轴承两端孔中心初步调整到同一高度，并使底面尽量达到水平位置，如图 8-16b 所示。

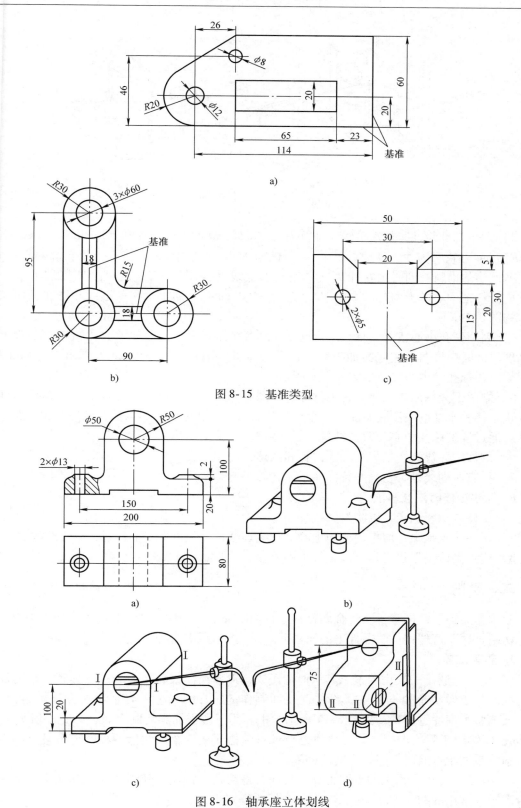

图 8-15　基准类型

图 8-16　轴承座立体划线

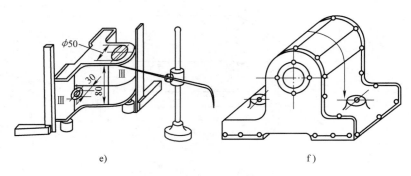

e)   f)

图 8-16   轴承座立体划线（续）

3）划出基准线及其他水平线，即首先确定 ϕ50mm 轴承座内孔和 R50mm 外轮扇的中心（以 R50mm 外轮廓为找正基准求出中心）。试划 ϕ50mm 圆周线，若内孔与外轮廓偏心过大，则要做适当的借料。同时用划针盘试划底面加工线（四周）。若发现底面四周加工余量不够，应借料把中心适当调高。确定中心后，在 ϕ50mm 孔处划出水平基准线和底面四周加工线，如图 8-16c 所示。

4）划两螺孔中心线。将轴承座翻转 90°，用划针盘找正，把轴承内孔两端中心置于同一高度，同时用直角尺按底面加工线找正垂直位置，用划针在 ϕ50mm 处划出垂直基准线，然后划出两螺孔的中心线，如图 8-16d 所示。

5）划两个大端面加工线。将工件翻转到图 8-16e 所示的位置。通过千斤顶调整和直角尺找正，使垂直基准线和底面加工线垂直。然后以两螺孔的中心为依据，试划两大端面的加工线。通过调整螺孔中心，适当借料，划出两大端面的加工线。

6）划加工界线。用划规划轴承内孔和两螺孔尺寸界线。

7）检查所划线是否正确并打样冲眼，如图 8-16f 所示。

6. 划线操作时注意事项

1）工件支承要稳定，以防滑倒或移动。

2）在一次支承中，应把需要划出的平行线划全，以免再次支承补划，造成误差。

3）应正确使用划线工具，以免产生误差。

二、錾削

錾削是用锤子锤击錾子，对金属材料进行切削加工的一种方法。錾削可以加工平面、沟槽、切断金属及清理铸件、锻件上的飞翅等。每次錾削金属层的厚度为 0.5～2mm。

1. 錾削工具

1）錾子。錾子一般用碳素工具钢锻造而成，刃部经淬火和回火处理，具有一定的硬度和韧性。錾子形状是根据錾削工作的需要而制作的。常用的錾子有平錾（亦称扁錾）、窄錾、油槽錾和扁冲錾四种，如图 8-17 所示。平錾用于錾平面和切断金属，刃宽一般为 10～15mm；窄錾用于錾削沟槽，其刃宽约为 5mm；油槽錾用于錾削润滑油槽，刃短且呈圆弧形状；扁冲錾用于打通两个钻孔之间的间隔。

2）锤子。锤子是钳工的重要工具，其锤头是用碳素钢经淬硬制成的，其大小用锤头的重量表示，常用的约 0.5kg，全长约 300mm。

图 8-17　常用錾子

2. 錾削方法

（1）錾削角度的选择　为了获得要求的錾削质量，除了敲击应准确、錾子的位置保持正确和稳定以外，还应注意錾削角度的选择。錾削角度的选择主要是确定錾子的楔角 β_0 和錾削时后角 α_0 的大小，錾削时的情况如图 8-18 所示。楔角 β_0 主要根据工件材料的软硬来选择，楔角 β_0 越小，錾子刃口越锋利，但强度较差，刃口容易崩裂；楔角 β_0 越大，刃口强度越好，但錾削阻力很大，錾削困难。所以应在强度允许的情况下尽量选小值。根据经验，錾削硬材料时（如铸铁），$\beta_0 = 60° \sim 70°$；錾削一般碳素钢和合金钢时，取 $\beta_0 = 50° \sim 60°$；錾削软金属时（如低碳钢），取 $\beta_0 = 30° \sim 50°$。

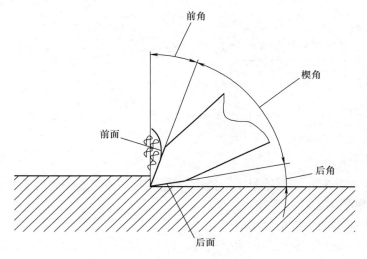

图 8-18　錾削示意图

錾削层的厚薄是确定后角 α_0 大小的主要因素。錾削时，后角 α_0 太大，会使錾子切入工件太深，錾不动，甚至损坏錾子刃口，若后角 α_0 太小，由于錾削方向太平，錾子上滑，使錾削层变薄，錾子容易从切削表面滑出。錾削层越厚，α_0 角应越小（α_0 为 $3° \sim 5°$），以免啃入工件；细錾时，α_0 角应大些，以免錾子滑出，如图 8-19 所示。

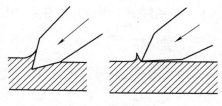

图 8-19　保持錾平的方法

（2）操作方法　錾削过程分起錾、錾削和錾出三个阶段。起錾时，刃口要贴住工件，錾头略向下倾斜（见图 8-20）、轻打錾子，待得到一个小斜面时，再恢复到正常錾削位置，以便正确掌握加工余量，当錾削靠近工件尽头时，应调转工件，从另一端轻轻錾掉剩余部分，以免工件棱角损坏，如图 8-21 所示。

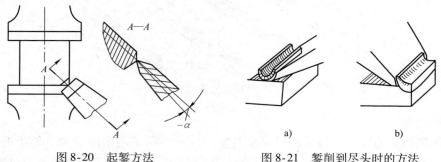

图 8-20　起錾方法　　　　图 8-21　錾削到尽头时的方法
　　　　　　　　　　　　　　　　a）正确　b）不正确

錾大平面时，应先用窄錾开槽，槽间宽度约为平錾錾刃宽度的 3/4，然后再用平錾錾平，如图 8-22b 所示。为了易于錾削，平錾錾刃应与前进方向成 45°角。

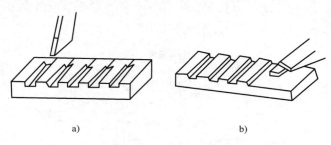

图 8-22　平面錾法
a）用窄錾先开槽　b）用平錾錾成平面

（3）錾削时注意事项

1）錾削时应保持錾平，握稳錾子，使后角 α_0 不变；锤击錾子的力不可忽大忽小，锤击力的作用线要与錾子中心线一致。

2）工件应夹持牢固，以免錾削时松动。

3）錾头如有飞翅边，应在砂轮机上磨掉，以免錾削时锤子偏斜而伤手。

4）勿用手摸錾头端面，以免沾油后锤击时打滑。

5）锤子的锤头与锤柄之间不应松动。

6）錾削时的工作台必须有防护网，以免錾屑伤人。

三、锯削

锯削是用手锯锯断金属材料或进行切槽的操作。钳工主要用手锯进行锯削。

1. 手锯

手锯由锯弓和锯条组成。

1）锯弓。锯弓是用来夹持和拉紧锯条的。锯弓分为固定式和可调式两种，图 8-23 所示为可调式锯弓。固定式锯弓只使用一种规格的锯条；可调式锯弓，因弓架是两段组成，可使用几种不同规格的锯条。因此，可调式锯弓使用较为方便。

2）锯条。一般由碳素工具钢制成，常用的锯条约长 300mm，宽 12mm，厚 0.8mm，锯齿的形状如图 8-24 所示。锯齿的楔角为 45°～50°；后角为 40°～50°；前角为 0°。锯切时，要锯下较多的锯屑，所以，锯齿间应有较大的容屑空间。

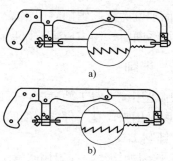

图 8-24　锯条的形状
a）正确　b）不正确

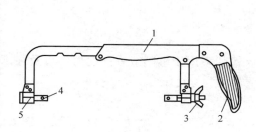

图 8-23　可调式锯弓
1—锯弓　2—手柄　3—翼形螺母　4—夹头　5—方形导管

锯齿的粗细是以锯条每 25mm 长度内的齿数来表示的，齿距大的锯条称为粗齿锯条（25mm 长度内有 14～18 个齿）。齿距小的锯条称为细齿锯条（25mm 长度内有 24～32 个齿）。

2. 锯削方法

1）锯条的安装　手锯是向前推动进行切削的，安装锯条时，锯齿方向应向前方（见图 8-25）。

2）锯条的选择。锯条的选择是根据材料的软硬和厚度进行的。锯削较软材料（如铜、铝等）或厚的工件时，应选用粗齿锯条，因粗齿锯条齿距大，锯屑不易堵塞齿间。锯硬材料或薄工件时，一般用细齿锯条，这样可以使同时参加锯削的齿数增加（一般 2～3 个齿），锯齿也不易崩裂。

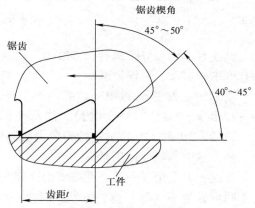

图 8-25　锯条的安装

3. 锯切时注意事项。

1）锯条的安装松紧要合适，否则锯削时易折断锯条。

2）工件应安装在台虎钳的左边，要夹紧，避免锯削时工件移动或使锯条折断，工件伸出要短，防止锯削时产生振动。

3）起锯时，用左手拇指靠住锯条，右手稳推手柄，起锯角度应小于 15°，锯弓往复行程应短，压力要轻，锯要与工件表面垂直，锯成锯口后，逐渐将锯弓改成水平方向，如图 8-26所示。

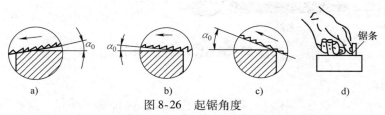

图 8-26　起锯角度
a）远起锯　b）近起锯　c）起锯角　d）用拇指引导锯条切入

4）锯弓应直线往复，不得左右摇摆，前推时均匀加压，返回时不应施加压力，从工件上轻轻滑过，以免锯内磨损。锯削速度不宜过快，通常每分钟20～40次，若过快则锯条容易发热而加剧磨损。锯削时用锯条全长工作，以避免中间部分迅速磨钝。锯钢料时应加机油润滑。快锯断时，用力应轻，以免碰伤手臂。

四、锉削

锉削是用锉刀对工件表面进行加工的方法。锉削多用于錾削或锯削之后，以及在部件、机器装配时用来修整工件。锉削的表面粗糙度 Ra 值可达 $0.4\mu m$。

1. 锉削工具

1）锉刀的构造。锉刀用碳素工具钢制成，并经热处理，硬度达 62～67HRC。锉刀的组成如图 8-27 所示。锉刀的规格是以其工作部分的长度表示的。

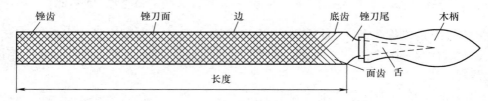

图 8-27　锉刀的组成

锉纹有单纹和双纹两种，双纹锉刀用的最为普遍。双纹的齿刃是间断的，即在全宽齿刃上有许多分屑槽，使锉屑断碎，锉屑不易堵塞锉刀，锉削时也省力。

锉刀的粗细是以每 10mm 的锉面上锉齿的齿数来区分的。依锉齿的多少可分为粗锉（4～12 齿）、细锉（13～24 齿）、油光锉（30～36 齿）三种。

2）锉刀的种类和用途。锉刀分为普通锉刀、整形锉刀（也称什锦锉或组锉）和特种锉刀三种，其中普通锉使用最多。

普通锉刀适用于一般工件表面的锉削。为适应锉削不同形状的工件表面，按其截面形状的不同可分为平（板）锉、方锉、圆锉、半圆锉、三角锉等，如图 8-28 所示。其中以平锉用的最多。

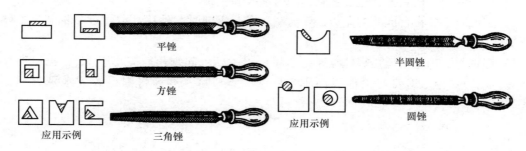

图 8-28　普通锉刀的形状及用途

2. 锉削操作

锉刀的选择。合理地选用锉刀，对提高工作效率，保证加工质量，延长锉刀的使用寿命有很大影响。锉刀齿纹粗细的选择，取决于工件材料的性质、加工余量的大小、加工精度和表面粗糙度的高低。粗锉刀适于加工精度低、表面粗糙的表面加工和软金属（铜和铝等）的加工，其齿间大，不易堵塞。细锉刀适于加工余量小、加工精度高和表面要求光洁的表面的加工（如锉钢和铸铁等）。油光锉刀仅用于工件表面的最后修光。表 8-1 列出了三种锉刀，在通常的加工余量下，所能达到的加工精度和表面粗糙度。

表 8-1　按加工精度选择锉刀

锉刀	适用场合		
	加工余量/mm	尺寸精度/mm	表面粗糙度 Ra 值/μm
粗锉刀	0.5 ~ 1	0.2 ~ 0.5	25 ~ 12.5
细锉刀	0.2 ~ 0.5	0.05 ~ 0.2	6.3 ~ 3.2
油光锉刀	0.05 ~ 0.2	0.01 ~ 0.05	1.6 ~ 0.8

3. 锉削平面的方法

1) 直锉法（普通锉削方法）。锉刀的运动方向是单方向，并沿工件表面横向移动，这是钳工常用的一种锉削方法。

2) 交叉锉法。锉刀的运动方向是交叉的，粗锉时，可先用交叉锉法，如图 8-29a 所示。这种方法去屑快，而且可以利用锉痕判断加工表面是否平整。

3) 顺向锉法。当平面基本锉平后，可用细锉或油光锉用顺向锉法（见图 8-29b）锉出单向锉纹，并锉光。

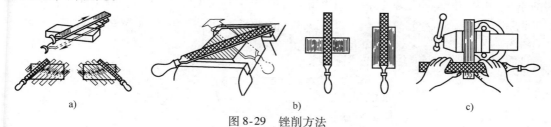

a)　　　　　　　　　　　　b)　　　　　　　　　　c)

图 8-29　锉削方法

4) 推锉法。当工件表面狭长或加工面的前面有凸台没法用顺向锉法来锉光时，可用推锉法锉削，如图 8-29c 所示。推锉法主要用于提高工件表面光整程度和修正尺寸。锉削后的工件尺寸，可用金属直尺或卡尺检查。工件的平直度及直角可用直角尺是否能透过光线来检查，如图 8-30 所示。

4. 锉削时注意事项

1) 铸件、锻件的硬皮或砂粒，要用砂轮磨去或錾去后，然后再锉削。

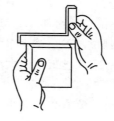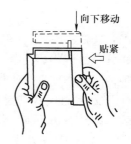

检查平直度　　　　　　检查直角

图 8-30　检查平直度和直角

2) 工件必须牢固地夹在台虎钳钳口的中间，并略高于钳口。夹持已加工表面时，应在钳口与工件间垫以铜制垫片。夹紧时注意不要使工件变形。

3) 不要用手摸刚锉过的表面，以免再锉时打滑。

4) 锉面被锉屑堵塞的锉刀，用钢丝刷顺锉纹方向刷去锉屑。

5) 锉削速度不可太快，否则会打滑。对锉刀的握法要正确。施加在锉刀上的力应使锉刀保持平衡。回锉时，不要再施加压力，以免锉齿磨损。

6）锉刀材料硬度高而脆，切不可掉落地上或用锉刀当杠杆撬动其他物件。用油光锉时，不可用力过大，以免折断锉刀。

五、螺纹加工

攻螺纹是用丝锥管内壁加工出内螺纹的方法。套螺纹是用板牙在圆柱表面上加工出外螺纹的操作。

1. 攻螺纹

1）攻螺纹用工具

① 丝锥。丝锥是加工内螺纹的标准刀具之一，其结构简单，使用方便，如图 8-31a 所示。

丝锥是由工作部分和柄部两部分组成。柄部用来装铰杠，以传递扭矩。工作部分是由切削部分和校准部分组成。切削部分担任主要切削工作。校准部分有完整的廓形，用以校准螺纹廓形，并在丝锥前进时，起导向作用。

工作部分沿轴向开有 3～4 个容屑槽，以形成刀刃和前角。槽数越少，容屑空间越大，切屑不易堵塞。而槽数多，导向作用好。

切削部分磨出锥角，以便把切削负荷分布在几个刀齿上。沿其锥面上铲磨出后角。丝锥的前角 γ_0 和后角 α_0 都是近似的在剖面中标注和测量的（见图 8-31b）。按工件材料的性质，加工钢和铸铁时，$\gamma_0 \approx 5° \sim 10°$，加工铝时，$\gamma_0 = 20° \sim 25°$。后角的推荐数值 $\alpha_0 = 4° \sim 6°$。

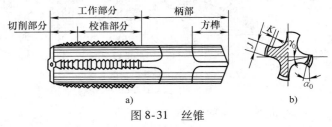

图 8-31　丝锥

通常 M6～M24 的丝锥一组有两个，M6 以下及 M24 以上的丝锥一组有三个。之所以这样分组是因为小径丝锥强度不高，容易折断，而大径丝锥切削金属量大，需分几次逐步切削，所以作成三个一组。细牙丝锥不论大小都为一组二个。

② 铰杠。铰杠是手工攻螺纹时转动丝锥的工具，如图 8-32 所示。常用的铰杠是可调式的。转动右边手柄，即可调节方孔的大小，可以夹持各种尺寸的丝锥。

2）攻螺纹方法。

① 攻螺纹前底孔直径的确定　攻螺纹前需要钻孔（一般称为底孔）。用丝锥攻螺纹时，除了切削金属外，还有挤压金属的现象，如图 8-33 所示。材料的塑性越大，则挤压现象越明显。被挤出的材料嵌到丝锥牙间，甚至接触到丝锥的内径把丝锥挤住，所以攻螺纹前的底孔直径（钻孔直径）必须大于螺纹标准中规定的螺纹小径。

底孔直径的大小要考虑工件材料的塑性和钻孔的扩张量，以便攻螺纹时，既能有足够的空隙来容纳被挤出的金属，又能保证加工出的螺纹得到完整的牙型。

钻普通螺纹底孔用钻头直径可根据下面经验公式计算：

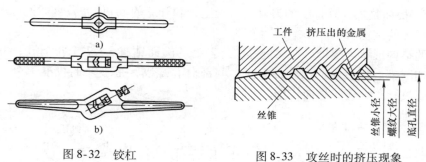

图 8-32　铰杠

图 8-33　攻丝时的挤压现象

加工钢料和塑性较大的材料、扩张量中等的条件下，钻头直径：

$$d_0 = D - P$$

加工铸铁和塑性较小的材料、扩张量较小的条件下，钻头直径：

$$d_0 = D - (1.05 \sim 1.1)P$$

式中　D——内螺纹大径（mm）；

　　　P——螺距（mm）。

攻不通孔的螺纹时，因丝锥不能攻到孔底，所以钻孔深度要大于所需的螺孔深度，一般取：钻孔深度 = 所需螺孔深度 + 0.7D

② 用头锥攻螺纹。开始时，必须将丝锥垂直地放在工件孔内（可用直角尺在互相垂直的两个方向检查），如图 8-34 所示。然后用铰杠轻压旋入，当丝锥的切削部分已经切入工件时，即可只转动，不加压。每转一周应反转 1/4 周，以便断屑。

③ 二攻和三攻先把丝锥放入孔内，旋入几扣后，再用铰杠转动。转动铰杠时不需加压。

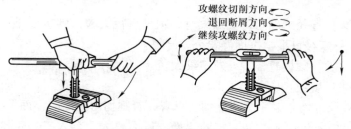

图 8-34　攻螺纹方法

3）攻螺纹时注意事项：

① 工件上螺纹底孔的孔口要倒角，通孔螺纹两端都要倒角，这样可使丝锥开始切削时容易切入，并可防止孔口的螺纹牙崩裂。

② 工件装夹位置要正确，尽量使螺孔中心线置于水平或垂直位置，以便攻螺纹时容易判断丝锥轴线是否垂直于工件的平面。

③ 攻塑性材料的螺纹孔时，要加切削液冷却和润滑，以减少摩擦，提高螺纹光滑程度，延长丝锥寿命。

④ 用机床攻螺纹时，丝锥与螺纹孔要保持同轴，丝锥的校准部分不能全部出头，否则退出丝锥时，会产生乱扣。

2. 套螺纹

1）套螺纹用工具。

① 板牙。板牙是加工外螺纹的刀具。有固定的和开缝的（可调的）两种。图 8-35 所示为固定式圆板牙的结构。

圆板牙的结构形状像螺母。在靠近螺纹外径处的端面钻有 3~7 个排屑孔，并形成切削刃。端面有切削锥，是板牙的切削部分。中间部分有螺纹，是板牙的校准部分，在套螺纹时，既校准螺纹牙型，还起导向作用。

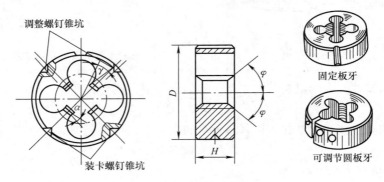

图 8-35　圆板牙

M3.5 以上的圆板牙的外圆上有 4 个顶丝尖坑和一个 V 形槽。下面两个尖坑是将圆板牙固定在板牙架上，用来传递扭矩、带动圆板牙转动的。板牙一端切削部分磨损后可掉头使用。板牙校准部分因磨损而使螺纹尺寸变大，以致超出公差范围时，可用锯片砂轮沿板牙 V 形槽将板牙锯开，用上面两个尖坑，靠板牙架上的两个顶丝将圆板牙尺寸缩小。

② 板牙架　板牙架是用来夹持板牙，并带动板牙旋转的工具，如图 8-36 所示。板牙放入后用螺钉固紧。

2）套螺纹前圆杆直径的确定。套螺纹时，圆杆直径太大，则板牙难以套入；太小则螺纹牙型不完整。圆杆直径可根据下面经验公式计算

圆杆直径 D = 外螺纹大径 d - 0.13p（螺距）

3）套螺纹时注意事项。

① 套螺纹时应保持板牙端面与圆柱轴线垂直，否则切出的螺纹一面深一面浅。

② 开始时为了使板牙切入工件，转动要慢，压力要大，套入三、四扣后就不要再加压力，以免损坏螺纹和板牙，要经常反转下以断屑，如图 8-37 所示。

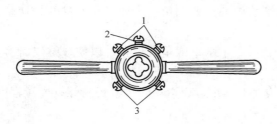

图 8-36　板牙架

1—撑开板牙螺钉　2—调整板牙螺钉　3—固定板牙螺钉

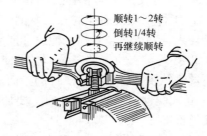

顺转 1~2 转
倒转 1/4 转
再继续顺转

图 8-37　套螺纹操作

③ 套螺纹时切削力矩很大，圆杆要夹紧，可用硬木的 V 形块或厚钢板作为衬垫。套螺

纹部分离钳口尽量近些。

④ 在钢制件上套螺纹时要加切削液冷却润滑，以提高螺纹光洁程度和延长板牙寿命。

六、钻削

孔是各种机器零件上出现最多的几何表面之一。

孔加工的方法很多，除了常用的钻孔、扩孔、锪孔、镗孔、铰孔、拉孔、磨孔外，还有金刚镗、珩磨、研磨、挤压以及孔的特种加工等。其中钻削是在实体材料上一次钻成孔的工序。

1. 钻床

钻削加工是用钻头或扩孔钻等在钻床上加工模具零件孔的方法，其操作简便，适应性强，应用广泛。钻削加工所用机床多为普通钻床，主要类型有台式钻床、立式钻床及摇臂钻床。手电钻也是常用的钻孔工具。在钻床上可完成的工作很多，有钻孔、扩孔、铰孔、锪孔、锪凸台和攻螺纹等，如图 8-38 所示。

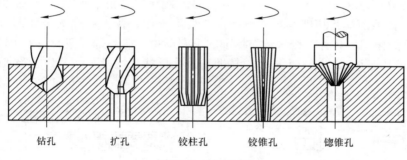

钻孔　　扩孔　　铰柱孔　　铰锥孔　　锪锥孔

图 8-38　钻削加工

2. 钻孔

钻孔是用钻头在实体材料上加工孔的方法，钻孔加工的孔精度低，表面较粗糙。

1）在钻床上钻孔时，钻头的旋转运动是主运动，而钻头沿其轴线的移动是进给运动。

2）钻头的种类很多，如麻花钻、扁钻、深孔钻和中心钻等。它们的几何形状虽有所不同，但切削原理是一样的，都有两个对称排列的切削刃，使得钻削时所产生的力能够平衡。钻头多用碳素工具钢或高速钢制成，并经淬火和回火处理。麻花钻是最常用的一种钻头，如图 8-39 所示。

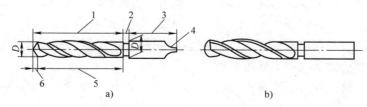

图 8-39　麻花钻的组成

a）锥柄　b）直柄

1—工作部分　2—颈部　3—柄部　4—扁尾　5—导向部分　6—切削部分

3）扩孔是对已有的孔眼（铸孔、锻孔、预钻孔等）再进行扩大，以提高其精度或降低其表面粗糙度的工序，常用扩孔钻或麻花钻。扩孔钻因中心不切削，故没有横刃，切削刃只做成靠边缘的一段。由于切屑槽较小，扩孔钻可做出较多刃齿，增强导向作用。一般整体式扩孔钻有 3 ~ 4 个齿，切削较平稳，如图 8-40 所示。

图 8-40 扩孔钻

扩孔钻的结构特点使其加工质量比钻孔高。一般尺寸精度可达 IT10 ~ IT9，表面粗糙度 Ra 值可达 25 ~ 6.3μm。扩孔钻常作为孔的半精加工及铰孔前的预加工。

3. 铰孔

用铰刀从工件孔壁上切除微量金属层，以提高孔加工质量的方法称为铰孔。铰孔属于孔的精加工方法之一，尺寸精度可达 IT7，表面粗糙度 Ra 值可达 1.6 ~ 0.8μm。

铰刀是多刃切削刀具，有 6 ~ 12 个切削刃，其导向性好、刚度好、加工余量小。如图 8-41 所示，铰刀前端是切削部分，担任主要切削工作，铰刀后端为修光部分，起校准孔径、修刮孔壁的作用。此外，按照铰刀柄部的不同形状，柄部是直柄的为手用铰刀，柄部是锥柄的多为机用铰刀，如图 8-41 所示。按照所铰孔形状，铰刀又分为圆柱形和圆锥形两种。

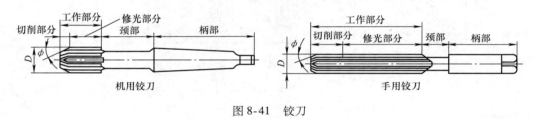

图 8-41 铰刀

七、刮削

刮削是用刮刀从工件的表面上刮去一层很薄的金属的加工方法。

刮削是将工件与平板、标准件或精加工过的相配合件配研，找出工件表面上的高点，将高点刮去。经多次循环配研、刮削，使表面接触点增加，以形成工件间精密的配合。刮削时有推挤、压光作用，使工件表面既光洁平直又紧密，表面粗糙度值 Ra 可达 0.4 ~0.1μm。

刮削能提高工件间的配合精度，形成存油间隙，减少摩擦阻力，改善工件表面质量，提高工件的耐磨性，另外还可以使工件表面美观。刮削常用于零件相互配合的滑动表面，例如，机床导轨、滑动轴承、钳工划线平板等。

刮削后表面的精度较高、表面粗糙度 Ra 值较小，但生产率低，劳动强度大，只用于那些难以磨削加工的地方。

1. 刮削用工具

1）刮刀的材料　刮刀常用碳素工具钢或轴承钢制成，刮削硬金属时，也可焊上硬质合金刀片。

2）刮刀的种类和用途　刮刀种类很多，常用的有平面刮刀和曲面刮刀，如图 8-42、

8-43所示。平面刮刀主要用于刮削平面，如平板、工作台、导轨面等，也可用来刮削外曲面。刮削时，刮刀做前后直线运动，推出去是切削，收回为空行程。三角刮刀主要用于刮前内曲面。对某些要求较高的滑动轴承和轴瓦，要用三角刮刀进行刮削。

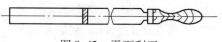

图 8-42 平面刮刀

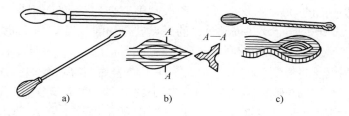

图 8-43 曲面刮刀形状

a)、b) 三角刮刀 c) 蛇头刮刀

2. 刮削质量的检验

刮削质量是以 $25 \times 25 mm^2$ 的面积内，均匀分布的贴合点的点子数来表示。一般说来，点子数越多，点子越小，其刮削质量越好。图8-44所示为用方框检查工件，方法如下：将检验平板及工件擦净，将平板上均匀地涂上一层很薄的红丹油（红丹粉与机油的混合物），然后将工件与擦净的检验平板稍加压力配研，配研后工件表面上的高点（与平板的贴合点），便因磨去红丹油而显示出亮点来。细刮时可将红丹油涂在工件加工表面上，这样显示出的点子小。这种显示高点的方法，常称为"研点"。

各种平面的研点数见表8-2。

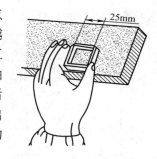

图 8-44 用方框检查研点

表 8-2 各种平面接触精度研点数

平面种类	每 25mm × 25mm 内的研点数	举 例
一般平面	2 ~ 5	较粗糙机件的固定接合面
	5 ~ 8	一般接合面
	8 ~ 12	机器台面、一般基准面、机床导向面、密封接合面
	12 ~ 16	机床导轨及导向面、工具基准面、量具接触面
精密机床	16 ~ 20	精密机床导轨、金属直尺
	20 ~ 25	1级平板、精密量具
超精密机床	>25	0级平板、高精度机床导轨、精密量具

3. 刮削方法

1) 刮削余量的确定。刮削是一项精细而繁重的工作，每次刮削量很小，因此，要求切削加工后所留下的刮削余量不宜太大，否则会耗费很多时间，并增加不必要的劳动量。但也不能留得过少，否则不易达到表面质量要求。刮削余量是以工件刮削面积的大小来定的，一般如平面宽 100 ~ 500mm，长 100 ~ 1000mm，余量为 0.15 ~ 0.2mm。孔径 <80mm，孔长

<100mm，刮削余量为 0.05mm。

2）刮削方法的选择。刮削方法的选择，取决于工件表面状况及对表面质量的要求。以平面刮削为例，可分为粗刮、细刮、精刮，刮花等。

① 粗刮。若工件表面比较粗糙，应先用刮刀将其全部粗刮一次，使表面较平滑，以免研点时划伤检验平板。粗刮时用长柄刮刀，刀口端部要平，刮刀痕迹要连成片，不可重复。刮削方向要与切削加工的刀痕约成 45°角，各次刮削方向应交叉，如图 8-45 所示。切削加工刀痕刮除后，即可开始研点，并按显示出的高点进行刮削。当工件表面贴合点增至每25 × 25mm² 面积内 4 ~ 5 点时，可开始细刮。

② 细刮。细刮就是将粗刮后的高点刮去，使工件表面贴合点增加。细刮时用较短的刮刀，刀痕短、不连续，每次都要刮在点子上，点子越少刮去的金属越多。刮削时要朝一个方向刮，刮完一遍，刮第二遍时要成 45°或 60°方向交叉刮网纹，直到 25 × 25mm² 面积内有 12 ~ 15 点时，可进行精刮。

③ 精刮。精刮刀短而窄，刀痕也短（3 ~ 5mm）。精刮时，将大而宽的点子全部刮去，中等点子中部刮去一小块，小点子则不刮。经过反复刮削及研点，直到达到要求为止。

④ 刮花。精刮后的刮花是为了使刮削表面美观，保证良好的润滑，并可借刀花的消失来判断平面的磨损程度。常用的花纹如图 8-46 所示。

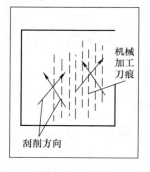

图 8-45　粗刮

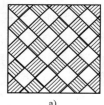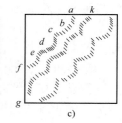

图 8-46　刮花花纹

a）斜纹花　b）鱼鳞花　c）半月花

3）刮削时注意事项。

① 刮削时要拿稳刮刀，用力要均匀，以免刮刀刃口两端的棱角将工件划伤。

② 刮削前，工件的锐边、锐角必须去掉，防止把手碰伤。

③ 刮削工件边缘时，不能用力过大、过猛，以免刮刀脱出工件，发生事故。

④ 刮削大型工件时，搬动时要注意安全。

八、研磨

研磨是用研磨工具（研具）和研磨剂从工件表面磨去一层极薄金属，使工件达到精确的尺寸、准确的几何形状和很小的表面粗糙度的精加工方法。

1. 研磨的作用

1）减小表面粗糙度。

2）达到精确的尺寸：经过研磨后的工件尺寸精度可以达到 0.001 ~ 0.005mm。

3）提高零件几何形状的准确性：工件在机械加工中产生的形状误差，可以通过研磨的方法校正。

由于经过研磨后的工件表面粗糙度很小，形状准确，所以工件的耐蚀性、抗腐蚀能力和抗疲劳强度也相应得到提高，从而延长了零件的使用寿命。

研磨分手工研磨和机械研磨两种，钳工一般采用手工研磨。

2. 研具

1）研具类型：不同形状、材质的工件需要不同形状、材质的研具，常用的研具有研磨平板、研磨棒和研磨套等。

① 研磨平板。研磨平板主要用来研磨有平面的工件表面，如研磨量块、精密量具的平面等。研磨平板分有槽平板和光滑平板两种，如图 8-47 所示。

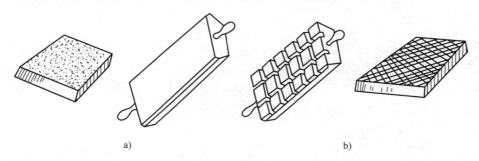

图 8-47 研磨平板
a）光滑平板 b）有槽平板

② 研磨棒。研磨棒主要用来研磨套类工件的内孔。研磨棒有固定式和可调式两种，如图 8-48 所示。

图 8-48 研磨棒
a）光滑研磨棒 b）带槽研磨棒 c）可调式研磨棒

③ 研磨套。研磨套主要用来研磨轴类工件的外圆表面，如图 8-49 所示。

2）研具材料。研具的组织结构应细密均匀，要有很高的稳定性、耐磨性，具有较好的嵌存磨料的性能，工作面的硬度应比工件表面硬度稍软。常用的研具材料有灰铸铁、球墨铸铁、软钢、铜等。

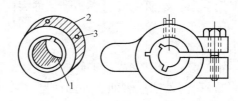

图 8-49 研磨套
1—开口调节圈 2—外圈 3—调节螺钉

3. 研磨剂

研磨剂由磨料、研磨液、辅料调和而成。研磨剂常配制成液态研磨剂、研磨膏和固态研磨剂（研磨皂）三种。

4. 研磨方法及质量检验

研磨前要根据工件的特点选择好合适的研具、研磨剂、研磨运动轨迹、研磨压力和研磨速度。研磨分粗研、半精研和精研三步。

（1）研磨方法

1）手工研磨的运动轨迹一般采用直线式、摆动式、螺旋式和 8 字式等 4 种，其特点及用途见表 8-3。

表 8-3　手动研磨轨迹特点及用途

轨迹形式及图示		特点及用途
直线式		直线研磨运动轨迹，由于不能相互交叉，容易直线重叠，使工件难以获得很细的表面粗糙度，但可获得较高的几何精度。故常用于有台阶的狭长面上的研磨
摆动式		摆动式直线研磨运动轨迹，是在作横向直线往复移动的同时，工件作前后摆动。如研磨刀形直尺、样板角尺侧面的圆弧时，由于主要是要求平直度，采用这种轨迹研磨可使研磨表面的直线度得到保证
螺旋式		螺旋式研磨运动轨迹，能获得较高的平面度和很小的表面粗糙度。适用于圆片或圆柱形工件端面等的研磨
8 字式		8 字式或仿 8 字式研磨轨迹，能使研磨表面保持均匀接触，有利于提高工件的研磨质量，使研具均匀磨损。适用于小平面工件的研磨和研磨平板的修整

2）平面研磨。平面研磨应在非常平整的平板上进行，粗研时在有槽的平板上进行，精研时在无槽的平板上进行。

第一步：粗研完成后要达到工件表面的机械加工痕迹基本消除，平面度接近图样要求。

第二步：半精研完成后要达到工件加工表面机械加工痕迹完全消除，工件精度达到图样要求。

第三步：精研完成后工件的精度、表面粗糙度要完全符合图样的要求。

3）研磨外圆柱表面。外圆研磨一般采用手工与机械相配合的方法用研磨套对工件进行研磨。研磨时当研磨套往复速度适当时，工件上研磨出来的网纹成 45°交叉线，移动太快则网纹与工件轴线夹角较小，反之则较大，如图 8-50 所示。

4）内孔研磨。内孔研磨时要将研磨棒夹紧在车床或钻床的主轴上转动，把工件套在研磨棒上研磨。

（2）研磨注意事项

1）研磨前，选择研具的材料要比工件的硬度低，并具有良好的嵌砂性、耐磨性和足够

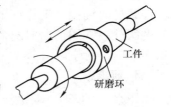

图 8-50　研磨外圆柱面

的刚度及较高的几何精度。

2）研磨时，研磨的速度不能太快，精度要求高或易于受热变形的工件，其研磨速度不超过 30m/min。手工粗磨时，每分钟往复 40～60 次；精研磨每分钟往复 20～40 次。

3）研磨外圆柱表面时，研磨套的内径应比工件的外径略大 0.025～0.05mm，研磨套的长度一般是其孔径的 1～2 倍。

4）研磨外圆柱表面时，对于直径大小不一的情况，可在直径大的部位多磨几次，直到直径相同为止。

5）研磨内孔表面时，研磨棒的外径应比工件内径小 0.01～0.025mm，研磨棒工作部分的长度为工件长度的 1.5～2 倍。

6）研磨内孔表面时，若孔口两端积有过多的研磨剂时，应及时清理。研磨后，应将工件清洗干净，冷却至室温后再进行测量。

（3）研磨缺陷分析（见表 8-4）

表 8-4　研磨产生缺陷的原因与防止办法

废品形式	缺陷产生的原因	防止方法
表面不光洁	磨料过粗 研磨液不当 研磨剂涂得太薄	1）正确选用磨料 2）正确选用研磨液 3）研磨剂涂抹应适当
表面拉毛	研磨剂中混入杂质	重视并做好清洁工作
平面成凸形或孔口扩大	研磨剂涂得太厚 孔口或工件边缘被挤出的研磨剂未擦去就连续研磨 研磨棒伸出孔口太长	1）研磨剂涂得适当 2）被挤出的研磨剂应擦去后再研磨 3）研磨棒伸出长度要适当
孔呈椭圆形或有锥度	研磨时没有更换方向 研磨时没有调头研磨	1）研磨时应变换方向 2）研磨时应调头研磨
薄形工件拱曲变形	工件发热了仍继续研磨 装夹不正确引起变形	1）不使工件温度超过 50℃，发热后应暂停研磨 2）装夹要稳定，不能太紧

第四节　装　　配

任何机器都是由许多零件组成的。将零件按照规定的技术要求组装起来，并经调整、试验，使之成为合格产品的过程称为装配。

装配工作是产品制造的最后阶段。装配工作的好坏直接影响产品质量。即使零件的加工精度很高，如果装配不正确，也会使产品达不到规定的技术要求。反之，虽然某些零件精度并不很高，但经过仔细的修配、精确的调整后，仍可装配出性能良好的产品。由此可见，装配工作是一项重要而细致的工作，在机械制造业中占有很重要的地位。

一部复杂的机器，很少由许多零件直接装配而成，而是先以某一零件作为基准零件，把几个其他零件装在基准零件上构成"组件"，然后再把几个组件与零件装在另一基准零件上，构成"部件"，最后将若干个部件组件与零件共同安装在产品的基准零件上，总装成机器。可以单独进行装配的机器"组件"及"部件"称为装配单元。

1. 装配方法

为了使装配精度符合要求，目前采用的装配方法有以下四种。

1）完全互换法。这种装配方法适用于专业产品的成批生产和流水线生产。它要求任何一个零件，不再经过修配装上去就能满足应有的技术质量。因此，对零件加工精度要求较高，主要依靠先进的工艺装备来保证零件公差的一致性。

2）选配法。将零件的制造公差适当放宽，装配前按比较严格的公差范围将零件分成几组。然后，将对应的各组配合件进行装配，以达到要求的装配精度。用选配法，可提高装配精度，但并不增加零件的加工费用。这种方法适用在成批量生产中某些精确配合处。选配以后的零件要分别作好标记，以免装配时搞错。

3）修配法。当装配精度要求较高，采用完全互换不够经济时，常用修整某配合零件的方法来达到规定的装配精度。这种方法虽然使装配工作复杂化和增加了装配时间，但不需要采用高精度的设备来保证零件的加工精度，节省机器加工的时间，从而使产品成本降低。因此，修配法常用在成批生产精度高的产品或单件生产小批生产中。

4）调整法。装配时，调整一个或几个零件的位置，以消除零件间的积累误差来达到装配要求。如用不同尺寸的可换垫片、衬套、可调节螺钉、镶条等进行调整。这种方法比修配法方便，也能达到较高的装配精度，在大批生产和单件生产中都可采用。但这种方法往往使部件的刚度降低，有时会使机器各部分的位置精度降低。调整得不好，会影响机器的性能和使用寿命。所以，要认真仔细地进行调整。

2. 装配步骤

装配工作的一般步骤是：研究和熟悉产品装配图及技术要求，了解产品结构、工作原理、零件的作用及相互连接关系→准备所用工具，确定装配方法顺序→对装配的零件进行清洗，去掉飞翅→组件装配、部件装配→总装配→调整、检验、试车→油漆、涂油，装箱。

3. 组件装配示例

为了使整个产品的装配工作能按顺序进行，一般以装配工艺系统图说明产品的装配过程。而整个产品的装配工艺系统图是以该产品的装配单元（组件）系统图为基础来绘制的。图 8-51 为其从动轴组件装配结构图，以此组件为例说明装配单元系统图的绘制和装配方法。

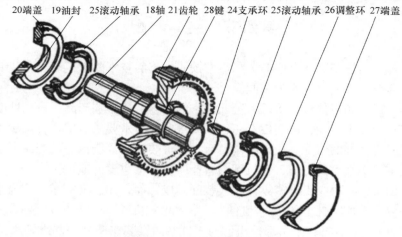

20端盖　19油封　25滚动轴承　18轴　21齿轮　28键　24支承环　25滚动轴承　26调整环　27端盖

图 8-51　从动轴组件结构

1）制定装配单元系统图。装配单元系统图能简明直观地反映出产品的装配顺序，其绘制方法是：

① 先画一条横线。

② 横线的左端画一小长方格，代表基准零件。在长方格中要注明装配单元的编号、名称和数量。

③ 横线的右端画一小长方格，代表装配的成品。

④ 横线自左至右表示装配的顺序，直接进入装配的零件画在横线的上面，直接进入装配的组件，画在横线的下面。按此方法绘制的从动轴组件装配单元系统图，如图 8-52 所示。

2）从动轴组件的装配方法。由图 8-52 可见，装配单元系统图清楚地表示出成品的装配过程，装配所需零件名称编号和数量，并可根据它划分装配工序。因此，它可以起到指导和组织装配工艺的作用，还可以画出部件和机器的装配单元系统图。

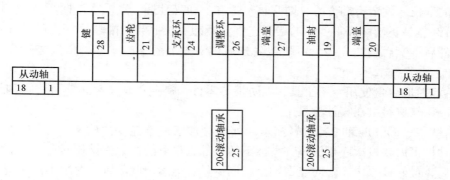

图 8-52　从动轴组件的装配方法

根据图 8-52 所示从动轴组件的装配方法如下。

① 将键 28 装在基准件从动轴 18 上。

② 装入齿轮 21。

③ 装入支承环 24。

④ 装入滚动轴承 25。

⑤ 装入调整环 26。

⑥ 装入端盖 27。

⑦ 装入另一滚动轴承 25。

⑧ 装入油封（毛毡）19。

⑨ 装入端盖 20。

装配后，用手转动调试。

4. 装配时零件连接的种类

在装配过程中，零件相互连接的性质，会直接影响产品装配的顺序和装配方法。因此，在装配前要仔细研究零件的连接方式。按照零件的连接方式的不同，可分为固定连接和活动连接，见表 8-5。固定连接是指零件之间没有相对运动的连接，即零件间相互位置不再变动的连接。活动连接是指在装配后零件间要作一定相对运动的连接。在这两种连接中，又根据它们连接后能否拆卸的不同情况，分为可拆连接和不可拆连接。可拆连接是指在拆卸这类连接时不损坏任何零件。而不可拆连接是指若拆卸这类连接时，被连接的零件要受到损坏。

表 8-5　连接的种类

固定连接		活动连接	
可拆的	不可拆的	可拆的	不可拆的
螺纹、键、销等连接	铆接、焊接、压合、胶合、扩压等	轴与滑动轴承、柱塞与套筒等间隙配合零件	任何活动连接的铆合头

5. 机器的拆卸和修理

机器经过长期使用，某些零件会产生磨损和变形，使机器的精度和效率降低，这时就需要对机器进行检查和修理。修理时要对机器进行拆卸。拆卸工作的一般要求是：

1）机器拆卸前，要先熟悉图样。对机器零、部件的结构要了解清楚，弄清需排除的故障和修理的部位，确定拆卸方法，防止盲目拆卸，猛敲乱拆，造成零件损坏。

2）拆卸就是正确解除零件间的相互连接。拆卸要按照与装配顺序相反的顺序进行，即先装的零件后拆，后装的先拆，可按照先外后内、先上后下的顺序，依次进行零、部件的拆卸。

3）拆卸时应尽量使用专用工具，以防损坏零件，避免用锤子敲击零件，可用铜锤或木锤敲击，或用软材料垫在零件上敲。

4）有些零、部件拆卸时要做好标志（如成套加工或不能互换的零件等），以防装配时装错。零件拆下后要按次序摆放整齐。拆下的零件，尽可能按原来结构套在一起。如轴上的零件拆下后，最好按原次序临时装回轴上或用钢丝、绳索串联放置。对细小件如销子、止动螺钉、销等，拆卸后立即拧上或插入孔中。对丝杠、长轴零件要用布包好并用绳索将其吊起放置，以防弯曲变形或碰伤。

5）拆卸时，对采用螺纹联接或锥度配合的零件，必须辨清回旋方向。

下篇　现代机械制造技术

第九章　数控加工基础知识

数字控制（Numerical Control，NC）简称数控，是指用数字化信号对某一工作过程进行控制的自动化技术。数控机床就是采用数控技术对加工过程进行控制的高效、能自动化加工的机床。数控技术及装备是发展高新技术产业及尖端工业的基础技术和装备，是制造业现代化的重要基础，尤其在当今全球化智能制造潮流的推动下，智能制造成为制造技术发展的主攻方向。而采用数控技术作为核心控制技术的数控机床、工业机器人等设备是智能制造系统的基本组成单元，学习、掌握数控加工技术是当代机械类专业学生应该具备的基本能力。

第一节　数控机床的组成、基本加工原理和分类

一、数控机床的组成

数控机床是由普通机床演变而来的，它的控制采用计算机数字控制方式，各个坐标轴方向的运动均采用单独的伺服电动机驱动，取代了普通机床中联系各坐标轴方向运动的复杂机械传动链。一般来说，数控机床由机床本体、数控系统、机电接口等组成，如图9-1所示。

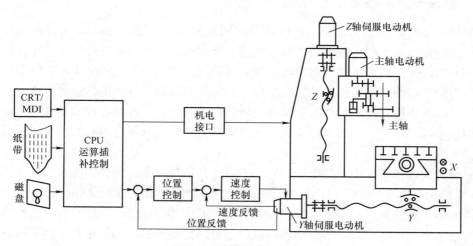

图 9-1　数控机床的组成

1. 机床本体

机床本体是指数控机床的机械结构实体，与传统的普通机床类似，同样包括机床的主运动部件、进给运动部件、执行部件和底座、立柱、刀架、工作台等基础部件。但与普通机床相比，由于数控机床是一种高精度、高效率和高自动化的机床，要求机床的机械结构应具有较高的精度和刚度，精度保持性要好，主运动、进给运动部件运动精度要高。数控机床的主运动、进给运动都由单独的电动机驱动，机械传动链短、结构较简单。机床的进给传动系统一般均采用摩擦特性良好的精密滚珠丝杠、精密滚动导轨副，以保证进给系统的灵敏和精确。在加工中心上还具备有刀库和刀具自动交换装置。同时还有一些良好的配套设施，如冷却、自动排屑、防护、可靠的润滑、编程和对刀等，以便于充分发挥数控机床的功能。

2. 数控系统

数控系统是数控机床实现自动加工的核心，是整个数控机床的"大脑"。主要由输入/输出装置、计算机数控装置、伺服系统、检测系统、可编程序控制器（Programmable Logic Control，PLC）等组成。数控系统输入装置可以通过多种方式输入数控加工程序和各种参数、数据，一般配有 CRT 或液晶显示器作为输出设备显示必要的信息，并能显示图形。计算机数控装置是数控系统的指挥中心，用以完成加工过程中各种数据的计算，利用这些数据由伺服系统将计算机数控装置的弱电指令信号通过解调、转换和放大后驱动伺服电动机，实现刀架或工作台等执行部件的运动，完成各坐标轴的运动控制；检测装置主要用于闭环和半闭环控制，用以检测运动部件的坐标位置，进行严格的速度和位置反馈控制；PLC 用来控制电器的开关器件，如主轴的起动与停止、各类液压阀与气压阀的动作、换刀机构的动作、切削液的开与关、照明控制等。

3. 机电接口

PLC 完成上述开关量的逻辑顺序控制，这些逻辑开关量的动力是由强电线路提供的，而这种强电线路不能与低压下工作的控制电路或弱电线路直接连接，必须经过机电接口电路进行电气隔离或转换。

二、数控机床的基本工作原理

机械加工是由切削的主运动和进给运动共同完成的，控制主运动以得到合理的切削速度，控制进给运动以得到各种不同的加工表面。金属切削机床加工零件，是操作者根据图样的要求，不断改变刀具与工件之间的运动参数（位置、速度等），使刀具对工件进行切削加工，最终得到需要的合格零件。数控机床加工，是把刀具与工件的坐标运动分割成一些最小的单位量，即最小位移量，通常称为脉冲当量。加工时，由数控系统按照零件加工程序的要求，使相应坐标移动若干个最小位移量，从而实现刀具与工件相对运动的控制，以完成零件的加工。

在三坐标的数控机床中，各坐标的运动方向通常是相互垂直的，即各自沿笛卡儿坐标系的 X、Y、Z 轴的正负方向移动。如何控制这些坐标运动来完成各种不同的空间曲面的加工，是数字控制的主要任务。在三维空间坐标系中，空间任何一点都可以用 X、Y、Z 的坐标值来表示，一条空间曲线也可以用三维函数表示。怎样控制各坐标轴的运动才能完成曲面加工呢？下面以二维空间的曲线加工为例加以说明。

如图 9-2 所示，在平面上，要加工任意曲线 L 的零件，要求刀具 T 沿曲线轨迹运动，进行切削加工。将曲线 L 分割成 l_0、l_1、l_2、$\cdots$、l_i 等线段，用直线（或圆弧）代替（逼近）这些线段，曲线加工时刀具的运动轨迹与理论上的曲线（包括直线）不吻合，而是一个逼近折线。但当逼近误差 δ 相当小时，这些折线段之和就接近了曲线。由数控机床的数控装置进行计算、分配，通过两个坐标轴最小单位量的单位运动（Δx、Δy）的合成，连续地控制刀具运动，不偏离地走出直线（或圆弧），从而非常逼真地加工出平面曲线。

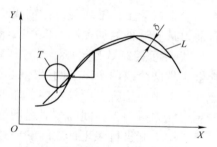

图 9-2　数控机床运动控制原理

这种在允许的误差范围内，用沿曲线（精确地说，是沿逼近函数）的最小单位移动量合成的分段运动代替任意曲线运动，以得出所需要的运动，是数字控制的基本思路之一。它的特点是不仅对坐标的移动量进行控制，而且对各坐标的速度及它们之间的比率都要进行严格控制，以便加工出给定的轨迹。

三、数控机床的分类与特点

1. 数控机床的分类

随着数控技术的发展，数控机床的品种规格繁多，分类方法不一。根据数控机床的功能和组成的不同，可以从多种角度对数控机床进行分类，通常从以下三个方面进行分类。

1）按工艺用途分类。据不完全统计，目前数控机床的品种规格已达 500 余种，按其工艺用途可分为以下几类。

数据机床 ┤ 普通数控机床 ┤ 金属切削数控机床：数控车床、数控铣床、数控钻床、数控镗床、数控磨床、数控齿轮加工机床、数控雕刻机等

金属成形数控机床：数控压力机、弯管机、折弯机、旋压机等

特种加工数控机床：数控线切割机、电火花成形机、火焰切割机、点焊机、激光加工机等

加工中心

加工中心是一种带有自动换刀装置和刀具库的数控机床，它的出现打破了一台机床只能进行一种工艺加工的传统概念，能实现工件在一次装夹后自动地完成多种工序的加工。

2）按运动控制方式分类。

① 点位控制数控机床。只要求控制机床的运动部件从一点到另一点的精确定位，对其移动的运动规迹则无严格要求，在移动过程中刀具不进行切削加工，主要用于数控钻床、数控镗床、数控压力机、数控点焊机、数控测量机等。为提高生产率，保证定位精度，空行程时以机床设定的最高进给速度快速移动，在接近终点前进行分级或连续降速，然后再以低速准确运动到终点位置，减少因运动部件惯性引起的定位误差，如图 9-3 所示。

② 直线控制数控机床。直线控制数控机床也称为平行控制数控机床，它在点位控制基础上，除了控制点与点之间的准确定位外，还要求运动部件按给定的进给速

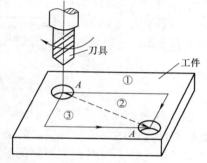

图 9-3　数控钻床加工示意图

度，沿平行于坐标轴或与坐标轴成 45°角的方向进行直线移动和切削加工，如图 9-4 所示。目前，具有这种运动控制的数控机床已很少。

③ 轮廓控制数控机床。轮廓控制（又称连续控制）数控机床的特点是机床的运动部件能够实现两个或两个以上的坐标运动同时进行联动控制。它不仅要求控制机床运动部件的起点与终点坐标位置，而且对整个加工过程每一点的速度和位移量也要进行严格的、不间断的控制，使刀具与工件间的相对运动符合工件加工轮廓要求。这种控制方式要求数控装置在加工过程中不断进行多坐标之间的插补运算，控制多坐标轴协调运动。这类数控机床可加工曲线和曲面，如图 9-5 所示。

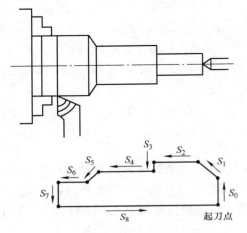
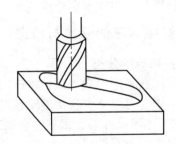

图 9-4　直线控制数控车床加工示意图　　　　图 9-5　两坐标轮廓控制数控铣床加工示意图

　3）按伺服系统控制方式分类。

① 开环控制数控机床。开环控制数控机床不带位置检测装置。数控装置发出的控制指令直接通过驱动电路控制伺服电动机的运转，并通过机械传动系统使执行机构（刀架、工作台）运动，如图 9-6 所示。开环控制数控机床结构简单、价格便宜，控制精度较低，目前在国内多用于经济型数控机床，以及对旧机床的改造。

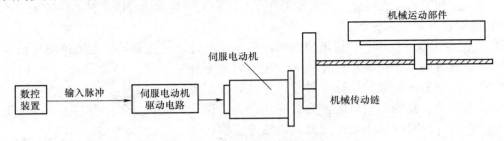

图 9-6　开环控制系统框图

② 闭环控制数控机床。闭环控制数控机床带有位置检测装置，而且检测装置装在机床运动部件上，用以把坐标移动的准确位置检测出来并反馈给数控装置，将其与轨迹控制的指令信号相比较，根据差值控制伺服电动机工作，使运动部件严格按实际需要的位移量运动，如图 9-7 所示。

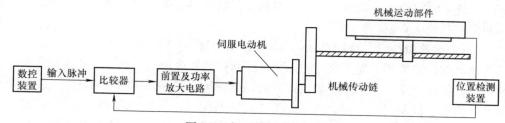

图 9-7　闭环控制系统框图

从理论上讲，闭环控制系统中机床工作精度主要取决于测量装置的精度，而与机械传动系统精度无关。因此，采用高精度测量装置可以使闭环控制系统达到很高的工作精度。但是由于许多机械传动环节都包含在反馈回路内，而各种反馈环节具有丝杠与螺母、工作台与导轨的摩擦，且各部件的刚度、传动链的间隙等都是可变的，因此，机床的谐振频率、爬行、运动死区等造成的运动失步，都可能会引起振荡，降低了系统稳定性，调试和维修比较困难，且结构复杂、价格昂贵。

③ 半闭环控制数控机床。半闭环控制数控机床也带有位置检测装置，与闭环控制数控机床的不同之处是检测装置装在伺服电动机或丝杠的尾部，用测量电动机或丝杠转角的方式间接检测运动部件的坐标位置，如图 9-8 所示。由于电动机到工作台之间的传动部件有间隙、弹性变形和热变形等，因而检测的数据与实际的坐标值有误差。但由于丝杠螺母副、机床运动部件等大惯量环节不包括在闭环内，因此可以获得稳定的控制特性，使系统的安装调试方便，而且半闭环系统还具有价格较便宜、结构较简单、检测元件不容易受到损害等优点，因此，半闭环控制正成为目前数控机床首选的控制方式，广泛用于加工精度要求不是很高的数控机床上。

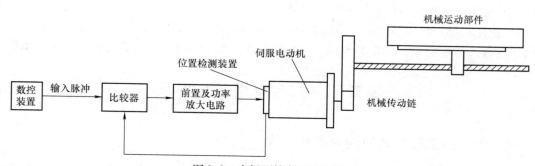

图 9-8　半闭环控制系统框图

除了以上三种基本分类方法外，还有其他的分类方法，例如，按控制坐标数和联动坐标数分类，有两轴、两轴半、三轴、四轴、五轴联动以及三轴两联动、四轴三联动等；按控制装置类型分类，有硬件数控、计算机数控（又称软件数控）；按功能水平分类，有高、中（普及型）、低（经济型）档数控等。

2. 数控机床的特点

数控机床是一种高效、新型的自动化机床，具有广泛的应用前景。与普通机床相比具有以下特点。

1）适应性强。数控机床由于采用数控加工程序控制，当加工对象改变时，只要改变数控机床的加工程序就能适应新零件的自动化加工，而不需要改变机械部分和控制部分的硬件，因此，能适应当前市场竞争中对产品不断更新换代的要求，较好地解决了多品种、小批量产品的生产自动化问题。

2）精度高，质量稳定。数控机床的传动件，特别是滚珠丝杠，制造精度很高，装配时消除了传动间隙，并采用了提高刚度的措施，因而传动精度很高。机床导轨采用滚动导轨或粘贴摩擦系数很小且动、静摩擦系数很接近的以聚四氟乙烯为基体的合成材料，因而减小了摩擦阻力，消除了低速爬行。在闭环、半闭环伺服系统中，装有精度很高的位置检测元件，并随时把位置误差反馈给计算机，使之能够及时地进行误差校正。因而使数控机床获得很高的加工精度。数控机床的一切动作都是按照预定的程序自动工作，与手工操作比较，数控机床没有人为干扰，因而加工质量稳定。

3）生产效率高。数控机床的进给运动和多数主运动都采用无级调速，且调速范围大，可选择合理的切削速度和进给速度，提高切削效率，有效地减少加工中的切削工时；数控机床还具有自动换刀、自动交换工作台和自动检测等功能，可实现在一次装夹后几乎完成零件的全部加工，这样不仅可减少装夹误差，还可减少半成品的周转时间，并且不需要工序间的检验与测量，使辅助时间大为缩短。因此，与普通机床相比，数控机床生产效率高出 3~4 倍。对于复杂型面的加工，生产效率可提高十倍，甚至几十倍。

4）减轻劳动强度，改善劳动条件。利用数控机床进行加工，只需要按图样要求编制零件的加工程序，然后输入并调试程序，安装坯件进行加工，监督加工过程并装卸零件，这样大大减轻了操作者的劳动强度。此外，数控机床一般都具有较好的安全防护、自动排屑、自动冷却、自动润滑装置，操作者的劳动条件也得到很大的改善。

5）有利于生产管理现代化。数控机床是使用数字信息作为控制信息，用数控机床加工能准确计算零件的加工时间，这样有利于同计算机连接，并构成由计算机控制和管理的生产系统，实现生产过程的科学管理和信息化管理。

6）使用、维护技术要求高。数控机床是综合多学科、新技术的产物，价格昂贵，设备一次性投资大；相应地，高技术产品一定要求有较高水平的技术工人进行机械操作和维护。

第二节　数控编程基础知识

一、数控加工程序编制的内容和步骤

数控机床编程的主要内容有：分析零件图样、确定加工工艺过程、数学处理、编写程序清单、制作控制介质、程序检查、程序输入以及工件试切。

数控机床编程的步骤一般如图 9-9 所示。

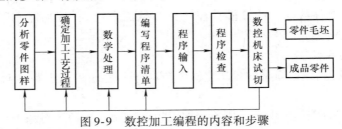

图 9-9　数控加工编程的内容和步骤

1. 分析零件图样和工艺处理

编程人员首先根据图样对零件的几何形状尺寸，技术要求进行分析，明确加工的内容及要求，决定加工方案、确定加工顺序、设计夹具、选择刀具、确定合理的走刀路线及选择合理的切削用量等。同时还应发挥数控系统的功能和数控机床本身的能力，正确选择对刀点，切入方式，尽量减少诸如换刀、转位等辅助时间。

2. 数学处理

编程前，根据零件的几何特征，先建立一个工件坐标系，根据零件图样的要求，制定加工路线，在建立的工件坐标系上，首先计算出刀具的运动轨迹。对于形状比较简单的零件（如直线和圆弧组成的零件），只需计算出几何元素的起点、终点、圆弧的圆心、两几何元素的交点或切点的坐标值。但对于形状比较复杂的零件（如非圆曲线、曲面组成的零件），数控系统的插补功能不能满足零件的几何形状时，就需要计算出曲面或曲线上很多离散点，在点与点之间用直线段或圆弧段逼近，根据要求的精度计算出其节点间的距离，这种情况一般要求用计算机来完成数值计算的工作。

3. 编写程序清单

当加工路线和工艺参数确定以后，根据数控系统规定的指令代码及程序段格式，逐段编写零件程序清单。此外，还应填写有关的工艺文件，如数控加工工序卡片、数控刀具明细表、工件安装和零点设定卡片、数控加工程序单等。

4. 程序输入

以前，数控机床上使用的控制介质一般为穿孔纸带，穿孔纸带是按照国际标准化组织（ISO）或美国电子工业学会（EIA）标准代码制成。穿孔纸带上的程序代码，通过纸带阅读装置送入数控系统。现代数控机床，多用键盘把程序直接输入到计算机中。在通信控制的数控机床中，程序可以由计算机接口传送。如果需要保留程序，可复制到磁盘或录制到磁带上。

5. 程序校验与首件试切

程序清单必须经过校验和试切才能正式使用。校验的方法是将程序内容输入到数控装置中，让机床空刀运转，若是二维平面工件，还可以用笔代刀，以坐标纸代替工件，画出加工路线，以检查机床的运动轨迹是否正确。在有图形显示功能的数控机床上，可用模拟刀具切削过程的方法进行检验。但这些方法只能检验出运动是否正确，不能查出被加工零件的加工精度。因此必须进行工件的首次试切。首次试切时，应该以单程序段的运行方式进行加工，随时监视加工状况，调整切削参数和状态，当发现有加工误差时，应分析误差产生的原因，找出问题所在，加以修正。

编程人员，不但要熟悉数控机床的结构、数控系统的功能及标准，而且还必须是一名合格的工艺人员，要熟悉零件的加工工艺，具备选择装夹方法、刀具性能、切削用量等方面的专业知识。

二、数控加工编程的方法

通常数控机床程序编制的方法有三种，即手工编程、自动编程和图形交互式自动编程。

1. 手工编程

人工完成零件图样分析、工艺处理、数值计算、书写程序清单，直到程序的输入和检验，称为"手工编程"。手工编程一般适用于点位加工或几何形状不太复杂的零件，对于被加工零件轮廓的几何形状不是由简单的直线和圆弧组成的复杂零件，特别是求解空间曲面的离散点时，由于数值计算复杂，编程工作量大，校对困难，采用这种编程方法就很难完成或根本就无法实现，而用自动编程或图形交互式自动编程就容易实现。

2. 计算机辅助自动编程

所谓计算机辅助自动编程，就是使用计算机或程编机，完成零件程序的编制过程。在这个过程中，编程人员只是根据零件图样和工艺要求，使用规定的语言手工编写出一个描述零件加工要求的程序，然后将其输入到计算机或程编机，计算机或程编机自动地进行数值计算，并编译出零件加工程序。根据要求还可以自动地打印出程序清单，制成控制介质或直接将零件程序传送到数控机床。有些装置还能绘制出零件图形和刀具轨迹，供编程人员检查程序是否正确，需要时可以及时修改。由于自动编程能够完成繁琐的数值计算和实现人工难以完成的工作，提高生产效率，因而对于较复杂的零件采用自动编程更方便。

3. 图形交互式自动编程

图形交互式自动编程是利用被加工零件的二维和三维图形，由专用软件，以窗口和对话框的方式生成的加工程序，这种编程方式使得复杂曲面的加工更为方便。

三、数控加工坐标系

1. 坐标轴

为了保证程序的通用性，国际标准化组织（ISO）对数控机床的坐标和方向制定了统一的标准。参照 ISO 标准，我国颁布了 GB/T 19660—2005《工业自动化系统与集成　机床数值控制坐标系和运动命名》，规定直线运动的坐标轴用 X、Y、Z 表示，围绕 X、Y、Z 轴旋转的圆周进给坐标轴分别用 A、B、C 表示。对各坐标轴及运动方向规定的内容和原则如下：

1）刀具相对于静止工件而运动的原则。编程人员在编程时不必考虑是刀具移向工件，还是工件移向刀具，只需根据零件图样进行编程。规定假定工件是永远静止的，而刀具是相对于静止的工件而运动。

2）标准坐标系各坐标轴之间的关系。在机床上建立一个标准坐标系，以确定机床的运动方向和移动的距离，这个标准坐标系也称机床坐标系。机床坐标系中 X、Y、Z 轴的关系用右手直角笛卡儿法则确定，如图 9-10 所示。为编程方便，规定坐标轴的名称和正负方向都符合右手法则，图中大拇指的指向为 X 轴的正方向，食指指向为 Y 轴的正方向，中指指向为 Z 轴的正方向。围绕 X、Y、Z 轴旋转的圆周进给坐标轴 A、B、C 的方向用右手螺旋法则确定。以大拇指指向 $+X$、$+Y$、$+Z$ 方向，则其余手指握轴的旋转方向为 $+A$、$+B$、$+C$ 方向。

3）机床某一部件运动的正方向，是使刀具远离工件的方向。

4）Z 轴及其运动方向：平行于机床主轴的刀具运动为 Z 坐标。

5）X 轴及其运动方向：X 轴为水平方向，且垂直于 Z 轴并平行于工件的装夹平面。

6）Y 轴及其运动方向：Y 轴垂直于 X、Z 坐标。当 $+X$、$+Z$ 确定以后，按右手笛卡儿法则即可确定 $+Y$ 方向。

无论那一种数控机床都规定 Z 轴作为平行于主轴中心线的坐标轴，如果一台机床有多根主轴，应选择垂直于工件装夹面的主要轴为 Z 轴。

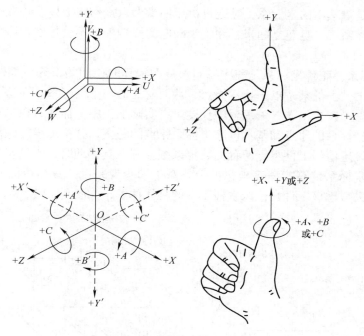

图 9-10 笛卡儿坐标系统

X 轴通常选择为平行于工件装夹面,与主要切削进给方向平行。

旋转坐标轴 A、B、C 的方向分别对应 X、Y、Z 轴按右手螺旋法则确定。图 9-11 为数控机床坐标轴应用实例。

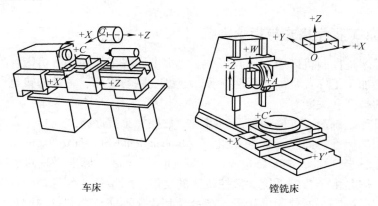

车床   镗铣床

图 9-11 数控机床的坐标轴

2. 坐标系

坐标轴的方向确定以后,接着是确定坐标原点的位置,只有当坐标原点确定后坐标系才算确定了,加工程序就在这个坐标系内运行。可见,由于坐标原点不同,即使是执行同一段程序,刀具在机床上的加工位置也是不同的。数控加工中一般有以下两种坐标系概念。

1)机床坐标系。它的坐标原点在机床上某一点,是固定不变的,机床出厂时已确定。此外,机床的基准点、换刀点、托板的交换点、机床限位开关或挡块的位置都是机床上固有的点,这些点在机床坐标系中都是固定点。

221

机床坐标系是最基本的坐标系，是通过机床回参考点操作完成以后，数控系统确定的机床原点建立的坐标系。一旦建立起来，除了受断电的影响外，不受控制程序和设定新坐标系的影响。

2）工件坐标系。工件坐标系是程序编制人员在编程时使用的，程序编制人员可根据零件图样自行确定工件上的某一点为坐标原点，从而建立的一个坐标系。在这个坐标系内编程可以简化坐标计算，减少错误，缩短程序长度。在实际加工中，操作者在机床上装好工件之后，测量该工件坐标系的原点和基本机床坐标系原点的距离，并把测得的距离在数控系统中预先设定，这个设定值叫工件零点偏置。数控系统控制刀具移动时，工件坐标系零点偏置便自动加到按工件坐标系编写的程序坐标值上。对于编程者来说，只是按图样上的坐标来编程，而不必事先去考虑该工件在机床坐标系中的具体位置，如图9-12所示。

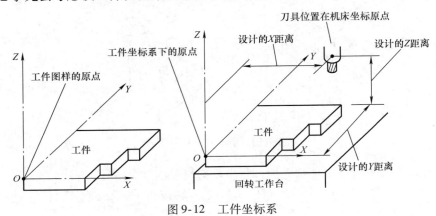

图9-12　工件坐标系

四、数控加工程序格式与指令系统

数控加工程序是控制机床运动的源程序，它提供编程零件加工时机床各种运动和操作的全部信息，包括加工工序各坐标的运动行程、速度、联动状态、主轴的转速和转向、刀具的更换、切削液的打开和关断等。

为了满足设计、制造、维修和普及的需要，数控加工程序格式与指令系统，国际上已经形成了两个通用的标准，即国际标准化组织（International Standard Organization，ISO）标准和美国电子工业学会（Electronic Industries Association，EIA）标准。我国也制定了与ISO标准等效的标准。但是由于数控系统和数控机床的功能不断增强，而且各个数控生产厂家所使用的标准并不完全统一，所使用的代码、指令及其含义不完全相同，因此在编程时还必须参照所用数控机床的编程手册进行编程。

1. 程序结构与格式

数控机床每完成一个工件的加工，需执行一个完整的程序。一个完整的程序由程序名、程序内容和程序结束指令三部分组成，例如：

O1001　　　程序名
N10 G55 G90 G01 Z40. F2000；
N20 M03 S500；
N30 G01 X－50. Y0；

······

N130 M30；　　　程序结束指令

其中，第一行"O1001"就是程序名，也叫程序号，由字母（也称为地址码）"O"和四位数字组成，用于区分各个数控加工程序，作为识别、调用该程序的标志。不同的数控系统，程序号地址码不尽相同，FANUC 系统用"O"，如 O1001；SINUMERIC 系统用"%"。编程时一定要按机床说明书的规定使用，否则系统不予接受。

程序内容由许多程序段组成。程序段格式是程序段的书写规则，现在使用的程序段格式由顺序号、若干字和结束符号组成，每个字又由字母和数字组成，有些字母也叫代码，它表示某种功能，如 G 代码、M 代码，有些字母表示坐标，如 X、Y、Z、U、V、W、A、B、C，还有一些表示其他功能的符号。

下面就是一个程序段的例子。

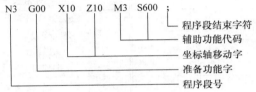

一段程序包括以下三大部分。

1）程序顺序号字（N 字）：也称为程序段号，用以识别和区分程序段的标号。用地址码 N 和后面的若干位数字来表示。例如，N20 就表示该程序段的标号为 20。在大部分数控系统中，可对所有的程序段标号，也可以对一些特定的程序段标号。程序段标号为程序查找提供了方便的条件，特别对于程序进行跳转来说，程序段标号就是必要的。

注意，程序段标号与程序的执行顺序无关，不管有无标号，程序都是按排列的先后次序执行。通常标号是按程序的排列次序给出。

2）程序段的结束符号：这里使用"；"号作程序段的结束符号，但有些系统使用"＊"号或"LF"作结束符号。任何一个程序段都必须有结束符号，没有结束符号的语句是错误语句。

3）程序段的主体部分：一段程序中，除序号和结束符号外的其余部分是程序主体部分，主体部分规定了一段完整的加工过程。它包含了各种控制信息和数据。

2. 指令系统

数控加工程序指令系统由一个以上功能字组成，主要的功能字有准备功能字、坐标字、辅助功能字、进给功能字、主轴功能字和刀具功能字等。

1）准备功能字（G 功能字）：G 功能是使数控机床做某种操作的指令，用地址码 G 和两位数字来表示，从 G00～G99 共 100 种（见表9-1）。有时，G 字可能还带有小数位（如：G02.2、G02.3）。它们中许多已经被定为工业标准代码。

G 代码有模态和非模态之分。模态 G 代码：一旦执行就一直保持有效，直到被同一模态组的另一个 G 代码替代为止。非模态 G 代码：只有在它所在的程序段内有效。

2）坐标字：坐标字由坐标名、带 + 、 - 符号的绝对坐标值（或增量坐标值）构成。坐标名有 X、Y、Z、U、V、W、P、Q、R、A、B、C、I、J、K等。

表 9-1　G 代码

代码	功能	功能保持到被取消或取代	功能仅在出现段内有效	代码	功能	功能保持到被取消或取代	功能仅在出现段内有效
G00	点定位	a		G46	刀具偏置（在第Ⅳ象限）+／−	#（d）	#
G01	直线插补	a		G47	刀具偏置（在第Ⅲ象限）−／−	#（d）	#
G02	顺时针方向圆弧插补	a		G48	刀具偏置（在第Ⅱ象限）−／+	#（d）	#
G03	逆时针方向圆弧插补	a		G49	刀具（沿 Y 轴正向偏置）0／+	#（d）	#
G04	暂停		○	G50	刀具（沿 Y 轴负向偏置）0／−	#（d）	#
G05	不指定	#	#	G51	刀具（沿 X 轴正向偏置）+／0	#（d）	#
G06	抛物线插补	a		G52	刀具（沿 X 轴负向偏置）−／0	#（d）	#
G07	不指定	#	#	G53	注销直线偏移	f	
G08	加速		○	G54	（原点沿 X 轴）直线偏移	f	
G09	减速		○	G55	（原点沿 Y 轴）直线偏移	f	
G10～G16	不指定	#	#	G56	（原点沿 Z 轴）直线偏移	f	
G17	XY 平面选择	c		G57	（原点沿 XY 轴）直线偏移	f	
G18	ZX 平面选择	c		G58	（原点沿 XZ 轴）直线偏移	f	
G19	YZ 平面选择	c		G59	（原点沿 YZ 轴）直线偏移	f	
G20～G32	不指定	#	#	G60	准确定位 1（精）	h	
G33	等螺距的螺纹切削	a		G61	准确定位 2（中）	h	
G34	增螺距的螺纹切削	a		G62	快速定位（粗）	h	
G35	减螺距的螺纹切削	a		G63	攻螺纹方式		#
G36～G39	永不指定	#	#	G64～G67	不指定	#	#
G40	注销刀具补偿或刀具偏移	d		G68	刀具偏置，内角	#（d）	#
C41	刀具补偿−左	d		G69	刀具偏置，外角	#（d）	#
C42	刀具补偿−右	d		G70～G79	不指定	#	#
C43	刀具偏置−正	#（d）		G80	注销固定循环	e	
G44	刀具偏置−负	#（d）	#	G81	钻孔循环，划中心	e	
G45	刀具偏置（在第Ⅰ象限）+／+	#（d）	#				

（续）

代码	功能	功能保持到被取消或取代	功能仅在出现段内有效	代码	功能	功能保持到被取消或取代	功能仅在出现段内有效
G82	钻孔循环，扩孔	e		G91	增量尺寸	j	
G83	深孔钻孔循环	e		G92	预置寄存，不运动		○
G84	攻螺纹循环	e		G93	进给率时间倒数	k	
G85	镗孔循环	e		G94	每分钟进给	k	
G86	镗孔循环，在底部主轴停	e		G95	主轴每转进给	k	
G87	反镗循环，在底部主轴停	e		G96	主轴恒线速度	i	
G88	镗孔循环，有暂停，主轴停	e		G97	主轴每分钟转速，注销 G96	i	
G89	镗孔循环，有暂停，进给返回	e		G98	不指定	#	#
G90	绝对尺寸	j		G99	不指定	#	#

注：1. 指定功能代码中，凡有小写字母 a，b，c，…指示的，为同一类型的代码。在程序中，这种功能指令为保持型的，可以为同类字母的指令所代替。

2. "不指定"代码，即在将来修订标准时，可能对它规定功能。

3. "永不指定"代码，即将来也不指定。

4. "○"符号表示功能仅在所出现的程序段内有用。

5. "#"符号表示若选作特殊用途，必须在程序格式解释中说明。

6. 功能栏（ ）内的内容，是为便于对功能的理解而附加的说明，一切内容以标准为准。

在此，符号"＋"可以省略。

表示坐标名的英文字母的含义如下所示。

X、Y、Z：坐标系的主坐标字符。

U、V、W：分别对应平行 X、Y、Z 坐标的第二坐标字符。

P、Q、R：分别对应平行 X、Y、Z 坐标的第三坐标字符。

A、B、C：分别对应绕 X、Y、Z 坐标轴的转动坐标。

I、J、K：圆弧中心坐标字符，是圆弧的圆心对圆弧起点的增量坐标，分别对应平行于 X、Y、Z 轴的增量坐标。

3）进给功能字（F 字）：它由地址码 F 和后面表示进给速度值的若干位数字构成。用它规定直线插补 G01 和圆弧插补 G02/G03 方式下刀具中心的进给运动速度。

4）主轴转速功能字（S 字）：S 字用来规定主轴转速，它由 S 字母后面的若干位数字组成，这个数值就是主轴的转速值。

5）刀具功能字（T 字）：T 字后接若干位数值，数值是刀具编号。例如，选 3 号刀具，刀具功能字为 T3。

6）辅助功能字（M 功能）：格式是 M 字后接两位数值，有 M00～M99 共 100 个字，它们中的大部分已经标准化（符合 ISO 标准），通常称为 M 代码（见表9-2）。

表 9-2　M 代码

代码	功能	功能开始		功能保持到被注销或取代	功能仅在所出现的程序段用
		与程序段指令同时开始	在程序段指令运动完成后开始		
M00	程序停止		○		○
M01	计划停止		○		○
M02	程序结束		○		○
M03	主轴顺时针方向（运转）	○		○	
M04	主轴逆时针方向（运转）	○		○	
M05	主轴停止		○	○	
M06	换刀	#	#		○
M07	2 号切削液开	○		○	
M08	1 号切削液开	○		○	
M09	切削液关		○	○	
M10	夹紧（滑座、工件、夹具、主轴等）	#	#	○	
M11	松开（滑座、工件、夹具、主轴等）	#	#	○	
M12	不指定	#	#	#	#
M13	主轴顺时针方向（运转）及切削液开	○		○	
M14	主轴逆时针方向（运转）及切削液开	○		○	
M15	正运动	○			○
M16	负运动	○			○
M17 ~ M18	不指定	#	#	#	#
M19	主轴定向停止		○	○	
M20，M29	永不指定	#	#	#	#
M30	纸带结束		○		○
M31	互锁旁路	#	#		○
M32 ~ M35	不指定	#	#	#	#
M36	进给范围 1	○		○	
M37	进给范围 2	○		○	
M38	主轴速度范围 1	○		○	
M39	主轴速度范围 2	○		○	
M40 ~ M45	如有需要作为齿轮换档，此外不指定	#	#	#	#
M46 ~ M47	不指定	#	#	#	#
M48	注销 M49		○	○	
M49	进给率修正旁路	○		○	

（续）

代码	功能	功能开始		功能保持到被注销或取代	功能仅在所出现的程序段用
		与程序段指令同时开始	在程序段指令运动完成后开始		
M50	3 号切削液开	○		○	
M51	4 号切削液开	○		○	
M52 ~ M54	不指定	#	#	#	#
M55	刀具直线位移，位置 1	○		○	
M56	刀具直线位移，位置 2	○		○	
M57 ~ M59	不指定	#	#	#	#
M60	更换工件		○		○
M61	工件直线位移，位置 1	○		○	
M62	工件直线位移，位置 2	○		○	
M63 ~ M70	不指定	#	#	#	#
M72	工件角度位移，位置 1	○		○	
M72	工件角度位移，位置 2	○		○	
M73 ~ M89	不指定	#	#	#	#
M90 ~ M99	永不指定	#	#	#	#

注：1. 功能栏（　）内的内容，是为了便于对功能的理解而附加的说明。

2. "#"表示若选作特殊用途，必须在程序说明中标明。"○"表示功能仅在所出现的程序段内有用。

3. "不指定"代码即将来修订标准时，可能对它规定功能。"永不指定"代码即将来也不规定功能。

和 G 代码一样，M 代码分成模态和非模态两种。模态 M 代码：一旦执行就一直保持有效，直到同一模态组的另一个 M 代码执行为止。非模态 M 代码：只在它所在的程序段内有效。下面就对数控系统最基本的几个 M 代码做一介绍。

① M00：程序暂停指令。当程序执行到含有 M00 程序段时，先执行该程序段前的其他指令，最后执行 M00 指令，但不返回程序开始处，再启动后，接着执行后面的程序。

② M01：可选择程序停止指令。M01 和 M00 相同，只不过是 M01 要求外部有一个控制开关。如果这个外部可选择停止开关处于关的位置，控制系统就忽略该程序段中的 M01。

③ M02：程序结束。指令 M00 和 M02 均使系统从运动进入停顿状态。二者的区别在于：M00 指令只是使系统暂时停顿，并将所有模态信息保存在专门的数据区中，系统处于进给保持状态，按启动键后程序继续往下执行；M02 指令则结束加工程序的运行。M00 指令主要用于在加工过程中测量工件尺寸、重新装夹工件及手动变速等固定的手工操作；M02 指令则是作为程序结束的标志。

④ M30：程序结束并再次从头执行。M30 和 M02 不同之处。当使用纸带阅读机输入执行零件程序时，若遇到 M30 时，不但停止零件程序的执行，纸带会自动倒带到程序的开始，再次启动时，该零件程序就再次从头执行。

7）刀具偏置字（D 字和 H 字）：在程序中，D 字后接一个数值是刀具半径偏置号码，填在刀具偏置表中，是刀具半径偏置值的地址。当使用刀具补偿激活时（G41，G42），就可调出刀具半径的补偿值。

H 字后接一个数值是刀具长度偏置号码，填在长度的偏置表中，是地址。当编程使 Z 轴坐标运动时，可用相应的代码（G43，G44）调出刀具长度的偏置值。

8）常用基本指令。

① 绝对、相对坐标指令 G90、G91。

指令功能：数控加工中刀具的位移由坐标值表示，而坐标值有绝对坐标和相对坐标两种表达方式。使用指令 G90/G91 可以分别设定绝对坐标编程和相对坐标编程。

指令格式：G90；（绝对坐标编程方式，模态，初态）

G91；（相对坐标编程方式，模态）

指令说明：指令 G90 设置绝对编程方式，为数控系统的默认编程方式（初态），其后程序段的坐标值均以编程原点为基准，只与目标点在坐标系中的位置有关，与刀具的当前位置无关。指令 G91 设置相对编程方式，其后程序段的坐标值为相对于刀具的当前位置的增量，与目标点在坐标系的位置无关。G90/G91 为一组指令，在执行时一直有效，直到被同组的其他指令取代，如 G90 被 G91 取代。

② 设定工件坐标系指令。一般数控系统可以设定多个工件坐标系。例如，美国 ABB 的 9 系列数控系统就可以设定 9 个工件坐标系。它们是 G54、G55、G56、G57、G58、G59、G59.1、G59.2、G59.3，它们是同一组模态指令。在图 9-13 中用 G54 X24 Y18，将机床坐标系中的 $X = 24$、$Y = 18$ 定义为工件坐标系的零点位置。数控加工程序中的坐标位置就是 G54 工件坐标系的坐标值，不同的零件可有不同的坐标系。在同一个机床坐标系中可设

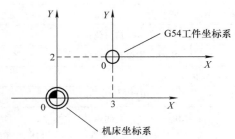

图 9-13　工件坐标系的定义

定几个工件坐标系，用 G54 ～ G59.3 区分，使用它们以前，应将各工件坐标系的原点偏置值事先存在偏置表中。

用 G54 确定工件坐标系时，需人工输入坐标原点偏移量，很不方便。用设定工件坐标系指令 G92（FANUC 车削系统用 G50）可自动地把工件坐标系的原点设定在机床坐标系的任何点，不需要人工输入原点偏移量。

假设刀具已处在机床的某一位置，例如图 9-14 的 A 点，编程时可用如下指令设定工件坐标系：

Ni G92 X0 Y0；或　Nj G92 X100 Y100；

如图 9-14 所示，G92 后面的坐标值是用刀具的当前位置设定在新工件坐标系中的坐标值，Ni 程序段设定的工件坐标系是把刀具所在的位置 A 点，设定在该工件坐标系的 $X = 0$、$Y = 0$ 坐标点上。Nj 程序段设定的工件坐标系是把 B 点设定在该工件坐标系的 $X = 100$mm、$Y = 100$mm 点上。带有 G92 的语句不使机床运动部件按坐标数值运动。它后面的坐标字是用来设定工件坐标原点的，以刀具当前所在的位置为准，坐标字中的数字就是在各坐标方向上新原点到刀具的

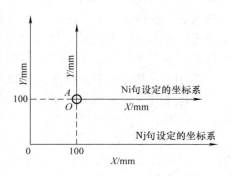

图 9-14　设定工件坐标系

距离。

③ 快速定位指令 G00。

指令功能：在加工过程中，常需要执行刀具快进、快退操作，利用指令 G00 可以使刀具快速移动到目标点。

指令格式：G00 X_Y_Z_;（模态、初态）

指令说明：地址 X，Y 和 Z 指定目标点坐标，该点在绝对坐标编程中，为工件坐标系的坐标；在相对坐标编程中，为相对于起点的增量。执行 G00 指令时，刀具的移动速度由系统参数设定，不受进给功能指令 F 的影响。该指令执行时一直有效，直到被同样具有插补功能的其他指令（G01/G02/G03/G05）取代。

④ 直线插补指令 G01。

指令功能：G01 用来指定直线插补，其作用是切削加工任意斜率的平面或空间直线。

指令格式：G01 X_Y_Z_F_;（模态）

指令说明：地址 X，Y 和 Z 指定目标点坐标，该点在绝对坐标编程中，为工件坐标系的坐标；在相对坐标编程中，为相对于起点的增量，F 指定刀具沿运动轨迹的进给速度。执行该指令时，刀具移动路线为一直线。该指令一直有效，直到被具有插补功能的其他指令（G00/G02/G03/G05）取代。

⑤ 圆弧插补指令 G02、G03。

指令功能：G02 为顺圆插补；G03 为逆圆插补，用以在指定平面内按设定的进给速度沿圆弧轨迹切削，如图 9-15 所示。

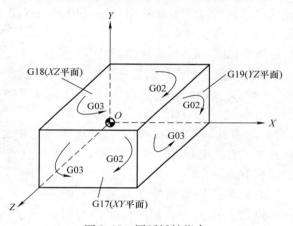

图 9-15　圆弧插补指令

指令格式：

G17 G02（G03）X_Y_I_J_F_;（XY 平面，模态）

G18 G02（G03）X_Z_I_K_F_;（XZ 平面，模态）

G19 G02（G03）Y_Z_J_K_F_;（YZ 平面，模态）

G17 G02（G03）X_Y_R_;（XY 平面，模态，半径编程）

G18 G02（G03）X_Z_R_;（XZ 平面，模态，半径编程）

G19 G02（G03）Y_Z_R_;（YZ 平面，模态，半径编程）

指令说明：使用圆弧插补指令，必须先用 G17/G18/G19 指定圆弧所在平面（XY、XZ、或 YZ 平面），不同的系统中的 I、J、K 参数的功能可能有所不同，编程时请参照所使用系统的编程手册。

圆弧顺时针（或逆时针）旋转的判别方式为：在右手直角坐标系中，沿 X、Y、Z 三轴中非圆弧所在平面（如 XY 平面）的轴（如 Z 轴）正向往负向看去，顺时针方向用 G02，反之用 G03。

地址 X、Y（或 Z）指定圆弧的终点即目标点，在 G90 方式（绝对坐标编程）中该点为工件坐标系的坐标；在 G91 方式（相对坐标编程）中该点为相对于起始点的增量。

I、J、K 分别为平行于 X、Y、Z 的轴，用来表示圆心的坐标，因 I、J、K 后面的数值为圆弧起点到圆心矢量的分量，故始终为相对于圆弧起点的增量值。

当已知圆弧终点坐标和半径，可以选取半径编程的方式插补圆弧，R 为圆弧半径，当圆心角小于 180°时 R 为正；大于 180°时 R 为负。

G02（或 G03）为模态指令，执行后一直有效，直到被具有插补功能的其他指令［G00/G01/G03（或 G02）/G05］取代。

⑥ 刀具半径补偿指令 G40、G41、G42。

指令功能：用 G41/G42 指令可以建立刀具半径补偿，在加工中自动加上所需的偏置量。利用 G40 指令撤销刀具半径补偿，为系统的初始状态。

利用刀具半径补偿功能可极大地简化编程：编程人员可直接按零件轮廓编程，不必考虑刀具的半径值；当刀具磨损或重磨后，刀具半径减小，只需手工输入新的半径值，而不必修改程序；利用刀具半径补偿功能可用同一程序（或稍作修改），甚至同一刀具完成粗、精加工。

指令格式：G40；（撤销刀具半径补偿，模态，初态）

G41 D_；（设置左侧刀具半径补偿，模态）

G42 D_；（设置右侧刀具半径补偿，模态）

指令说明：G41，G42 分别指定左（右）侧刀具半径补偿，即从刀具运动方向看去，刀具中心在工件的左（右）侧，如图 9-16 所示。

刀具半径补偿的建立和撤销只能采用 G00 或 G01 进行，而不能采用圆弧插补指令如 G02/G03/G05 等。地址 D 后的

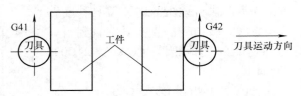

图 9-16　刀具半径补偿指令

数值指定刀具的参数号，系统根据此参数号取半径补偿值，半径补偿值可以在刀具参数中设置，也可以由指令 G10 设置，其范围为 0～999.999mm。G40/G41/G42 指令为一组，在执行时一直有效，直到被同组的其他指令替代，如 G40 被 G41（或 G42）替代。

⑦ 刀具长度补偿指令 G43、G44、G49。

指令功能：使用 G49 指令可以撤销刀具长度补偿，为系统的初始状态；利用 G43、G44 可以建立刀具长度补偿。

刀具长度补偿具有以下优越性：数控机床切削过程中不可避免地存在刀具磨损问题，如钻头长度变短，这时加工出的工件尺寸也随之变化。如果系统具有刀具长度补偿功能，可修改长度补偿参数值，使加工出的工件尺寸仍然符合图样要求，否则就得重新编写数控加工程序。

指令格式：G49；（撤销刀具长度补偿，模态，初态）

G43 Z_H_；（设置正向刀具长度补偿，模态）

G44 Z_H_；（设置负向刀具长度补偿，模态）

指令说明：G43、G44 分别指定在刀具长度方向上（Z 轴）增加（正向）或减少（负向）一个刀具长度补偿值，从而保证刀具切削量与要求一致。

地址 Z 后的数值指定刀具在 Z 轴的进给量。

地址 H 后数值指定刀具的参数号，系统根据此参数号取长度补偿值，其值在刀具参数中设置，也可以由指令 G10 设置，取值范围为 0 ~ 999. 999mm。G43/G44/G49 为一组指令，执行时一直有效，直到被同组的其他指令替代，如 G43 被 G49 取代。

⑧ 暂停指令 G04

指令功能：该指令控制系统按指定时间暂时停止执行后续程序段。暂停时间结束则继续执行。

指令格式：G04 P_;

指令说明：P 后的数字为暂停时间，单位为秒。G04 为非模态指令，仅在出现的程序段中有效。

3. 子程序

当同样的一组程序段被重复使用多于一次时，可将其编成子程序，以简化编程。在程序执行过程中如果需要某一子程序，可通过一定格式的子程序调用指令来调用该子程序（而这个调用子程序的程序称为主程序），执行完子程序后返回主程序，继续执行主程序后面的程序段。

子程序以子程序号开头，子程序体是一个完整的加工过程程序，其格式和所用指令与一般程序基本相同，只是子程序结束必须用子程序结束指令 M99。

FANUC 系统调用子程序的指令格式为：M98 P_L_;

M98 为子程序调用指令，P 为调用子程序标识符，P 后面的数字为被调用的子程序编号，它与子程序号中地址符 O 后面的数字相同，L 后面的数字为重复调用次数，缺省时默认为调用 1 次。

一般来说，执行零件加工程序都按程序段顺序执行。当主程序执行到 M98 P_L_时，控制系统将保存主程序断点信息，转而执行子程序。在子程序中遇到 M99 指令时，子程序结束，返回主程序断点处继续执行。子程序可多次重复调用。有些数控系统，在子程序中还可调用其他子程序，即子程序嵌套，嵌套的层数依据不同的数控系统而定。通过子程序，可以提高编程效率，简化和缩短数控加工程序，同时也便于程序修改和调试。

五、数控加工生产流程

数控机床的加工过程，就是将加工零件的几何信息和工艺信息编制成程序，由输入部分送入计算机。经过计算机的处理、运算，按各坐标轴的位移分量送到各轴的驱动电路，经过转换、放大去驱动伺服电动机，带动各轴运动，并进行反馈控制，使各轴精确走到要求的位置。如此继续下去，各个运动协调进行，实现刀具与工件的相对运动，一直加工完零件的全部轮廓，如图 9-17 所示。

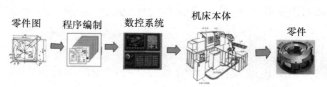

图 9-17　数控加工生产流程

数控加工生产流程大致可分以下几个方面。

1. 数控编程

首先根据零件加工图样进行工艺处理，对工件的形状、尺寸、位置关系、技术要求进行分析，然后确定合理的加工方案、加工路线、装夹方式、刀具及切削参数、对刀点、换刀点，同时还要考虑所用数控机床的指令功能。工艺处理后，根据加工路线、图样上的几何尺寸，计算刀具中心运动轨迹，获得刀位数据。如果数控系统有刀具补偿功能，则只需要计算出轮廓轨迹上的坐标值。根据加工路线、工艺参数、刀位数据及数控系统规定的功能指令代码及程序段格式，编写数控加工程序（NC 代码）。

2. 程序输入

数控加工程序通过输入装置输入到数控系统。目前采用的输入方法主要有软驱、USB接口、RS232C 接口、MDI 手动输入、分布式数字控制（Distributed Numerical Control，DNC）接口、网络接口等。数控系统一般有两种不同的输入工作方式：一种是边输入边加工，DNC即属于此类工作方式；另一种是一次将零件数控加工程序输入到计算机内部的存储器，加工时再由存储器一段一段地往外读出，软驱、USB 接口即属于此类工作方式。

3. 译码

NC 代码是 NC 编程人员在 CAM 软件上生成或手工编制的，是文本数据，它的表达可以较容易地被编程人员直接理解，但却无法为硬件直接使用。输入的程序中含有零件的轮廓信息（如直线的起点和终点坐标；圆弧的起点、终点、圆心坐标；孔的中心坐标、孔的深度等）、切削用量（进给速度、主轴转速）、辅助信息（换刀、切削液开与关、主轴顺转与逆转等）。数控系统以一个程序段为单位，按照一定的语法规则把数控程序解释、翻译成计算机内部能识别的数据格式，并以一定的数据格式存放在指定的内存区内。在译码的同时还完成对程序段的语法检查，一旦有错，立即给出报警信息。

4. 数据处理

数据处理程序一般包括刀具补偿、速度计算以及辅助功能的处理程序。刀具补偿有刀具半径补偿和刀具长度补偿。刀具半径补偿的任务是根据刀具半径补偿值和零件轮廓轨迹计算出刀具中心轨迹。刀具长度补偿的任务是根据刀具长度补偿值和程序值计算出刀具轴向实际移动值。速度计算是根据程序中所给的合成进给速度计算出各坐标轴运动方向的分速度。辅助功能的处理主要完成指令的识别、存储、设标志，这些指令大都是开关量信号，现代数控机床可由 PLC 控制。

5. 插补

数控加工程序提供了刀具运动的起点、终点和运动轨迹，而刀具从起点沿直线或圆弧运动轨迹走向终点的过程则要通过数控系统的插补程序来控制。插补的任务就是通过插补计算程序，根据程序规定的进给速度要求，完成在轮廓起点和终点之间的中间点的坐标值计算，也即数据点的密化工作。

6. 伺服控制与加工

伺服系统接受插补运算后的脉冲指令信号或插补周期内的位置增量信号，经放大后驱动伺服电动机，带动机床的执行部件运动，从而加工出零件。

第十章 数控加工

第一节 数控车削加工

车削加工是机械加工中一个主要的基本工种，数控车削加工在加工工艺的角度上与普通车削加工并无本质区别，但由于两者使用的设备不同，工艺特点及操作流程也将有所不同。

一、数控车床结构及工作原理

数控车床是数控金属切削机床中最常用的一种机床，主要用于轴类、套类和盘类等回转体零件的加工，能够通过程序控制自动完成圆柱面、圆锥面、圆弧面、成形表面及各种螺纹的切削加工，也可进行切槽、钻孔、扩孔、铰孔等加工。

1. 数控车床的结构

随着数控技术的发展，数控车床的类型、结构不断丰富和完善。和其他数控机床一样，数控车床按其不同特征可分为不同类型。例如，按控制系统功能不同数控车床可分为经济型数控车床、多功能数控车床和车削中心；按总体布局形式不同数控车床可分为水平床身卧式车床、倾斜床身卧式车床、立式车床等。不同类型的数控车床其结构有其各自不同的特点，但其基本组成大同小异，大致都由数控系统和车床主机两大部分组成。数控系统包括数控主机、控制电源、伺服电动机、数控操作面板等；车床主机包括主轴部件、电动转位刀架、尾座、床身、安全防护装置以及布置于机床内部的冷却系统、润滑系统等，如图10-1所示。

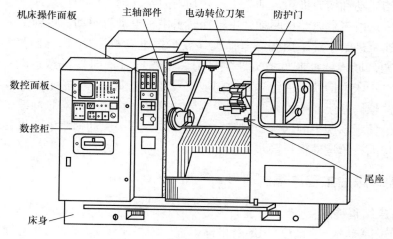

图 10-1 倾斜床身卧式数控车床

2. 数控车床的工作原理

数控车床是用计算机数字控制的车床，即把加工信息代码化，将刀具移动轨迹信息按数

233

控程序编程规范制作在程序介质上，然后送入数控系统经过译码和运算，控制机床刀具与工件的相对运动，控制加工所要求的各种状态，从而加工出所需工件。基本工作过程如图10-2所示。

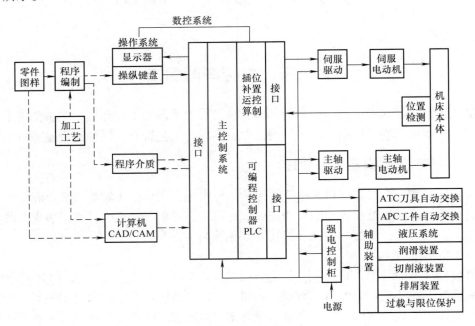

图 10-2　数控车床工作原理

由此可见，普通车床的运动是由一台电动机驱动，电动机经过主轴箱变速，传动至主轴，实现主轴的转动，同时经过交换齿轮架、进给箱、光杠或丝杠、溜板箱传到刀架，实现刀架的纵向进给运动和横向进给运动。主轴转动与刀架移动的同步关系依靠齿轮传动链来保证。而数控车床是由多台电动机驱动，主轴回转由主轴电动机驱动，主轴采用变频无级调速的方式进行变速。进给系统采用伺服电动机（或步进电动机）驱动，经过滚珠丝杠传送到机床拖板和刀架，以连续控制的方式，实现刀具的纵向（Z 向）进给运动和横向（X 向）进给运动。数控车床主运动和进给运动的同步信号来自于安装在主轴上的脉冲编码器。当主轴旋转时，脉冲编码器便向数控系统发出检测脉冲信号。数控系统对脉冲编码器的检测信号进行处理后传给伺服系统中的伺服控制器，伺服控制器再去驱动伺服电动机移动，从而使主运动与刀架的切削进给运动保持同步。

二、数控车床加工程序编制

1. 数控车床编程特点

1）数控车床编程时，可以采用绝对坐标编程、增量坐标编程和混合编程三种方式。当按绝对坐标编程时用绝对值坐标指令 X、Z 进行编程。按增量坐标编程时用增量值坐标指令 U、W 进行编程。在零件的一个程序段中，可以混合使用绝对值坐标指令（X 或 Z）和增量值坐标指令（U 或 W）进行编程。在有的数控车床控制系统中，已定义有绝对坐标编程指令（G90）和增量坐标编程指令（G91）的 G 代码功能，这时可以用 G90 或 G91 与地址 X、

Z指令编程方式。

2）零件的径向尺寸，无论是图样尺寸还是测量尺寸一般都是以直径值来表示，所以数控车床一般采用直径编程方式，即用绝对坐标编程时，X为直径值，用增量坐标编程时，则以刀具径向实际位移量的两倍值作为编程值。FANUC系统一般设定为直径编程方式，如需用半径编程，则要改变系统中相关参数。有的数控车床控制系统（如SIEMENS 802S、Open-Soft CNC 01T等），可用G22（半径尺寸编程）和G23（直径尺寸编程）进行直径半径尺寸数据的编程转换控制。

3）由于车削加工常用的毛坯多为棒料或锻件，加工余量较大，往往需要多次重复几种固定的动作，以实现多次切除。为简化编程，数控车床控制系统具有多种不同形式的固定循环功能，在编制车削加工数控程序时，应充分利用这些循环功能。

4）编程时，常将车刀刀尖看作一个点，而实际加工中，为了提高刀具寿命和工件表面加工质量，车刀刀尖被磨成半径不大的圆弧；同时，使用中刀具会产生磨损，这样将使得不同车刀刀尖位置有差异，这时可利用刀具补偿功能加以补偿。现代数控车床中都有刀具补偿功能，从而可以直接按工件轮廓尺寸进行编程。如果不具有刀具补偿功能，就需要进行复杂的计算。

2. 数控车床坐标系

数控车床坐标系仍采用右手直角笛卡儿坐标系，分为机床坐标系和工件坐标系（编程坐标系）。机床坐标系是机床上固有的坐标系，并设有固定的坐标原点，由数控车床的结构决定，一般为主轴旋转中心与卡盘端面的交点，如图10-3所示的M点。数控机床原点通过机床回参考点（图10-3中的R点）操作完成以后确定。

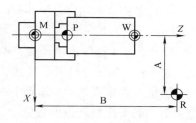

图10-3 数控车床坐标系

数控车床坐标系是以与主轴轴线平行的方向为Z轴，并规定从卡盘中心至尾座顶尖中心的方向为正方向。在水平面内与车床主轴轴线垂直的方向为X轴，并规定刀具远离主轴旋转中心的方向为正方向。

为了编程方便，数控车床需设定工件坐标系。设置工件坐标系原点的原则是：应尽可能选择在工件的设计基准和工艺基准上，工件坐标系的坐标轴方向与机床坐标系的坐标轴方向保持一致。在数控车床中，工件坐标系原点一般设定在工件左端面或右端面与主轴的交点上，如图10-3中的P点或W点。

3. 数控车床常用编程指令

在第九章中已简要介绍了数控编程中常用的G、M、F、S和T指令，数控车床的编程也是使用这些指令，只是具体的一些系统，会使用更多的标准中未指定的指令功能。结合数控车削加工的特点，本节就数控车床特有的一些常用基本编程指令结合FANUC系统代码规则进行介绍，其余与第九章中相同的指令不再赘述。

1）主轴功能指令（S）。在数控车削加工中，如果需要保证工件的表面粗糙度一致，主轴转速可以设置成恒线速度。

指令格式：G96 S_;

其中S后面的数字表示切削速度，单位为m/min。

执行该指令时，数控系统根据刀尖所处位置的X坐标作为直径值d按下式计算并控制

主轴转速 n，以保证 S 表示的线速度 v：

$$n = \frac{1000v}{\pi d}$$

如要取消恒线速度控制，可用 G97 指令，其指令格式为：

G97 S_；

其中 S 后面的数字表示主轴转速，单位为 r/min。

当由 G96 转为 G97 时，应对 S 码赋值，否则将保留 G96 指令的最终值；当由 G97 转为 G96 时，若没有 S 指令，则按前一 G96 所赋 S 值进行恒线速度控制。

设置成恒线速度后，随着 X 值的减小主轴转速将变高，为了防止主轴转速过高而发生危险，在设置恒线速度控制前，应用 G50 指令将主轴转速限定在某一最高转速。指令格式为：

G50 S_；

S 后面的数字表示限定的主轴最高转速，单位为 r/min。这样在执行 G96 指令的过程中，主轴转速就不会超过这个设定的最高值了。

2）进给功能指令（F）。数控车床有两种进给速度指令模式：一种是每转进给模式，F 指令的进给速度单位为 mm/r；另一种是每分钟进给模式，F 指令的进给速度单位为 mm/min。指令格式为：

G99 F_；（每转进给模式，有的系统用 G95 指令）

G98 F_；（每分钟进给模式，有的系统用 G96 指令）

该指令为模态指令，在程序中一经指定一直有效，直到指定另一模式为止。在数控车削加工中一般采用每转进给模式，因此大多数系统开机后的默认状态为每转进给模式。

3）螺纹切削指令（G33）。数控车床一般都具有切削螺纹功能。在数控车床主轴上装有编码器，利用编码器输出脉冲，保证主轴每转一周，刀具准确移动一个螺纹导程。同时，由于螺纹加工一般要经过多次重复切削才能完成，每次重复切削，开始进刀的位置必须相同（即螺纹认头），否则就会乱扣。数控车床可通过编码器每转一周发出的同步（零点）脉冲来实现自动认头。

指令格式：G33 X_ Z_ F_；

X、Z 为螺纹站点坐标值，F 为螺纹导程。车削圆柱螺纹时，可省略 X，车削端面螺纹时，可省略 Z，车削锥螺纹时，X、Z 都不能省略。有的系统规定螺纹导程用 K_字，有的系统还可加工寸制螺纹和不等距螺纹，具体应用时请注意查阅有关编程说明书。

应用 G33 编写螺纹加工程序时，应注意以下几点。

① 螺纹切削时应在两端设置足够的升降速距离，因此起、终点坐标应考虑进刀引入距离 δ_1 和退刀切出距离 δ_2。一般应根据有关手册来计算 δ_1 和 δ_2，也可利用下式进行估算：

$$\delta_1 = \frac{nL}{1800} \times 3.6 \qquad\qquad (10\text{-}1)$$

$$\delta_2 = \frac{nL}{1800} \qquad\qquad (10\text{-}2)$$

式中，n 为主轴转速（r/min），L 为螺纹导程（mm）。

② 不同的数控系统车螺纹时推荐不同的主轴转速范围，大多数经济型数控车床的数控

系统推荐车螺纹时主轴转速按式（10-3）计算：

$$n \leqslant 1200/L - K \tag{10-3}$$

式中，L 为螺纹导程（mm），K 为保险系数，一般取为80。

③ 该指令在切削过程中，严格控制车刀按指令规定的螺纹导程运动，指令本身只能实现一次螺纹切削走刀控制，因此在设计程序时，应将车刀的切入、切出和返回均编入程序中。

④ 螺纹加工要多次进刀才能完成，为保证螺纹质量及刀具寿命，每次进给的背吃刀量应根据螺纹深度按递减规律分配。

⑤ 普通外螺纹大径的基本偏差≤0，加之螺纹车刀刀尖半径对内螺纹小径尺寸的影响，车螺纹前螺纹大径外圆的尺寸要小于螺纹公称尺寸，一般推荐大径外圆尺寸按式（10-4）计算：

$$d = D - 0.13F \tag{10-4}$$

式中，d 为螺纹大径外圆尺寸（mm），D 为螺纹公称直径（mm），F 为螺纹导程（mm）。

⑥ 最后一次进刀完成螺纹加工，这时指令中的 X 值应为螺纹小径尺寸 d'。该值应根据有关手册进行计算，也可按式（10-5）估算：

$$d' = D - 1.0825F \tag{10-5}$$

式中，d' 为螺纹小径（mm），D 为螺纹公称直径（mm），F 为螺纹导程（mm）。

4）单一固定循环指令。一般每一个基本 G 指令对应机床的一个动作或状态，而一些加工往往是一系列连续的动作所组成，如在数控车床上对外圆柱、内圆柱、端面、螺纹面等表面进行粗加工时，刀具往往要多次反复地执行相同的动作，直至将工件切削到所要求的尺寸。于是在一个程序中可能会出现很多基本相同的程序段，变化的只是坐标尺寸、移动速度、主轴转速等，从而造成程序冗长。为了简化编程工作，数控系统可以用一个程序段来设置刀具作反复切削，这就是固定循环指令。

固定循环功能包括单一固定循环和复合固定循环。各循环指令代码随不同的数控系统会有所差别，使用时请注意参考编程说明书。

① 轴向车削固定循环指令（G90）。该循环可用于轴类零件的圆柱和圆锥面的加工。

圆柱切削循环指令格式：G90 X（U）_ Z（W）_ F_；

圆锥切削循环指令格式：G90 X（U）_ Z（W）_ I_ F_；

循环过程如图10-4所示。X、Z 为圆柱或圆锥面切削终点坐标，U、W 为圆柱或圆锥面切削终点相对于切削起点的坐标增量，I 为圆锥面切削始点与切削终点的半径差，当切削始点 X 坐标小于终点 X 坐标时 I 为负，反之为正。图中虚线表示刀具按快速进给速度（G00 指令速度）切入和返回起始点的运动，实线表示刀具按 F 指令速度运动。

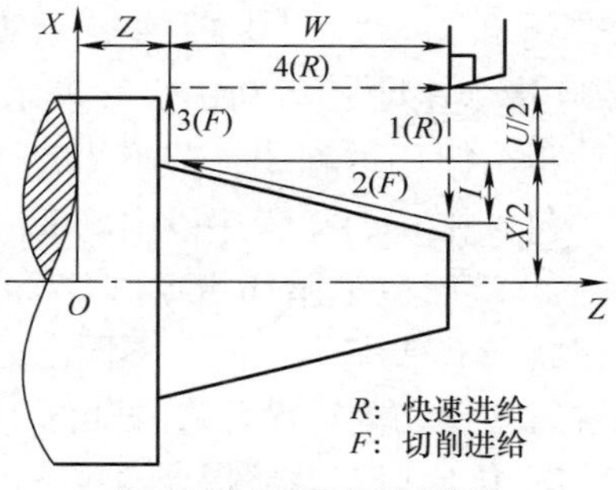

② 端面车削固定循环指令（G94）。该循环可用于轴类零件的直端面和锥端面的加工。

R：快速进给
F：切削进给

图 10-4 G90 固定循环

直端面切削循环指令格式：G94 X（U）_ Z（W）_ F_；

锥端面切削循环指令格式：G94 X（U）_ Z（W）_ K_ F_；

指令中 K 为锥端面切削始点与切削终点的 Z 坐标值之差，其余各地址码的含义与 G90 同。

③ 螺纹切削循环指令（G92）。前述螺纹切削指令（G33）只能实现一次螺纹切削走刀控制，因此在设计程序时，应将车刀的切入、切出和返回均编入程序中。利用 G92，可以将螺纹切削过程中，从始点出发"切入－车螺纹－让刀－返回"4 个动作用一个循环指令来实现。该循环可加工圆柱螺纹和锥螺纹。

指令格式：G92 X（U）_ Z（W）_ I_ F_；

循环过程如图 10-5 所示，X、Z 为螺纹切削终点坐标，U、W 为螺纹切削终点相对于切削起点的坐标增量，I 为螺纹切削始点与切削终点的半径差，I 的值为 0 时，为圆柱螺纹，I 的正负号参见 G90 的用法。F 为螺纹导程。

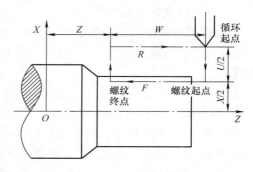

图 10-5　G92 固定循环

5）复合固定循环指令。使用 G90、G92、G94 等单一固定循环指令，可使程序得到一些简化，但如果使用复合固定循环指令，则能使程序进一步得到简化。使用复合固定循环指令编程时，只需给出精加工的路径、粗加工的背吃刀量等参数，系统就能自动计算出粗加工路径、走刀次数等，完成从粗加工到精加工的全部过程。

① 外圆粗车循环指令（G71）。该循环按指定程序段给出的精加工形状路径、精加工余量及背吃刀量，进行平行于 Z 轴的多次切削，将工件切削到精加工之前的尺寸。

外圆粗车循环指令格式：G71 U（Δd） R（e）；

G71 P（ns） Q（nf） U（Δu） W（Δw） F_ S_ T_；

循环过程如图 10-6 所示。A 为循环的起点，A′→B 为 ns 到 nf 之间的程序段描述的精加工路径，Δd 为每次进刀的背吃刀量（半径值），e 为退刀量，Δu/2 为 X 轴方向的精加工余量（Δu 为直径值），Δw 为 Z 轴方向的精加工余量，顺序号 ns 第一个程序段只允许 X 轴移动，不能有 Z 轴移动指令。F、S、T 指定循环进给速度、主轴转速和刀具。图中虚线表示刀具按快速进给速度（G00 指令速度）运动，实线表示刀具按 F 指令速度运动。粗车循环过程中，只有 G71 中的 F、S、T 功能有效，包含在 ns→nf 程序段中的 F、S、T 功能被忽略。

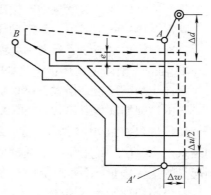

图 10-6　G71 复合固定循环

② 端面粗车循环指令（G72）。该循环的功能和指令格式与 G71 基本相同，不同之处是刀具平行于 X 轴方向进行多次切削。循环过程如图 10-7 所示。

③ 仿形粗车循环指令（G73）。该循环是按照一定的切削形状逐渐接近零件最终轮廓形状的一种循环切削方式。该指令适用于毛坯轮廓形状与零件轮廓形状基本接近的毛坯的粗加工，如铸、锻件毛坯的粗车，这时若仍使用 G71 或 G72 指令，则会产生许多无效切削而浪费加工时间。由于这种循环的刀具路径为一封闭回路，随着刀具不断进给，封闭的切削回路

逐渐接近零件的最终外形轮廓，故又称之为闭环粗车循环。

仿形粗车循环指令格式：G73 U(Δi) W(Δk) R(Δd)；

　　　　　　　　　　　　G73 P(ns)　Q(nf)　U(Δu)　W(Δw)　F_　S_　T_；

循环过程如图 10-8 所示，其中 Δi 为 X 轴方向的退刀量（半径值），Δk 为 Z 轴方向的退刀量，Δd 为循环次数，其他参数与 G71 相同。

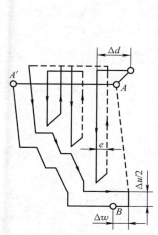

图 10-7　G72 复合固定循环

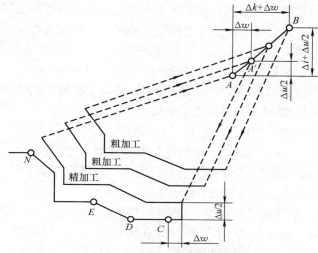

图 10-8　G73 复合固定循环

④ 精车循环指令（G70）。使用 G71、G72、G73 粗车工件后，可用 G70 进行精车循环，切除粗车循环留下的余量。

精车循环指令格式：G70 P（ns）　　Q（nf）；

其中 ns、nf 与 G71 相同。编程时，精车的 F、S、T 在 ns～nf 程序段中指定，在粗车循环中的 F、S、T 无效；若 ns～nf 程序段中不指定 F、S、T，则原粗车循环中指定的 F、S、T 仍有效。

⑤ 螺纹车削复合循环指令（G76）。该循环可根据有关参数控制机床多次走刀自动完成螺纹加工，较前述 G33、G92 指令更为简捷，可简化程序设计。

复合螺纹切削循环指令格式：G76 P(m)　(r)　(α) Q(Δd_{min}) R(d)；

　　　　　　　　　　　　G76 X_　Z_　R(i)　P(k)　Q(Δd)F_；

循环过程及切削路径如图 10-9 所示，其中 m 为精车重复次数（1～99）；r 为螺纹倒角量，大小设置在 $0.0F$～$9.9F$（F 为导程）之间，指令中取 00～99 两位整数；α 为刀尖角度，指令中用两位整数表示；Δd_{min} 为最小车削深度（半径值）；d 为精车余量（半径值）；X，Z 为螺纹终点坐标；i 为螺纹终点与起点的半径差，$i=0$ 时为圆柱螺纹；k 为螺纹牙高（半径值）；Δd 为第 1 次

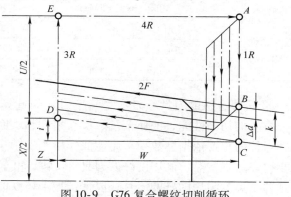

图 10-9　G76 复合螺纹切削循环

切削深度（半径值）；F 为螺纹导程。

三、数控车削加工工艺设计及编程

数控车床是随着现代化工业发展的需求在普通车床的基础上发展起来的，其加工工艺与通用机床的加工工艺设计过程和原则有许多相同之处，但在数控机床上加工零件比通用机床上加工零件的工艺规程要复杂得多。在数控编程前要对所加工零件进行工艺分析。工艺分析的基本内容是选择适合数控加工的零件，确定数控加工的内容，拟订加工方案，确定加工机床、加工路线和加工内容，选择合适的刀具和切削用量，确定合理的装夹法甚至设计夹具等。在编程中，对一些特殊的工艺问题（如对刀点、刀具轨迹路线设计等）也应作一些处理，因此，在编程中的工艺分析处理是数控加工的关键工作。

1. 数控车削加工工艺设计的内容

数控车削加工工艺设计的内容和顺序如下。

① 分析零件图，明确加工要求和加工内容。

② 确定工件坐标系原点位置。一般情况下数控车床 Z 坐标轴与工件回转中心重合，X 坐标轴在工件的左或右端面上。

③ 确定工艺路线。首先确定刀具起始点位置，起始点应便于安装和检查工件。其次确定粗、精车路线，基本原则为在保证零件加工精度和表面粗糙度的前提下，尽可能使加工路线最短。最后确定自动换刀点位置，以换刀过程中不发生干涉为宜。

④ 选择合理的切削用量。切削用量（a_p、f、v）选择是否合理，对于能否充分发挥机床的潜力与刀具的切削性能，实现优质、高产、低成本和安全操作具有很重要的作用。具体参数按切削用量手册进行选择，一些资料上推荐的部分切削用量数据见表 10-1。

表 10-1 数控车削用量表

工件材料	工件条件	背吃刀量/mm	切削速度/(m/min)	进给量/(mm/r)	刀具材料
碳素钢 $R_m > 600MPa$	粗加工	5 ~ 7	60 ~ 80	0.2 ~ 0.4	YT 类
	粗加工	2 ~ 3	80 ~ 120	0.2 ~ 0.4	
	精加工	0.2 ~ 0.3	120 ~ 150	0.1 ~ 0.2	
	钻中心孔		500 ~ 800r/min		W18Cr4V
	钻孔		~ 30	0.1 ~ 0.2	
	切断（宽度 <5mm）		70 ~ 110	0.1 ~ 0.2	YT 类
铸铁 200HBW 以下	粗加工		50 ~ 70	0.2 ~ 0.4	YG 类
	精加工		70 ~ 100	0.1 ~ 0.2	
	切断（宽度 <5mm）		50 ~ 70	0.1 ~ 0.2	

⑤ 选择合适的刀具。刀具尤其是刀片的选择是保证加工质量和加工效率的重要环节。零件材质的切削性能、毛坯余量、尺寸精度和表面粗糙度要求以及机床的自动化程度等都是选择刀片的重要依据。数控车床能兼作粗车、精车，根据零件的形状和精度要求进行选择。粗车时要选强度高、耐用度好的刀具，以满足粗车时大背吃刀量、大进给量的要求；精车时要选精度高、耐用度好的刀具，以保证加工精度的要求。

⑥ 编制和调试加工程序。

⑦ 完成零件加工。

2. 对刀点的确定

对于数控机床来说，在加工开始时，确定刀具与工件的相对位置是很重要的，这一相对位置是通过确认对刀点来实现的。对刀点是指通过对刀确定刀具与工件相对位置的基准点。对刀点可以设置在被加工零件上，也可以设置在夹具上与零件定位基准有一定尺寸联系的某一位置，对刀点往往就选择在零件的加工原点。对刀点的选择原则如下：

1）所选的对刀点应使程序编制简单。

2）对刀点应选择在容易找正、便于确定零件加工原点的位置。

3）对刀点应选择在加工时检验方便、可靠的位置。

4）对刀点的选择应有利于提高加工精度，使引起的加工误差小。

3. 数控车削加工工序设计原则

数控车床加工过程中，由于加工对象复杂多样，加上材料、批量不同等多方面因素的影响，具体在确定工序顺序时，可按先基准后其他、先粗后精、先近后远、刀具集中、走刀路线最短等原则综合考虑。

1）先基准后其他。先加工定位面，即前道工序的加工能够为后面的工序提供精加工基准和合适的装夹表面。

2）先粗后精。对于零件精度要求高，粗、精加工需要分开的零件，先进行粗加工，粗加工完成后，接着进行半精加工和精加工。安排半精加工的目的是：当粗加工后所留余量的均匀性满足不了精加工要求时，则可安排半精加工以便使精加工余量小而均匀。精加工时，零件的轮廓应由最后一刀连续加工而成。这时，加工刀具的进、退刀位置要考虑妥当，尽量沿轮廓的切线方向切入和切出，以免因切削力突然变化而造成弹性变形，致使光滑连接轮廓上产生表面划伤、形状突变或滞留刀痕等缺陷。对既有内孔，又有外圆的回转体零件，在安排其加工顺序时，应先进行内外表面粗加工，再进行内外表面精加工。切不可将内表面或外表面加工完成后，再加工其他表面。

3）先近后远。所谓远与近是加工部位相对于对刀点的距离大小而言。先近后远还有利于保持毛坯件或半成品件的刚度，改善其切削条件。同时，先近后远有利于缩短刀具移动距离，减少空行程时间。

4）刀具集中。即用一把刀加工完相应各部分后，再换另一把刀，加工相应的其他部分，以减少空行程和换刀时间。

5）以相同定位、夹紧方式安装的工序，最好连续进行，以便减少重复定位次数和夹紧次数。

6）走刀路线最短。在保证加工质量的前提下，让加工程序有着最短的进给路线，不仅有利于简化程序，还可以节省整个加工过程的运行时间和减少机床进给机构的磨损。

4. 数控车床编程举例

在 FANUC 0i 系统数控车床上加工图 10-10 所示工件。

（1）数控加工工艺分析

1）零件结构分析。如图 10-10 所示，该零件表面由外圆柱面、外圆锥面、圆弧面以及螺纹表面组成。零件图轮廓描述清晰完整；尺寸标注完整，符合数控加工尺寸标注要求；零件材料为 45 钢，无热处理和硬度要求，切削加工性能较好。

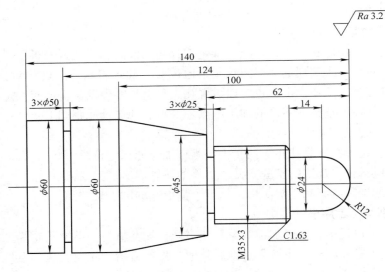

图 10-10　数控车削加工件

2）加工顺序的确定。根据数控车床的工序划分原则，零件的加工顺序如下。

① 粗车 R12mm 圆弧面、φ24mm 外圆柱面、螺纹大径、圆锥面及 φ60mm 外圆柱面。

② 精车 R12mm 圆弧面、φ24mm 外圆柱面、螺纹大径、圆锥面及 φ60mm 外圆柱面。

③ 切 3×φ25mm 螺纹退刀槽。

④ 螺纹表面加工。

⑤ 切 3×φ50mm 槽。

3）装夹与定位的选择。此零件加工选用车床上常用的自定心卡盘。选择毛坯为直径 φ60mm，长 200mm 的棒料，夹毛坯外圆并使其伸出长 150mm，加工完成后将零件从棒料上切断。从图上的标注尺寸看，轴向尺寸基本是以右端面为设计基准的，所以加工时将右端面设置为工件原点，作为加工的基准。

4）加工刀具的选择。选用 3 把刀具，T01 为刀车外圆；T02 为宽 3mm 的切槽刀，车 3×φ45mm 退刀槽；T03 为 60°螺纹车刀车螺纹。将所选定的刀具参数填入数控加工刀具卡片中（见表 10-2），以便编程和操作管理。

表 10-2　数控加工刀具卡片

产品名称		件 1	零件名称	×××	零件图号	×××
序号	刀具号	刀具规格、名称	数量	加工表面	刀尖半径	备注
1	T01	95°外圆右向横柄车刀 35°VBMT160404 刀片	1	粗车外圆表面 精车外圆表面	0.40	
2	T02	3mm 外圆方头切槽车刀， 切槽深度 10mm	1	车螺纹退刀槽 切槽、切断工件	0.20	
3	T03	60°外螺纹车刀	1	螺纹		
编制	×××	审核	×××	批准	×××	共　页	第　页

5）切削用量的选择。

① 背吃刀量的选择。轮廓粗车循环时选 $a_p = 2mm$ 左右，精车 $a_p = 0.25mm$；螺纹车削循环时 $a_p = 0.4mm$。

② 主轴转速的选择。车削直线和圆弧时，查表可以选择切削速度，然后利用公式计算主轴转速 n（粗车工件直径 $D = 60mm$，精车工件直径取平均值）。

$$n = \frac{1000v_C}{\pi D} \quad (r/min)$$

式中　v_C——切削速度（mm/min）；

　　　D——工件直径（mm）。

通常情况下，车螺纹时的主轴转速 $n_{螺}$ 应按其机床或数控系统说明书中规定的计算式进行确定。

$$n_{螺} \leq n_{允}/L \quad (r/min)$$

式中　$n_{允}$——编码器允许的最高工作转速（r/min）；

　　　L——工件螺纹的螺距或导程（mm）。

③ 进给量、进给速度的选择。进给量、进给速度应根据零件的表面粗糙度、加工精度、刀具及工件材料等因素，参考切削用量手册选取。轮廓粗车循环时选 $f = 0.5mm/r$，精车 $f = 0.1mm/r$；螺纹车削循环时选 $f = 3mm/r$；切螺纹退刀槽 $3 \times \phi25mm$ 时 $f = 0.08mm/r$；切槽 $3 \times \phi50mm$ 时 $f = 0.16mm/r$。

将前面确定的各项内容填入数控加工工艺卡片，见表10-3。

表 10-3　数控加工工艺卡片

＊＊公司	数控加工工序卡	产品名称或代号		零件名称		零件图号	
		件1		×××		×××	
工艺序号	程序编号	夹具名称	夹具编号	使用设备		车间	
×××	×××	自定心卡盘	×××	FANUC 0i 标准后置数控车床		×××	
工步号	工步内容		刀具号	刀具规格	主轴转速/(r/min)	进给速度/(mm/r)	背吃刀量/mm	备注
1	车右端面		T01	95°外圆车刀	600	0.18	1	
2	循环粗车 R12mm 圆弧面、螺纹大径 $\phi34.6mm$、外圆 $\phi24mm$、$\phi60mm$、圆锥面		T01	95°外圆车刀	600	0.5	2	
3	循环精车 R12mm 圆弧面、螺纹大径 $\phi34.61mm$、外圆 $\phi24mm$、$\phi60mm$、圆锥面		T01	95°外圆车刀	800	0.1	0.25	
4	切螺纹退刀槽 $3 \times \phi25mm$		T02	3mm 切槽车刀	315	0.08		
5	循环车削螺纹		T03	60°外螺纹车刀	300	3	0.4	
6	切槽 $3 \times \phi50mm$		T02	3mm 切槽车刀	315	0.16		
7								
编制	×××	审核	×××	批准	×××	共　页		第　页

6）数学计算。螺纹切削时应在两端设置足够的升、降速距离，因此起、终点坐标应考虑进刀引入距离 δ_1 和退刀切出距离 δ_2。一般应根据有关手册来计算 δ_1 和 δ_2，也可利用下式进行估算：

$$\delta_1 = \frac{nF}{1800} \times 3.6$$

$$\delta_2 = \frac{nF}{1800}$$

式中　　n——主轴转速（r/min）；

　　　　F——螺纹导程（mm）。

按公差与配合标准，普通外螺纹大径的基本偏差≤0，加之螺纹车刀刀尖半径对内螺纹小径尺寸的影响，车螺纹前螺纹大径外圆的尺寸要小于螺纹公称尺寸，一般推荐大径外圆尺寸按下式计算：

$$d = D - 0.13F$$

式中，d 为螺纹大径外圆尺寸（mm），D 为螺纹公称直径（mm），F 为螺纹导程（mm）。

最后一次进刀完成螺纹加工，这时指令中的 X 值应为螺纹小径尺寸 d'。该值应根据有关手册进行计算，也可按下式估算：

$$d' = D - 1.0825F$$

式中，d' 为螺纹小径（mm），D 为螺纹公称直径（mm），F 为螺纹导程（mm）。

（2）编制数控加工程序

O0001；	
N10 T0101 G40；	换 1 号刀，取消刀补
N20 M04 S600 G99；	起动主轴，设定为每转进给模式
N30 G00 X65. Z0.；	快进至加工起点
N40 G01 X－1. F0.18；	端面车削
N50 G00 X65. Z5.；	
N60 G71 U2.0 R1.0；	外圆粗车循环
N70 G71 P80 Q180 U0.5 W1.0 F0.5；	
N80 G00 X0. Z2.；	开始描述精加工路径
N90 G01 Z0. S800 F0.1；	
N100 G03 X24.0 Z－12.0 R12.0；	车 $R12$ 圆弧
N110 G01 W－14.0；	车 $\phi24$mm 外圆
N120 X31.35；	退刀
N130 X34.61 W－1.63；	倒角
N140 Z－62.0；	车螺纹大径 $\phi34.61$mm
N150 X45.0；	退刀
N160 X60.0 Z－100.0；	车锥面
N170 W－40.0；	车 $\phi60$mm 外圆
N180 X60.；	精加工路径描述结束
N190 G00 X65.；	退刀

N200 Z20. ;	刀具返回
N210 G42 G00 X65. 0 Z3. 0；	建立刀尖圆弧半径补偿
N220 G70 P80 Q180；	精车循环
N230 G00 X65. 0；	退刀
N240 G40 Z20. 0；	刀具返回，取消刀补
N250 T0202；	换 2 号刀
N260 G00 X55. 0；	
N270 Z – 62. 0；	快进至切槽起点
N280 G01 X25. 0 S315 F0. 08；	车 3 × ϕ25mm 螺纹退刀槽
N290 X55. 0；	退刀
N300 G00 Z20. 0；	刀具返回
N310 T0303 S300；	换 3 号刀
N320 G00 X40. 0 Z – 24. 0；	快进至车螺纹起点
N330 G76 P02 10 60 R0. 2；	螺纹循环车削
N340 G76 X31. 75 Z – 60. 0 P1. 62 Q0. 4 F3. 0；	
N350 G00 X50. 0；	退刀
N360 Z20. 0；	刀具返回
N370 T0202；	换 2 号刀
N380 G00 X65. ；	
N390 Z – 124. 0；	快进至切槽起点
N400 G01 X50. 0 S315 F0. 16；	切槽 3 × ϕ50
N410 X65. 0；	退刀
N420 G00 Z20. 0；	刀具返回
N430 M05；	主轴停
N440 M02；	程序结束

第二节 数控铣削加工

铣削是机械加工常用的方法之一，它包括平面铣削和轮廓铣削。使用数控铣床的目的在于解决复杂的和难以加工工件的加工问题；把一些用普通机床可以加工（但效率不高）的工件，采用数控铣床加工，可以提高加工效率。

一、数控铣床结构及工作原理

数控铣床也是目前数控金属切削机床中使用较为广泛的一种机床，主要用于各种平面、沟槽、孔系，以及曲线轮廓等复杂表面的零件加工。

1. 数控铣床的结构

和数控车床一样，数控铣床按其不同特征也可分为不同类型。例如，按总体布局形式不同可分为立式数控铣床、卧式数控铣床、数控龙门铣床等。不同类型的数控铣床其结构有其各自不同的特点，但其基本组成大同小异，也基本由数控系统和机床本体两大部分组成。数控系统包括数控主机、控制电源、伺服电动机、数控操作面板等；机床本体包括主轴部件、工作台、底座、床身立柱以及布置于机床内部的冷却系统、润滑系统等，如图 10-11 所示。

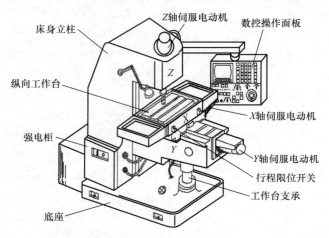

图 10-11 立式数控铣床

2. 数控铣床工作原理

数控铣床工作原理与数控车床类似，机床运动也是由多台电动机驱动，主轴回转由主轴电动机驱动，进给系统采用伺服电动机（或步进电动机）驱动，经过滚珠丝杠传送到机床工作台和主轴箱，以连续控制的方式，实现刀具的 X、Y 及 Z 向进给运动。只是数控铣床控制及联动轴数更多，一般数控铣床都必须对三轴或三个以上的坐标轴进行控制，同时控制轴数不低于两轴（即两轴联动）。两轴联动数控铣床用于加工平面零件轮廓，三轴及三轴以上联动的数控铣床可以完成空间曲面加工。基本工作过程如图 10-12 所示。

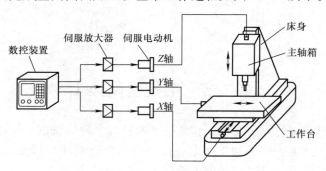

图 10-12 数控铣床工作原理

二、数控铣削加工程序编制

1. 数控铣削编程特点

1）数控铣床的数控系统具有多种插补功能，一般都具有直线插补和圆弧插补功能。有的还具有抛物线插补、螺旋线插补等多种插补功能。编程时要充分合理地选择这些插补功能，以提高加工精度和效率。

2）对于常见的铣削加工动作，数控系统具有多种固定循环指令，有利于使编程得到简化。

3）子程序也是简化编程的一种重要方式，它可将多次重复加工的内容，编成一个子程序，在重复动作时，多次调用这个子程序即可。事实上，固定循环指令就相对于数控系统生产厂家针对数控机床常见加工动作已编好的子程序库。对于某些结构相似、尺寸参数不同的零件的加工编程，还可以采用变量技术，即在程序中用变量代替实际的坐标尺寸，在调用时再给变量赋值。

4）对于轴对称零件、尺寸大小成比例的系列零件，可利用系统的镜像、比例缩放、坐标旋转等功能，以提高编程效率和简化程序。例如，零件的被加工表面如果对称于 X 轴、Y 轴，只需编制其中的 1/2 或 1/4 加工轨迹程序，其他部分用镜像功能加工。另外，为了适应某些零件圆周上分布孔的加工和圆周加工的需要，有的系统具有极坐标编程功能。

5）当零件加工工序较多时，可根据零件特征及加工内容设定多个工件坐标系，在编程时合理选用相应的坐标系，达到简化编程的目的。

2. 数控铣削加工工艺设计

数控铣削加工工艺设计与数控车削加工类似，设计工艺时应对零件结构和技术要求认真分析，结合数控加工的特点灵活运用切削工艺的一般原则，合理安排数控加工工艺。下面仅就数控铣削加工工艺设计的要点加以阐述，其他相同原则不再赘述。

1）加工方法的选择。加工方法的选择原则是保证加工表面的精度和表面粗糙度的要求。由于获得同一级精度及表面粗糙度的加工方法一般有许多，因而在实际选择时，要结合零件的形状、尺寸大小和热处理要求等全面考虑。例如，对于 IT7 级精度的孔采用镗削、铰削、磨削等加工方法均可达到精度要求，但箱体上的孔一般采用镗削或铰削，而不宜采用磨削，一般小尺寸箱体孔选择铰孔，当孔径较大时则应选择镗孔。此外，还应考虑生产率和经济性的要求，以及工厂的生产设备等实际情况。

2）加工顺序的安排。同一表面按粗加工、半精加工、精加工依次完成，整个加工表面按先粗后精加工分开进行。一般情况下，先进行内腔加工工序，后进行外形加工工序。对于既有铣面又有镗孔的零件，可先铣面后镗孔。

3）走刀路线的确定。在数控加工中，刀具刀位点相对于工件运动的轨迹称为走刀路线。铣削平面零件时，一般采用立铣刀侧刃进行切削。为减少接刀痕迹，保证零件表面质量，铣削外轮廓时，铣刀的进刀和退刀点应沿零件轮廓曲线的延长线上切入和切出零件表面，而不应沿法向直接切入零件，并且要有一定的重叠量，以避免加工表面产生划痕，保证零件轮廓表面光滑。铣削内轮廓表面时，切入和切出无法外延，这时铣刀可沿零件轮廓的法线方向切入和切出，并将其切入、切出点选在零件轮廓几何元素的交点处。凹槽的切削通常采用行切法和环切法加工的走刀路线，其中行切法加工的走刀路线计算比较简单，但加工的轮廓表面存在残高。环切法中刀具轨迹计算比较复杂，但加工的轮廓表面光整。以前常先用行切法加工去除大部分材料，然后环切光整轮廓表面，以结合两者的优点，现在由于采用 CAM 技术，已经不存在编程难的问题。

4）数控刀具的选择。刀具选择总的原则是：安装调整方便，刚度好，起耐用度和精度高。在满足加工的前提下，尽量选用较短的刀柄，以提高刀具加工的刚度。其中，加工曲面类零件时，一般采用球头刀，粗加工用两刃铣刀，半精加工和精加工用四刃铣刀；铣较大平面时，一般采用刀片镶嵌式盘形铣刀；铣小平面或台阶面时一般采用通用铣刀；铣键槽时，一般用两刃键槽铣刀；孔加工时，可采用钻头、镗刀等孔加工类刀具。

3. 数控铣床坐标系

和其他数控机床一样，数控铣床坐标系也采用右手直角笛卡儿坐标系，并有机床坐标系和工件坐标系（编程坐标系）之分。

数控铣床的机床原点一般定义为运动部件在坐标轴正向的极限位置，对立式机床，该点为工作台在最左端、床鞍在最前端、主轴箱在最上端时，主轴中心与主轴前端面的交点，如图 10-13 中的 O_1 点；对卧式机床，该点为工作台在最右端、床鞍在最前端、主轴箱在最上端时，主轴中心与主轴前端面的交点。

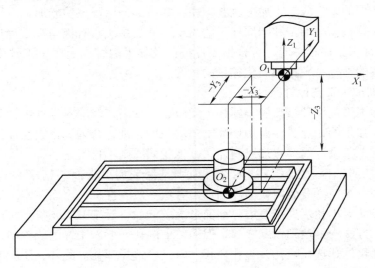

图 10-13　立式数控铣床坐标系

数控铣床的工件坐标系原点从理论上讲可选在工件上任何一点，但为了便于编程和简化数值计算，一般应尽量选在零件的设计基础或工艺基础上，如图 10-13 中的 O_2 点。工件在机床上装夹完毕后，工件坐标系原点与机床原点在 X、Y、Z 方向存在一定的偏置量（如图 10-13 中的 X_3、Y_3、Z_3），编程时可用 G92 或 G54 ~ G59 指令进行设定，操作者在装夹工件后，通过对刀操作检查、调整刀具刀位点与工件坐标系之间的关系（G92）或测量并预先输入偏置量数据（G54 ~ G59），在机床上建立工件坐标系，并据此控制刀具按程序坐标值运动。

4. 数控铣削特有编程指令

在铣削加工中，常遇到所加工工件上的几何元素是对称的、尺寸大小成比例或圆周分布孔的情况。此时，可采用镜像加工、比例缩放、坐标旋转、极坐标编程等指令进行加工编程，并结合子程序、循环功能以简化零件加工程序。

数控铣床常用的 G、M、F、S 和 T 指令在前面已作介绍，这里仅就反映数控铣床特征的镜像加工、比例缩放、坐标旋转、孔加工固定循环等指令进行介绍，其余与前相同的指令不再赘述。

镜像加工、比例缩放、坐标旋转、极坐标编程等特殊编程指令均不是数控系统的标准功能，因此不同的数控系统所用的指令代码和编程格式有所不同，在使用时应参照具体的编程说明书进行编程，这里主要以 FANUC OI – MA 系统为例进行介绍。

1）比例缩放指令。比例缩放功能指令可使原编程尺寸按指定比例放大或缩小，用于加工具有相同几何形状而比例大小不同的零件，也可运用该指令对一个零件进行粗加工和精加工。

指令格式：G51 X_Y_Z_$\left\{\begin{array}{l}\text{P；}\\ \text{I_J_K_；}\end{array}\right.$

　　　　　　G50；（取消比例缩放）

式中，X、Y、Z 为比例中心坐标，P 及 I、J、K 为比例缩放系数。其中，P 使各轴按相同比例缩放，其取值范围为：0.001～999.999，而 I、J、K 是对应 X、Y、Z 轴的比例系数，故可使各轴按不同比例缩放，其取值范围为：±0.001～±99.99。G50 为取消比例缩放指令。G51、G50 均为模态 G 代码。

G51 指令以后的移动指令，从比例中心开始，实际移动量为原数值乘以相应比例系数，比例系数对偏置量无影响，即不影响刀具半径（长度）补偿的数值。

如图 10-14 所示，W 为比例缩放中心，ABCD 为原加工图形，A′B′C′D′为比例编程的图形。

2）镜像加工指令。镜像功能指令使刀具在所设置的镜像坐标上的运动方向与编程方向相反，运动轨迹与原编程轨迹对称，用于加工几何形状对称的零件。

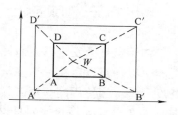

图 10-14　比例缩放功能

事实上，FANUC 系统可利用上述 G51 比例缩放指令，通过将相关的 I、J、K 设置为正负对称值（如 ±1），即可获得镜像加工功能。专门的镜像指令格式为：

G51.1 X_（Y_）（Z_）；　　　　（设置镜像轴）

G50.1；　　　　　　　　　　　　（镜像取消）

G51.1、G50.1 均为模态 G 代码。

3）坐标旋转指令。使用坐标旋转指令可以使编程图形按指定的旋转中心及旋转方向旋转一定的角度。

G68$\left\{\begin{array}{l}\text{G17X_Y_}\\ \text{G18 Z_X_}\\ \text{G19 Y_Z_}\end{array}\right.$R_；$\left\{\begin{array}{l}\text{在 XY 平面坐标旋转}\\ \text{在 ZX 平面坐标旋转}\\ \text{在 YZ 平面坐标旋转}\end{array}\right.$

指令格式：　　G69；　　取消坐标旋转

G68 指令以指定平面的 X、Y、Z 坐标为旋转中心（若省略坐标字，则以当前刀具所在位置为旋转中心），将图形按 R 指定的角度旋转。R 的单位为度，取值范围为 −360°～+360°。逆时针旋转角度为正，顺时针旋转角度为负。G69 用于取消坐标旋转功能。G68、G69 均为模态 G 代码。

4）孔加工固定循环指令。数控铣床配备的固定循环功能，主要用于孔加工，包括钻孔、镗孔和攻螺纹等。使用孔加工固定循环指令，一个程序段即可完成一个孔加工的全部动作。继续加工孔时，如果加工动作无需变更，则程序中所有模态的数据可以不写，因此可以大大简化编程。

① 孔加工固定循环基本动作。如图 10-15 所示，孔加工固定循环一般由 6 个动作组成

（图中虚线表示的是快速进给，实线表示的是切削进给）。

动作 1——X 轴和 Y 轴快速定位：使刀具快速定位到孔加工的位置。

动作 2——快进到 R 点：刀具自初始点沿 Z 向快速进给到 R 点。

动作 3——孔加工：以切削进给的方式执行孔加工的动作。

动作 4——孔底动作：包括暂停、主轴准停、刀具移位等动作。

动作 5——返回到 R 点：继续孔的加工而又可以安全移动刀具时选择快速返回 R 点。

动作 6——返回到起始点：孔加工完成后一般应选择快速返回初始点。

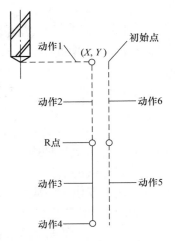

图 10-15　孔加工固定
循环基本动作

初始点是为安全下刀而规定的点。初始点到零件表面的距离可以任意设定在一个安全的高度上。刀具移到初始点前，要用 G43（或 G44）建立刀具长度补偿。当使用同一把刀具加工若干孔时，只有孔间存在障碍需要跳跃或全部孔加工完毕时，才使用 G98 指令使刀具返回到初始点。过初始点平行于 XY 平面的平面称为初始平面。

R 点又叫参考点，是刀具下刀时自快进转为工进的转换点。距工件表面的距离主要考虑工件表面尺寸的变化，一般可取 2～5mm。使用 G99 时，刀具将返回到该点。过 R 点平行于 XY 平面的平面称为 R 平面。

加工不通孔时孔底平面就是孔底的 Z 轴高度；加工通孔时一般刀具还要伸出工件底平面一段距离，主要是保证全部孔深都加工到规定尺寸。钻削加工时还应考虑钻头尖部对孔深的影响。

孔加工循环与平面选择指令 G17、G18、G19 无关，即不管选择了哪个平面，孔加工都是在 XY 平面上定位并在 Z 轴方向上进给加工孔。

② 固定循环代码。固定循环功能由 G 代码指定，对于不同的固定循环，上述的固定循环动作有所不同。常用的孔加工固定循环动作及指令格式见表 10-4。

表 10-4　孔加工固定循环

G 代码指令格式	孔加工动作（-Z 方向）	孔底动作	退刀动作（+Z 方向）	用　　途
G73X_Y_Z_R_Q_F_;	间歇进给	—	快速进给	高速深孔钻
G74X_Y_Z_R_P_F_;	切削进给	暂停—主轴正转	切削进给	攻左旋螺纹
G76X_Y_Z_R_Q_P_F_;	切削进给	主轴准停—让刀	快速进给	精镗
G80	—	—	—	取消固定循环
G81X_Y_Z_R_F_;	切削进给	—	快速进给	钻孔（中心孔）
G82X_Y_Z_R_P_F_;	切削进给	暂停	快速进给	锪孔、镗阶梯孔
G83X_Y_Z_R_Q_F_;	间歇进给	—	快速进给	深孔钻
G84X_Y_Z_R_P_F_;	切削进给	暂停－主轴反转	切削进给	攻右旋螺纹
G85X_Y_Z_R_F_;	切削进给	—	切削进给	精镗

（续）

G 代码指令格式	孔加工动作（-Z 方向）	孔底动作	退刀动作（+Z 方向）	用　途
G86X_Y_Z_R_F_;	切削进给	主轴停止	快速进给	镗孔
G87X_Y_Z_R_Q_F_;	切削进给	主轴正转	快速进给	反镗孔
G88X_Y_Z_R_P_F_;	切削进给	暂停－主轴停止	手动操作	镗孔
G89X_Y_Z_R_P_F_;	切削进给	暂停	切削进给	精镗

孔加工固定循环程序段的一般格式为：

G90/G91 G98/G99 G73～G89 X_Y_Z_R_Q_P_F_L_;

式中，G90/G91 为坐标数据方式指令：固定循环指令中地址 R 与地址 Z 的数据指定与 G90 或 G91 的方式选择有关。选择 G90 方式时，R 与 Z 一律取其终点坐标值；选择 G91 方式时，R 是指自初始点到 R 间的距离，Z 是指自 R 点到孔底平面上 Z 点的距离。

G98/G99 为返回点位置指令：由 G98 和 G99 决定刀具在返回时到达的平面。如果指定了 G98，则刀具返回时，返回到初始点所在的平面；如果指定了 G99，则返回到 R 点所在的平面。

G73～G89 为孔加工固定循环指令：数控铣床和加工中心通常设计有一组孔加工固定循环指令，每条指令针对一种孔加工工艺。其后的代码字为加工参数，参数的含义见表 10-5。根据不同的循环要求，有的固定循环要用到全部参数，而有的固定循环只需用到部分参数，详见表 10-4 中的"G 代码指令格式"。

表 10-5　固定循环指令参数

指令内容	地址	参数含义
孔加工参数	X、Y	以增量值（G91）或绝对值（G90）指定加工孔的中心位置坐标
	Z	以增量值（G91）或绝对值（G90）指定加工孔底位置
	R	以增量值（G91）或绝对值（G90）指定 R 点位置
	P	指定刀具在孔底的暂停时间
	Q	以增量值指定每次的切削深度（G73、G83 中）或偏移量（G76、G87 中）
	F	指定切削进给速度
重复次数	L	指定动作的重复次数，未指定时，默认为 1 次

G73～G89 和固定循环中的参数 Z、R、Q、P、F 是模态指令。一旦指定，一直有效，直到出现其他孔加工固定循环指令，或固定循环取消指令 G80，或 G00、G01、G02 和 G03 等同组模态指令才失效。因此，多孔加工时该指令及相关参数只需指定一次，后面的程序段只给出孔的位置及变化的数据即可。

当用 G80 指令取消孔加工固定循环后，那些在固定循环之前的插补模态（如 G01、G02、G03 和 G00）恢复，M05 指令也自动生效（G80 指令可使主轴停转）。

在使用固定循环编程时一定要在前面程序段中指定 M03 或 M04，使主轴启动；在固定循环中，刀具半径尺寸补偿 G41、G42 无效。刀具长度补偿 G43、G44、G49 有效。

5. 数控铣削编程举例

在数控铣床上加工如图 10-16 所示凸模零件。

（1）数控加工工艺分析

1）零件结构分析。图 10-16 所示凸模表面由方形凸台、圆形凸台、U 形槽、螺孔等表面组成。零件图轮廓描述清晰完整；尺寸标注完整，符合数控加工尺寸标注要求；零件材料为铝，要求锐边倒钝，孔口倒角，无热处理和硬度要求。

2）加工顺序的确定。根据数控铣床的工序划分原则，零件的加工顺序为：铣 20mm×100mm×100mm 六面体→铣 94mm×94mm 方形凸台→铣圆形凸台→铣 U 形槽→锪 2 个 ϕ16mm 深 0.5mm 的孔。

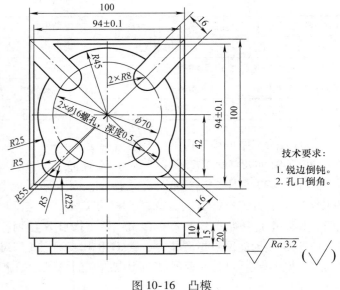

技术要求：
1. 锐边倒钝。
2. 孔口倒角。

图 10-16　凸模

3）装夹与定位的选择。根据零件结构特点，此凸模加工使用夹具为机用虎钳。

4）加工刀具的选择。根据加工要求，选面铣刀、ϕ12mm 和 ϕ16mm 的平底立铣刀、ϕ16mm 锪孔钻头各一把，其中 ϕ12mm 和 ϕ16mm 的平底立铣刀用于轮廓数控铣加工。刀具选好后，将所选定的刀具参数填入数控加工刀具卡片中（见表 10-6），以便编程和操作管理。

表 10-6　数控加工刀具卡片

产品名称		凸模	零件名称	×××	零件图号		×××
序号	刀具规格、名称	数量	加工表面	刀补号		备注
				半径	长度	
1	面铣刀	1	铣六面体（20mm×100mm×100mm）			手动铣六方
2	平底刀 DZ2000－12	1	铣 94mm×94mm 方形凸台	D01	H01	自动加工
			铣圆形凸台			
3	平底刀 DZ2000－16	1	铣 U 形槽	D02	H02	
4	ϕ16mm 锪孔钻头	1	锪 2 个 ϕ16mm 深 0.5mm 孔			钻床完成
编制	×××	审核	×××	批准	×××	共　页	第　页

5）切削用量的选择。根据切削用量选择原则，将确定的切削用量、刀具、工步内容等信息填入数控加工工艺卡片，见表 10-7。

表 10-7　数控加工工艺卡片

＊＊公司		数控加工工序卡	产品名称或代号	零件名称	零件图号
			凸模	×××	×××
工艺序号	程序编号	夹具名称	夹具编号	使用设备	车间
×××	×××	平口钳	×××	FANUC 0i 标准数控铣床	×××

（续）

工步号	工步内容	刀具号	刀具规格	主轴转速/(r/min)	进给速度/(mm/min)	背吃刀量/mm	备注
1	铣六面体		面铣刀				手动
2	铣方形凸台	T01	平底立铣刀 DZ2000－12	1200	150		
3	铣圆形凸台	T01	平底立铣刀 DZ2000－12	1200	150		
4	铣 U 形槽	T02	平底立铣刀 DZ2000－16	1000	150		
5	锪孔		φ16 锪孔钻头				钻床
6	检验						
7							
编制 ××× 审核 ×××		批准	×××		共 页		第 页

（2）编制数控加工程序　本例的程序代码分为两部分，用平底立铣刀 DZ2000－12 铣方形凸台和圆形凸台，程序号为 O0001；用平底立铣刀 DZ2000－16 铣 U 形槽，程序号为 O0002。程序代码如下：

```
O0001
N10 G54 G90 G00 X55. Y55. ;           平底立铣刀 DZ2000－12，铣 94×94 方形凸台
N20 M03 S1200 ;
N30 G43 H01 G00 Z60. ;                建立刀具长度补偿 H01
N40 G01 Z20. F1500. ;
N50 G01 Z2. F1000. ;
N60 G01 Z－10. F200. ;                 下刀
N70 G41 D01 G01 X47. Y47. F150. ;     建立刀具半径补偿 D01
N80 G01 Y－47. ;
N90     X－47. ;
N100    Y47. ;
N110    X47. ;
N120 G01 X55. Y55. F200. ;
N130 G00 Z20. ;                       退刀
N140 G00 X0. Y－50. ;                  开始铣圆形凸台
N150 G01 Z2. F1000 ;
N180 G01 Z－5. F200. ;
N190 G01 X0. Y－42. F150 ;
N200 G01 X－28. 21 ;
N210 G03 X－32. 344 Y－42. 344 R25. ;
N220 G02 X－36. 487 Y－41. 154 R5. ;
N230 G02 X－41. 154 Y－36. 487 R55. ;
N240 G02 X－42. 156 Y－31. 589 R5. ;
N250 G03 X－42. 347 Y－15. 224 R25. ;
```

N260 G02 X42. 347 Y – 15. 224 R – 45. ;
N270 G03 X42. 156 Y – 31. 589 R25. ;
N280 G02 X41. 154 Y – 36. 487 R5. ;
N290 G02 X36. 487 Y – 41. 154 R55. ;
N300 G02 X32. 344 Y – 42. 344 R5. ;
N310 G03 X28. 210 Y – 42. R25. ;
N320 G01 X0. ;
N330 G40 G01 X0. Y – 50. F200;　　　取消刀具半径补偿
N340 G00 Z20;
N350 G49 G00 X – 50. Y50.　　　　　取消刀具长度补偿
N360 M05;

O0002
N370 G54 G90 G00 X – 50. Y50. ;　　　平底立铣刀 DZ2000 – 16，铣宽 16 的 U 形槽
N380 M03 S1000;
N390 G43 H02 G00 Z60;　　　　　　建立刀具长度补偿 H02
N400 G01 Z20. F1500;
N410 G01 Z2. F1000;
N420 G01 Z – 10. F200. ;
N430 G01 X – 24. 749 Y24. 749 F150;
N440 G01 X – 50 Y50;
N450 G00 Z20;
N460 G00 X50. Y50. ;
N470 G01 Z20. F1000;
N480 G01 Z2. F1000;
N490 G01 Z – 4. F200. ;
N500 G01 X24. 749 Y24. 749 F150;
N510 G01 X50 Y50;
N520 G00 Z20;
N530 G49 G00 X55. Y55. ;
N540 M05;
N550 M02;

第三节　数控系统介绍

目前，在我国应用较多的数控系统主要分为国外产品和国内产品。国外数控系统中，FANUC（日本）、SIEMENS（德国）、FAGOR（西班牙）、HEIDENHAIN（德国）、MITSUB-

ISHI（日本）等公司的数控系统及相关产品，在数控机床行业占据主导地位。国内生产的数控产品以广州数控、华中数控等为代表。随着技术的发展，为适应不同数控机床及满足不同功能的需要，各大数控公司都相继推出了不同型号的产品。现主要介绍广数 GSK980TC3 系统和 FANUC 0i – MA 系统。

一、广数 GSK980TC3 系统及操作面板

GSK980TC3 是广州数控设备有限公司最新开发制造的总线式车床数控系统产品，采用 GSK – Link 以太网总线、手脉切试、CS 轴控制等功能，加工速度、精度、表面粗糙度得到大幅提升，全新设计的人机界面，美观、友好、易用；连接更加方便、编程更加简洁等，主要适用于普及型数控车床。

1. GSK980TC3 主要功能

1）标配 GE 系列总线式伺服单元。

2）采用 8.4in（1in≈2.54cm）真彩 LCD，支持中文、英文双语种选择。

3）四轴两联动，最小控制精度 $0.1\mu m$，最高移动速度 60m/min。

4）适配伺服主轴可实现主轴定向、CS 轴控制等功能。

5）支持 B 类宏程序编程，单线/多线米、寸制直螺纹、锥螺纹和端面螺纹类功能。

6）具备手脉试切、手脉中断功能。

7）支持 RS232 通信。

8）提供分期 12 期限时停机设置。

9）支持伺服刀塔、四工位电动刀架、液压刀架等。

2. GSK980TC3 操作面板

GSK980TC3 操作面板共分为 LCD（液晶显示器）区、编辑键盘区、软键功能区和机床控制区四大区域，如图 10-17 所示。各按键基本功能说明见表 10-8。

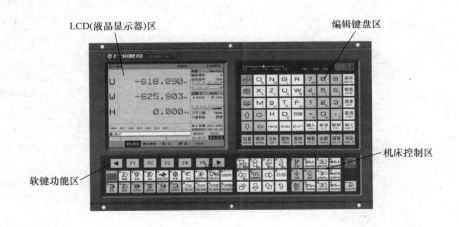

图 10-17 GSK980TC3 操作面板

表 10-8　GSK980TC3 按键基本功能

分区	按键	名称	功能说明
	复位键图标	复位键	系统复位，进给、输出停止
	地址键图标	地址键	输入程序中的地址符
	数字键图标	数字键	输入数字
	输入键图标	输入键	将数字、地址或数据输入到缓冲区；确认操作结果
	翻页键图标	翻页键	用于同一显示方式下页面的转换、程序的翻页
	光标移动键图标	光标移动键	用于光标上下左右移动
编辑键盘区	编辑键图标	编辑键	可使光标移至程序行的开头或结尾、程序的开头或结尾；用于程序编辑时程序、字段等的插入、修改、删除等操作，复合键的使用等
	位置 POS	位置页面	通过相应软键转换，显示当前点相对坐标、绝对坐标、综合坐标、程监显示页面
	程序 PRG	程序页面	通过相应软键转换，显示程序、MDI、目录显示页面，目录界面可通过翻页键查看多页程序
	刀补 OFT	刀补页面	共有三个界面，通过相应软键转换显示偏置、工件坐标、宏变量界面
	图形 GRA	图形页面	通过相应软键转换，显示图参、图形显示页面，图参进行显示图形中心、大小以及比例设定
	系统 SYS	系统页面	通过相应软键转换，显示 CNC 设置、参数、螺补、数据、总线配置、限时停机显示页面
	梯图 PLC	梯图页面	通过相应软键转换，查看 PLC 梯图相关的版本信息和系统 I/O 口的配置情况
	诊断 DGN	诊断页面	通过相应软键转换，查看系统各侧的 I/O 口信号状态
	报警 ALM	报警页面	通过相应软键转换，查看各种报警信息页面
	帮助 HELP	帮助页面	通过相应软键转换，查看系统相关的各项帮助信息

（续）

分区	按键	名称	功能说明
机床控制区	编辑	编辑方式	自动方式、MDI 方式运行时切换到编辑方式，系统运行完当前程序段减速停止
	自动	自动方式	进入自动操作方式
	MDI	MDI 方式	进入录入（MDI）操作方式
	回机床零点	机械回零	进入机械回零操作方式
	回程序零点	程序回零	进入程序回零操作方式
	手动	手动方式	进入手动操作方式
	手脉	手脉/单步方式	进入手脉或单步操作方式
	跳段	程序段选跳开关	首标"/"符号的程序段是否跳段，打开时，指示灯亮，程序跳过
	单段	单段开关	程序单段/连续运行状态切换，指示灯亮时为单段运行
	空运行	空运行开关	进入空运行，空运行指示灯亮
	选择停	选择停开/关	程序中有"M01"是否停止
	MST 辅助锁	辅助功能开关	辅助功能打开时指示灯亮，轴动作输出无效
	机床锁	机床锁住开关	机床锁打开时指示灯亮，轴动作输出无效
	润滑	润滑开关	打开或关闭机床润滑
	冷却	切削液开关	打开或关闭机床切削液
	逆时针转　主轴停止　顺时针转	主轴控制键	控制主轴正转、主轴停转、主轴反转
	主轴倍率增　主轴倍率减	主轴倍率	主轴速度调整（主轴转速模拟量控制方式有效）
	点动	主轴点动开关	主轴点动状态开/关

（续）

分区	按键	名称	功能说明
机床控制区	 换刀	换刀开关	手脉方式、手动方式、单步方式下控制换刀
	 USER1	用户自定义键	用户自定义
	 C/S	C/S轴切换	切换主轴速度/位置控制
	 快速移动	快速移动	手动方式下快速移动开/关
	 ЛX1 ЛX10 ЛX100 ЛX1000 F0 25% 50% 100%	快速倍率、手动单步、手轮倍率选择	选择快速倍率、手动单步、手轮倍率
	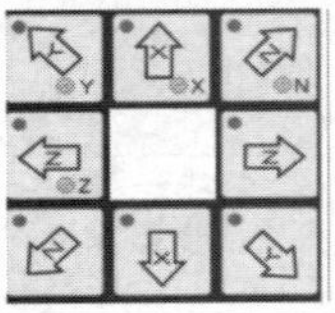 手动进给键	手动进给	手动、单步操作方式 X、Y、Z、C 轴正向/负向移动，轴正向为手轮选轴
	 进给保持	进给保持	按下此键，系统停止自动运行
	 循环起动	循环启动	按此键，程序自动运行

二、FANUC 0i – MA 系统及操作面板

FANUC 0i – MA 是日本 FANUC 公司生产的采用低功耗 CMOS 专用大规模集成电路、数控机床专用 PLC（又称 PMC）的数控系统产品，它的目标是体积小、价格低，适用于机电一体化的小型数控铣床，具有彩色图形显示、CS 轴控制、会话菜单式编程、专用宏功能、多种语言显示等功能。

1. FANUC 0i – MA 主要功能

1）采用模块化结构。

2）采用 8.4in 真彩 LCD，支持中文、英文、德文、法文等多语种选择。

3）四轴四联动，最小控制精度 $0.1\mu m$。

4）具有整体软件功能包，适于高速、高精度加工，并具有网络功能。

5）支持 B 类宏程序编程。

6）具有 HRV（高速矢量响应）功能，伺服增益提高，理论上可使轮廓加工误差减少一半。

7）支持 RS232 通信。

2. FANUC 0i – MA 操作面板

FANUC 0i – MA 操作面板共分为 LCD（液晶显示器）区、MDI 键盘区、软键功能区和机床控制区四大区域，如图 10-18 所示。各按键基本功能说明见表 10-9。

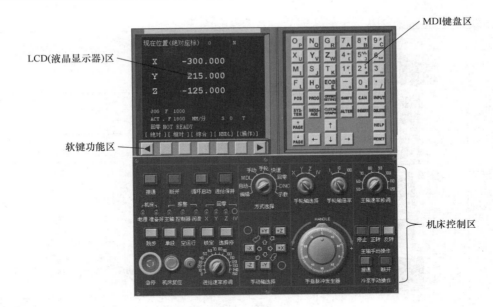

图 10-18 FANUC 0i – MA 操作面板

表 10-9 FANUC 0i – MA 按键基本功能

分区	按键	名 称	功能说明
MDI 键盘区		复位键	系统复位
		光标移动键	向上、下、左、右移动光标
		字母数字输入键	用于输入字母数字。输入时自动识别所输入的为字母还是数字
		翻页键	向上、下翻页
	ALTER INSERT DELETE	程序编辑键	编辑程序时替换、插入、删除光标块内容
	CAN	取消键	删除输入区最后一个字符
	POS	位置显示	切换 CRT 到机床坐标位置显示界面
	PROG	程序界面	切换 CRT 到程序管理界面
	OFFSET SETTING	参数界面	切换 CRT 到参数设置界面
	HELP	帮助界面	查看系统相关帮助信息

（续）

分区	按键	名　称	功能说明
MDI 键盘区	SYS-TEM MESS-AGE		暂不支持
	CUSTOM GRAPH	图形界面	显示宏程序 自动方式下显示运行轨迹
	INPUT	输入键	DNC 程序输入 参数输入
机床控制区	接通	接通	开电源
	断开	断开	关电源
	循环启动	循环启动	程序运行开始；系统处于"自动运行"或"MDI"位置时按下有效，其余模式下使用无效
	进给保持	进给保持	程序运行暂停，在程序运行过程中，按下此按钮运行暂停。按"循环启动" 循环启动 恢复运行
	跳步	跳步	此按钮被按下后，数控程序中的注释符号"/"有效
	单段	单段	此按钮被按下后，运行程序时每次执行一条数控指令
	空运行	空运行	系统进入空运行状态
	锁定	锁定	锁定机床
	选择停	选择停	单击该按钮，"M01"代码有效
	急停	急停	按下急停按钮，使机床移动立即停止，并且所有的输出如主轴的转动等都会关闭
	机床复位	机床复位	复位机床
	+X	X 正方向按钮	手动状态下，单击该按钮将向 X 轴正方向进给
	-X	X 负方向按钮	手动状态下，单击该按钮将向 X 轴负方向进给
	+Y	Y 正方向按钮	手动状态下，单击该按钮将向 Y 轴正方向进给
	-Y	Y 负方向按钮	手动状态下，单击该按钮将向 Y 轴负方向进给
	+Z	Z 正方向按钮	手动状态下，单击该按钮将向 Z 轴正方向进给

（续）

分区	按键	名　称	功能说明
机床控制区	Z	Z 负方向按钮	手动状态下，单击该按钮将向 Z 轴负方向进给
	 停止	停止	主轴停止
	 正转	正转	主轴正转
	 反转	反转	主轴反转
	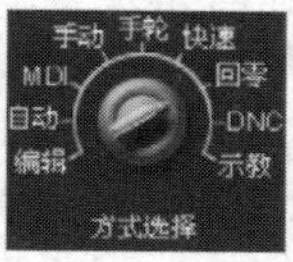 方式选择	编辑	进入编辑模式，用于直接通过操作面板输入数控程序和编辑程序
		自动	进入自动加工模式
		MDI	进入 MDI 模式，手动输入并执行指令
		手动	手动方式，连续移动
		手轮	手轮移动方式
		快速	手动快速模式
		回零	回零模式
		DNC	进入 DNC 模式，输入输出资料
	 主轴速率修调	主轴速率修调	调节主轴倍率
	 进给速率修调	进给速率修调	调节运行时的进给速度倍率
	 手轮轴选择	手轮轴选择	在手轮模式时选择进给轴方向
	 手轮轴倍率	手轮轴倍率	调节手轮步长。X1、X10、X100 分别代表移动量为 0.001mm、0.01mm、0.1mm
	 手轮	手轮	转动手轮控制机床坐标运动

第四节　数控加工中心

一、加工中心概述

加工中心（Machining Center，MC）是具有刀具库并能自动切换刀具的多功能数控机床。加工中心是从数控铣床发展而来的，与数控铣床相同的是，加工中心同样是由计算机数控系统、伺服系统、机床本体、液压系统等各部分组成。但加工中心又不等同于数控铣床，

261

它与数控铣床的最大区别在于加工中心具有自动交换加工刀具的能力，能通过在刀库上安装不同用途的刀具，在工件一次装夹后通过换刀装置自动换刀，实现钻、镗、铰、攻螺纹、切槽等多种加工功能。

加工中心的种类很多。根据加工对象的不同，最常见的有加工箱体类零件的镗铣加工中心和加工回转体类零件的车削加工中心。根据布局形式的不同有立式加工中心（见图 10-19）、卧式加工中心（见图 10-20）、龙门式加工中心（见图 10-21）。

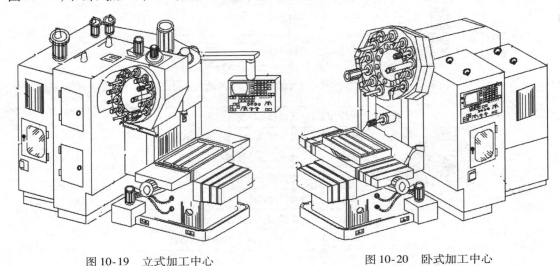

图 10-19　立式加工中心　　　　　　　　图 10-20　卧式加工中心

二、加工中心程序编制

1. 加工中心工艺特点

由于加工中心具有自动换刀的特点，故零件的加工工艺一般采用工序集中的原则进行设计，尽可能地在一次装夹情况下完成铣、钻、镗、铰和攻螺纹等多工序加工。加工中心的工艺主要具有以下特点：

1）适合加工高效、高精度零件。生产中有些零件属产品的关键部件，要求精度高且工期短。用传统工艺往往需用多台机床协调工作，周期长、效率低，在长工序流程中，受人为因素影响易出废品，从而造成重大经济损失。而采用加工中心进行加工，所用设

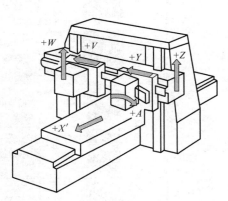

图 10-21　龙门式加工中心

备少，生产完全由程序自动控制，避免了长工艺流程，减少了硬件投资和人为干扰，具有生产效益高及质量稳定的优点。

2）适合具有合适批量的零件。加工中心生产的柔性不仅体现在对特殊要求的快速反应上，而且可以快速实现批量生产，拥有较强的市场竞争能力。加工中心适合于中小批量生产，特别是多品种、小批量生产。在应用加工中心时，尽量使生产批量大于经济批量，以达到良好的经济效果。随着加工中心及辅具的不断发展，经济批量越来越小，对一些复杂零件，5～10 件就可生产，甚至单件生产时也可考虑采用加工中心。

3）适合加工复杂形状的零件。加工中心功能完善，联动轴数多，应用四轴联动、五轴联动加工中心，同时随着 CAD/CAM 技术的成熟发展，使加工零件形状的复杂程度大幅提高。DNC 的使用使同一程序的加工内容足以满足各种加工要求，使复杂零件的自动加工变得非常容易。

4）采用标准工具系统。在加工中心上，各种刀具分别装在刀库上，按程序规定随时进行选刀和换刀工作。因此必须采用标准刀柄，以便使钻、镗、扩、铣削等工序所用的标准刀具迅速、准确地装到机床主轴或刀库上去。目前我国的加工中心采用整体式结构（TSG 工具系统）和模块式结构（TMG 工具系统）两大类，其刀柄有直柄和锥柄两种。随着高速加工技术的普及应用，为适应高速机床及高速加工的需要，目前已开始采用 HSK、KM 等高速工具系统。

5）刀具预调。为提高机床利用率，尽量采用刀具机外预调，并将预调数据于运行程序前及时输入到数控系统中，以实现刀具补偿。

2. 加工中心特有编程指令

加工中心是在数控铣床基础上发展而来的，但加工中心的编程指令和数控铣床编程指令也有不同之处，主要在于增加了用 M06 和 Txx 进行自动换刀的功能指令，其他指令与数控铣床大体相同，这里不再赘述。

M06 为自动换刀指令。本指令将驱动机械手进行换刀动作，不包括刀库转动的选刀动作。

T 功能指令是铣床所不具备的，因为 T 指令即 Txx ，是用以驱动刀库电动机带动刀库转动而实施选刀动作的。T 指令后跟的两位数字，是将要更换的刀具地址号。

不同的加工中心，其换刀程序有所不同，通常选刀和换刀可分开进行。换刀完毕启动主轴后，方可进行下面程序段的加工内容。选刀可与机床加工重合起来，即利用切削时间进行选刀。多数加工中心都规定了换刀点位置，即定距换刀。主轴只有走到这个位置，机械手才能执行换刀动作。一般立式加工中心规定换刀点的位置在机床 Z_0（即机床 Z 轴零点）处，卧式加工中心规定在 Y_0（即机床 Y 轴零点）处。换刀程序可采用两种方法设计。

方法一：N10 G28 Z10 T02　　　　　返回参考点，选 T02 号刀

　　　　　N11 M06　　　　　　　　　主轴换上 T02 号刀

　　　　　……

方法二：N10 G01 Z – 10 T02　　　　切削过程中选 T02 号刀

　　　　　……

　　　　　N017 G28 Z10 M06　　　　返回参考点，换上 T02 号刀

　　　　　N018 G01 Z – 20 T03　　　切削加工同时选 T03 号刀

　　　　　……

3. 加工中心编程实例

在 FANUC OMC 系统的 VMC – 850 立式加工中心上加工图 10-22 所示升降凸轮，零件材料为中碳钢，转序到加工中心时已经过部分加工，如图 10-23 所示。

零件中 23mm 深的半圆槽和外轮廓不是工作面，只是为了减轻重量，没有精度要求。为了节省篇幅，例中不考虑这两部分的加工，只讨论深度为 25mm 的滚子槽轮廓加工。

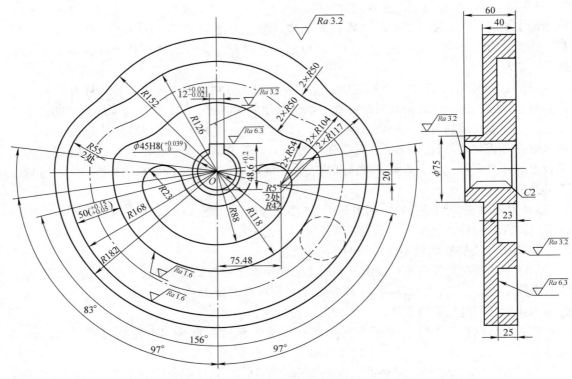

图 10-22　升降凸轮零件图

1）工艺分析。由零件图可知，内孔 $\phi 45H8$ 为设计基准，根据图 10-23 所示的已加工面情况，选择 $\phi 45$ 和 K 面定位，配制专用夹具装夹，夹紧力作用在 H 面上。

为了达到图样要求，考虑分粗铣、半精铣和精铣 3 步完成轮廓加工。半精铣和精铣单边余量分别取 1mm 和 0.15mm。为避免 Z 向吃刀

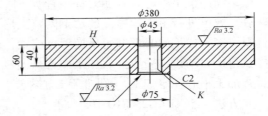

图 10-23　升降凸轮已加工图

过深，粗加工分两层加工完成，半精加工和精加工不分层，一刀完成。

另外，为了保证铣刀能够顺利下到要求的槽深，先要用钻头钻出底孔，然后再用键槽铣刀将孔底铣平，以便于立铣刀下刀。为此，需要 1 把 $\phi 25$mm 的麻花钻头、1 把 $\phi 25$mm 的键槽铣刀和 3 把 $\phi 25$mm 的四刃硬质合金锥柄立铣刀，其中，3 把立铣刀分别用于粗加工、半精加工和精加工。

在加工路线安排上，粗铣、半精铣和精铣均选择顺铣，以免在粗加工时，发生扎刀划伤加工面，在精铣时可以提高光洁度。

该零件加工工序卡见表 10-10。

2）数学处理。加工轮廓线是由多段圆弧组成，各基点（本例为切点）坐标可用像上例那样用几何元素间三角函数关系或联立方程组计算，也可以借助计算机绘图软件求出。为了减少计算量，同时充分发挥数控系统的功能优势，这里只计算凸轮理论轮廓线上的基点，粗

表10-10 升降凸轮加工工序卡

**公司	数控加工工序卡		产品名称或代号		零件名称		零件图号
					升降凸轮		
工艺序号	程序编号	夹具名称	夹具编号	使用设备			车间
	OO0001			VMC – 850			数控中心

工步号	工步内容	加工面	刀具号	刀具规格	主轴转速/(rad/min)	进给速度/(mm/min)	背吃刀量/mm	备注
1	钻ϕ25mm、深25mm底孔		T01	25mm 麻花钻	250	30	12.5	
2	铣ϕ25mm孔至ϕ35mm，孔底铣平，深25mm		T02	25mm 键槽铣刀	300	20	5	
3	粗铣滚子槽内、外侧		T03	25mm 立铣刀	400	40	25	
4	半精铣滚子槽内、外侧		T04	25mm 立铣刀	500	50	1	
5	精铣滚子槽内、外侧		T05	25mm 立铣刀	600	55	0.15	
绘制	×××	审核	×××	批准	×××	共 页		第 页

铣、半精铣及精铣的刀具轨迹由数控系统的刀补功能实现。同时，由于该零件关于 Y 轴对称，因此只计算第1象限的基点坐标即可编程。选择ϕ45mm孔的中心为编程原点，计算出各基点坐标，如图10-24所示（计算过程略）。

3）编写加工程序。为了实现顺铣，将滚子槽内、外侧轮廓铣削程序编成两段，其起点、终点坐标及走刀方向不同。同时，将内、外侧轮廓轨迹各自编成子程序，供主程序反复调用，以简化编程。

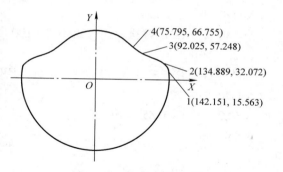

4(75.795, 66.755)
3(92.025, 57.248)
2(134.889, 32.072)
1(142.151, 15.563)

图10-24 平面凸轮零件图

OO0001	主程序
;	钻底孔
N0010 G90 G54 G00 X0 Y0 Z0 T01 M06	进入加工坐标系，换 T01 ϕ25mm 麻花钻
N0020 X134.889 Y32.072 S250 M03	
N0030 G43 H01 G00 Z100.0	
N0040 G01 Z2.0 F1000 M08	
N0050 G73 Z – 25.0 R2.0Q2.0 F30	
N0060 G80 G00 Z250.0 M09	
;	铣平立铣刀下刀位
N0S070 G91 G28 Z0 T02 M06	换 T02 ϕ25mm 键槽铣刀
N0080 G90 G00 X134.889 Y32.072 S300 M03	

265

N0090 G43 H02 G00 Zl00.0

N0100 G01 Z2.0 F1000 M08

N0110 Z－20.0 F100

N0120 Z－25.0 F20

N0130 G91 G01 X5.0

N0140 G02I－5.0　　　　　　　　　　　铣 ϕ35mm

N0150 G01 X－5.0 F100　　　　　　　　让刀

N0160 G90 G00 Z250.0 M09

　　　　　　　　　　　　　　　　　　粗铣第一层

N0170 G91 G28 Z0 T03 M06　　　　　　换 T03 ϕ25mm 的四刃锥柄立铣刀

N0180 G90 G00 X134.889 Y32.072 S400 M03

N0190 G43 H03 Z100.0

N0200 G01 Z5.0 F1000 M08

N0210 Z－12.5 F50　　　　　　　　　　Z 向切入工件 12.5mm

N0220 G42 D33 G01 X92.025 Y57.248 F40;　开始右刀补，刀补放在 D33 中，
　　　　　　　　　　　　　　　　　　半径补偿值为 11.5mm

N0230 M98 P1000　　　　　　　　　　调用铣外侧轮廓子程序，逆时针走刀

N0240 G40 G01 X134.889 Y32.072 F100　取消半径补偿

N0250 M01

N0260 G42 D33 G01 X142.151 Yl5.563 F40

N0270 M98 P2000　　　　　　　　　　调用铣内侧轮廓子程序，顺时针走刀

N0280 G40 G01 Z5.0 F1000　　　　　　取消半径补偿

N0290 M01

　　　　　　　　　　　　　　　　　　粗铣第二层

N0300 G01 X134.889 Y32.072

N0310 Z－25.0 F50　　　　　　　　　　Z 向切入工件 12.5mm，至深度 25mm

N0320 G42 D33 G01 X92.025 Y57.248 F40

N0330 M98 P1000　　　　　　　　　　调用铣外侧轮廓子程序，逆时针走刀

N0340 G40 G01 X134.889 Y32.072 F100

N0350 M01

N0360 G42 D33 G01 Xl42.151 Y15.563 F30

N0370 M98 P2000　　　　　　　　　　调用铣内侧轮廓子程序，顺时针走刀

N0380 G40 GO1 Z5.0 F1000

N0390 M01;　　　　　　　　　　　　半精铣

N0400 G91 G28 Z0 T04 M06　　　　　　换 T04 ϕ25mm 的四刃锥柄立铣刀

N0410 G90 G00 X134.889 Y32.072 S500 M03

N0420 G43 H04 G00 Z100.0

N0430 G01 Z5.0 F1000 M08

N0440 Z－25.0 F100

N0450 G42 D34 G01 X92.025 Y57.248 F50　　　开始右刀补，刀补放在 D34 中，半径补偿
　　　　　　　　　　　　　　　　　　　　　　　　值为 12.35mm

N0460 M98 P1000　　　　　　　　　　　　　调用铣外侧轮廓子程序，逆时针走刀
N0470 G40 G01 X134.889 Y32.072 F1000
N0480 M01
N0490 G42 D34 G01 X142.151 Y15.563 F50
N0500 M98 P2000　　　　　　　　　　　　　调用铣内侧轮廓子程序，顺时针走刀
N0510 G40 G01 Z5.0 F1000　　　　　　　　　取消半径补偿
N0520 G00 Z200.0 M09
　；　　　　　　　　　　　　　　　　　　　精铣
N0530 G91 G28 Z0 T05 M06　　　　　　　　换 T05 φ25mm 的四刃锥柄立铣刀
N0540 G90 G00 X134.889 Y32.072 S600 M03
N0550 G43 H05 G00 Z100.0
N0560 G01 Z5.0 F1000 M08
N0570 Z − 25.0 F100
N0580 G42 D35 G01 X92.025 Y57.248 F55　　　开始右刀补，刀补放在 D35 中，半径补偿
　　　　　　　　　　　　　　　　　　　　　　　　值为 12.5mm

N0590 M98 P1000　　　　　　　　　　　　　调用铣外侧轮廓子程序，逆时针走刀
N0600 M01 G40 G01 X134.889 Y32.072 F1000
N0610 M01
N0620 G42 D35 G01 X142.151 Y15.563 F55
N0630 M98 P2000　　　　　　　　　　　　　调用铣内侧轮廓子程序，顺时针走刀
N0640 G40 G01 Z5.0 F1000　　　　　　　　　半径补偿取消
N0650 G00 Z200.0 M09
N0660 M02

O1000　　　　　　　　　　　　　　　　　　逆时针铣外侧轮廓子程序
N1010 G02 X75.795 Y66.755 R30.0
N1020 G03 X − 75.795 Y66.755 R101.0
N1030 G02 X − 92.025 Y57.248 R30.0
N1040 G03 X − 134.889 Y32.072 R79.0
N1050 X − 142.151 Y15.563 R30.0
N1060 X142.151 Yl5.563 R − 143.0
N1070 X134.889 Y32.072 R30.0
N1080 X92.025 Y57.248 R79.0
N1090 M99

O2000　　　　　　　　　　　　　　　　　　顺时针铣外侧轮廓子程序

N2010 G03 X－142. 151 Y15. 563 R－143. 0

N2020 X－134. 889 Y32. 072 R30. 0

N2030 G02 X－92. 025 Y57. 248 R79. 0

N2040 G03 X－75. 795 Y66. 755 R30. 0

N2050 G02 X75. 795 Y66. 755 R101. 0

N2060 G03 X92. 025 Y57. 248 R30. 0

N2070 X134. 889 Y32. 072 R79. 0

N2080 X142. 151 Y15. 563 R－30. 0

N2090 M99

第十一章 特种加工

特种加工技术是先进制造技术的重要组成部分，利用电能、热能、光能、电化学能、化学能及特殊机械能等多种能量对工件材料进行去除、增加、变形、改变性能或连接，从而达到零部件的设计目标。特种加工解决了大量传统加工方法无法解决的加工难题，在机械加工领域发挥了重要作用，在航空航天、能源、汽车、模具、医疗、电子、冶金、石化等行业得到了广泛应用，为我国制造业的发展做出了重要贡献。典型的特种加工技术包括电加工（包括放电加工和电化学加工）、激光加工、增材制造、电子束加工、离子束加工、水射流加工、超声加工等。

第一节 概 述

一、特种加工的产生

历史的发展、社会的进步都离不开传统机械加工方法，它对人类生产和物质文明起到了极大的推动作用。例如，18世纪70年代，蒸汽机出现，但制造出的蒸汽机气缸精度低，而无法推广应用，直到有人创造和改进了气缸镗床，解决了蒸汽机主要部件的加工工艺，才使蒸汽机得到广泛应用，产生了第一次产业革命。这一事实充分说明了加工方法对新产品的研制、推广和社会经济等起着重大的作用。

但自第一次产业革命以来，150多年都依靠切削加工，并没有产生特种加工的迫切要求，也没有发展特种加工的充分条件，一直还局限在传统的用机械能量和切削力来除去多余的金属，以达到加工要求。

直到20世纪40年代，拉扎林柯教授夫妇进行了触点的电腐蚀机理的研究，经过大量实验发现电火花的瞬时高温可使局部的金属熔化、汽化而被蚀除掉，从而发明了"电火花加工"方法。电火花加工方法的提出，摆脱了传统的切削加工的历史，利用电能和热能来去除金属，成功地获得了"以柔克刚"的技术效果。

第二次世界大战后，随着科学材料、高新技术的发展和激烈的市场竞争，要求技术产品向高精度、高速度、高可靠性、高温高压、大功率、小型化等方向发展，对机械制造业提出了新要求。例如，各种难切削材料的加工，各种特殊复杂表面、尺寸或微小或特大零件的加工，各种超精、光整表面零件的加工等。而传统的切削加工方法十分困难，甚至无法加工。于是，人们相继探索，冲破传统加工方法的束缚，研究新的加工方法，不断产生了多种不同于传统加工的新加工方法，即将电能、热能、光能、电化学能、化学能及特殊机械能或其组合施加在被加工部位上，从而实现材料被去除、增加、变形、改变性能或连接。

二、特种加工的分类

随着科学的进步，已出现近百种特种加工方法，其分类还没有明确规定，一般按能量来源的作用形式以及加工原理可分为表 11-1 所示的形式。

表 11-1 常用特种加工方法分类

特种加工方法		主要能量形式	加工原理	英文缩写
电火花加工	电火花成形加工	电能、热能	熔化、汽化	EDM
	电火花线切割加工	电能、热能	熔化、汽化	WEDM
	电火花高速穿孔加工	电能、热能	熔化、汽化	EDM – D
电化学加工	电解加工	电化学能	金属离子阳极溶解	ECM
	电解磨削	电化学能、机械能	阳极溶解、磨削	EGM（ECG）
	电解研磨	电化学能、机械能	阳极溶解、研磨	ECH
	电镀	电化学能	金属离子阴极沉积	EFM
	涂镀	电化学能	金属离子阴极沉积	EPM
激光加工	激光切割、打孔	光能、热能	熔化、汽化	LBM
	激光打标记	光能、热能	熔化、汽化	LBM
	激光处理、表面改性	光能、热能	熔化、相变	LBT
电子束加工	切割、打孔、焊接	电能、热能	熔化、汽化	EBM
离子束加工	蚀刻、镀覆、注入	电能、热能	原子碰撞	IBM
等离子弧加工	切割（喷涂）	电能、热能	熔化、气化（涂覆）	PAM
超声加工	切割、打孔、雕刻	声能、机械能	磨料高频撞击	USM
化学加工	化学铣削	化学能	腐蚀	CHM
	化学抛光	化学能	腐蚀	CHP
	光刻	光能、化学能	光化学腐蚀	PCM
快速成型	光固化快速成型	光能、化学能	增材法加工	SLA
	选择性激光烧结	光能、热能		SLS
	叠层实体制造	光能、机械能		LOM
	熔融沉积成型	电、热、机械能		FDM
	三维打印	电、热、机械能		3DP

特种加工在发展过程中也形成了某些介于传统机械加工和特种加工工艺之间的过渡性工艺。例如，在切削加工的基础上发展起来的超声振动或低频振动切削、导电切削、加热切削以及低温切削等，目的就是改善切削条件，基本上还属于切削加工。

本章主要介绍电火花加工、电火花线切割加工、激光加工和数控雕刻加工、三维打印，其主要特点及适用范围如表 11-2 所示。

表 11-2　常用特种加工方法的综合比较

加工方法	可加工材料	工具损耗率（%）最低/平均	材料去除率/(mm³/min)平均/最高	加工尺寸精度/mm平均/最高	加工表面粗糙度 Ra/μm平均/最高	主要适用范围
电火花加工	导电金属材料	0.1/10	30/3000	0.03/0.003	10/0.04	从数微米的孔、槽到数米的超大型模具、工件等，如各种类型的孔、模具等
电火花线切割加工		0.01/5	50/500	0.02/0.002	5/0.01	切割各种二维、三维直纹面组成的模具及零件，可直接切割各种样板、磁钢等
激光加工	任何材料	不损耗	瞬时去除率很高；受功率限制，平均去除率不高	0.01/0.001	10/1.25	精密加工小孔、窄缝及成形切割、蚀刻如金刚石拉丝模、钟表宝石轴承、不锈钢板上打小孔等
数控雕刻加工	任何脆性材料	0.1/10	1/50	0.03/0.005	0.63/0.16	加工、切割脆性材料，如：玻璃、石英、宝石、金刚石等。可加工型孔、型腔、小孔、深孔、切割等
三维打印	增材加工	—	—	0.3/0.1	10/5	快速制造样件、模具

第二节　电火花加工

一、电火花加工的基本概念

电火花加工是在 20 世纪 40 年代初开始发现和逐步应用的，其加工过程与传统机械加工完全不同。它是一种利用电能和热能进行加工的方法，加工时，在介质中，利用两极（工具电极与工件电极）之间脉冲性火花放电时的电腐蚀现象蚀除多余的金属材料，使零件的尺寸、形状和表面质量达到预定的加工要求，因放电过程中可见到火花，故称为"电火花加工"。

在电火花放电时，放电通道内瞬时产生大量的热能，达到很高的温度，致使电极表面的金属局部熔化，甚至汽化蒸发而被蚀除下来。

二、电火花加工原理

电火花加工的原理如图 11-1 所示，工件电极与工具电极分别与脉冲电源的两输出端相连接。自动进给系统（电动机及丝杠螺母机构）使工具和工件之间保持很小的放电间隙，当脉冲电压加到两极之间时，便会在工具断面和工件加工表面间某一间隙最小处或绝缘强度最低处击穿介质，该局部就会产生火花放电，瞬时高温使得工具和工件表面都蚀除掉一部分金属，各自形成一个小凹坑，如图 11-2 所示，其中图 11-2a 表示单个脉冲放电后的电蚀坑。

脉冲放电结束后，第二个脉冲电压又加到两极上，又会在极间距离相对最近或绝缘强度最低处击穿介质，又电蚀出一个小凹坑，如图 11-2b 所示为多个脉冲放电后的电极表面。这样随着连续不断地在两极施加高频率脉冲电压，电极不断地向工件进给，就可将工具的形状复制在工件上，以此加工出所需要的零件，整个加工表面由无数个电蚀坑组成。

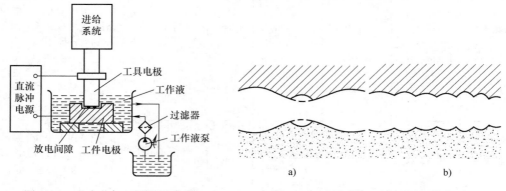

图 11-1　电火花加工原理示意图　　　　图 11-2　电火花加工表面局部放大图

三、电火花加工特点

电火花加工随着数控技术和工艺水准的提高，其应用领域日益扩大，已经广泛应用在传统机械、航空航天、核能、仪器、轻工业等领域，用以解决各种难加工材料、复杂形状零件和有特殊要求的零件。电火花加工与传统机械加工相比具有其独特性。

1. 电火花加工的优点

1）适合于难切削材料的加工。由于电火花加工中靠放电时的电热作用实现材料的蚀除，材料的可加工性主要取决于材料的导电性及其热学特性（如熔点、沸点、热导率、比热容等），几乎与力学性能无关，可以实现用软的工具加工硬韧的工件，甚至可以加工超硬材料，如聚晶金刚石、立方氮化硼等。目前电极材料多采用纯铜或石墨制造，所以工具电极较容易加工。

2）适合加工复杂形状和特殊形状的零件，可以制作成形工具电极之间加工复杂型面，简单的工具电极靠数控系统完成复杂形状的加工，如复杂型腔模具加工等。

3）直接利用电能加工，易于实现自动化加工及无人化操作。电能、电参数较机械能更易于实现数字控制、智能控制和无人化操作。

4）可以通过改进结构设计，改善结构工艺性。

5）脉冲持续放电时间较短，放电产生的热量传递范围小，材料受热影响较小。

2. 电火花加工的局限性

1）主要用于加工金属等导电材料，在一定条件下可以加工半导体和非导体材料。

2）加工速度一般较慢。通常多利用切削加工去除大部分余量，然后再进行电火花加工来提高生产效率。

3）存在电极损耗。电火花加工是靠电热来蚀除材料，电极会产生损耗，并且电极损耗多集中在尖角或地面，影响成形精度。

4）工件表面存在电蚀硬层，电火花加工形成的放电凹坑，硬度较高，不易除去，影响后续加工。

四、电火花加工的类型

按工具电极和工件的相对运动的方式和用途不同，电火花加工大致可分为电火花穿孔成形加工、电火花线切割加工、电火花高速小孔加工、电火花内孔、外圆和成形磨削、电火花同步共轭回转加工、电火花表面强化与刻字六大类。前五类属于电火花成形、尺寸加工，适用于改变工件形状和尺寸的加工方法；后者属于表面加工，用于改善或改变零件表面性能，电火花穿孔成形加工和电火花线切割加工应用最为广泛，见表 11-3 所示。

表 11-3　常用电火花加工方法的比较

类别	工艺方法	特点	适用范围	备注
1	电火花穿孔成形加工	1）工具电极和工件电极之间只有一个相对的伺服进给运动 2）工具为成形电极，与被加工表面有相同的截面和相反的形状	1）穿孔加工：各种冲模、挤压模、粉末冶金模、异形孔及微孔等 2）型腔加工：加工各类型腔模及各种复杂的型腔工件	约占电火花机床总数的20%，有DK7125、D7140等电火花成形机床
2	电火花线切割加工	1）工具电极为移动的线状电极 2）工具与工件在两个水平方向同时又相对伺服进给运动	1）切割各种冲模和具有直纹面的零件 2）下料、截割和窄缝加工	约占电火花机床总数的70%，有DK7725、DK7740、DK7632等电火花线切割机床
3	电火花高速小孔加工	1）采用细管电极，管内冲入高压水基工作液 2）细管电极旋转 3）穿孔速度较高	1）线切割预穿丝孔 2）深径比很大的小孔，如喷嘴等	约占电火花机床总数的5%，有D703A等电火花高速小孔加工机床
4	电火花内孔、外圆和成形磨削	1）工具与工件具有相同旋转运动 2））工具与工件之间有径向和轴向的进给运动	1）加工高精度小孔，如拉丝模、挤压模微型轴承内圈等 2）加工外圆、小模数滚刀	占电火花机床总数的2%～3%，有D6310电火花小孔内圆磨床等
5	电火花同步共轭回转加工	1）成形工具与工件均作旋转运动，但二者角速度相等或成整倍数，相对应接近的放电点可有切向相对运动速度 2）工具相对工件可作纵向、横向进给运动	以同步回转、展成回转、倍角速度回转等不同方式，加工各种复杂型面的零件，如高精度的异形齿轮，精密螺纹环规，高精度、高对称性的内、外回转体表面	一般为专用机床，占电火花机床总数不足1%，典型的有JN-2、JN-8内外螺纹加工机床
6	电火花表面强化与刻字	1）工具在工件表面上振动 2）工具相对工件移动	1）模具刃口，刀、量具刃口表面强化和放电 2）电火花刻字、打印记	占电火花机床总数的1%～2%，有D9105电火花强化机等

第三节　数控电火花线切割加工

一、数控电火花线切割概述

1. 电火花线切割加工原理

电火花线切割加工是在电火花加工基础上发展起来的一种新的电火花加工方法，它是利用移动的线状电极靠火花放电的腐蚀作用对工件进行切割加工。

如图 11-3 所示，利用钼丝工具电极进行切割，储丝筒使钼丝做正反向交替移动，加工能源由脉冲电源供给。在两个电极间施加脉冲电压，不断喷射出具有一定绝缘性能的工作液介质，并由伺服电动机驱动工作台按预定的控制程序在水平面两个坐标方向移动，根据电火花间隙状态作伺服进给运动，从而合成各种曲线轨迹。当两个电极的间隙小到一定范围内时（并稳定），工作液被击穿，引发电火花，蚀除工件材料，把工件切割成形。

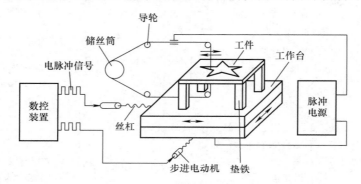

图 11-3　电火花加工原理示意图

2. 电火花线切割加工的特点及应用范围

1）电火花线切割加工特点

① 工具电极可采用直径不等的金属丝（铜丝或钼丝等）。

② 电极丝在加工过程中是移动的，单位长度的电极丝损耗小，对加工精度影响小，可以完全不用考虑电极丝损耗对加工精度的影响。

③ 加工切缝很窄，轮廓加工余量小，节约材料，适合加工微细异形孔、窄缝和复杂形状的工件。

④ 采用乳化液或去离子水的工作液，不易引燃起火，可实现昼夜无人连续加工。

⑤ 采用补偿功能，可任意调节凹凸模间隙，也可以实现凹凸模一次加工成型。

⑥ 若采用四轴联动，可加工上、下异型体、形状扭曲曲面体、变锥度和球形等零件。

⑦ 无论被加工工件的硬度如何，只要是导体或半导体的材料都能实现加工。

2）应用范围

① 加工模具：各种形状的冲模。

② 用于加工电火花成形加工用的电极：穿孔加工用的电极和带锥度型腔加工用的电极。

③ 加工零件：试制新产品，加工多、数量少的零件，特殊难加工材料的零件，各种型

孔、特殊齿轮和凸轮,样板和成型刀具。

3. 电火花线切割加工设备

电火花线切割机床主要由机床本体、脉冲电源、数控装置三大部分组成,如图 11-4 所示。

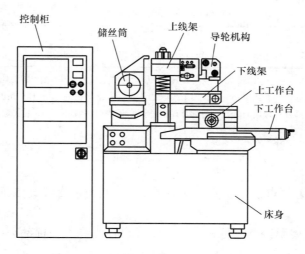

图 11-4 电火花线切割机床结构简图

1)机床本体。机床本体由床身、工作台、丝架、走丝机构、工作液循环系统等几部分组成。

丝架是支撑电极丝的构件,并使电极丝与工作台平面保持一定的几何角度。通过导轮将电极丝导引到工作台上,并通过导电块将高频脉冲电源连接到电极丝上。

走丝机构可分为高速走丝机构和低速走丝机构,主要作用是带动电极丝按一定线速度运动,并将电极丝整齐地卷绕在储丝筒上。

工作液循环系统在加工中不断向电极丝与工件之间加入工作液,迅速恢复绝缘状态,以防止连续的弧光放电,并及时把蚀除下来的金属微粒排出去。工作液还可冷却受热的电极和工件,防止工件变形。

2)脉冲电源。脉冲电源又称高频电源,把 50Hz 交流电转换成高频率的单向脉冲电压供给电火花线切割。脉冲电流的性能好坏直接影响加工的切割速度、工件的表面粗糙度、加工精度以及电极丝的损耗等。加工时电极丝接脉冲电源负极,工件接正极。

3)数控装置。数控装置除了对工作台或上线架的运动进行控制以外,还需要根据放电状态控制电极丝与工件的相对运动速度,以保证正确的放电间隙(0.01mm)。其主要功能有轨迹控制和加工控制。轨迹控制是精确地控制电极丝相对于工件的运动轨迹。加工控制是控制伺服进给速度、电源装置、走丝机构、工作液系统等。

二、线切割加工程序的编程方法

线切割机床的控制系统是按照人的"命令"去控制机床加工的,为了便于机器接受"命令",必须按照一定的格式来编制线切割机床的数控程序。目前生产的线切割加工机床程序常用格式有 3B(个别扩充为 4B 或 5B)格式和 ISO(国际标准组织)格式。其中低速走丝线切割机床普遍采用 ISO 格式，高速走丝线切割机床大部分采用 3B 格式。本节主要介绍我国高速走丝线切割机床应用较广泛的 3B 格式编程要点。

1. 线切割 3B 代码程序格式

线切割加工轨迹图形是由直线和圆弧组成的，它们的 3B 程序指令格式见表 11-4。

表 11-4　3B 程序指令格式

B	X	B	Y	B	J	G	Z
分隔符	X 坐标值	分隔符	Y 坐标值	分隔符	计数长度	计数方向	加工指令

注：B—分隔符，它是将 X、Y、J 数码区分、隔离开来，B 后面的数字如果为 0，则可以省略不写；X、Y—直线的终点或圆弧起点的坐标值，均取绝对值，单位为 μm；J—加工线段的计数长度，单位为 μm；G—加工线段计数方向，可以按 X 方向或 Y 方向计数，工作台在该方向每走 1μm，计数累计减 1，当累计减到计数长度 $J=0$ 时，这段程序加工完毕；Z—加工指令，分为直线 L 与圆弧 R 两大类。

2. 直线编程

1）X、Y 值的确定。

① 以直线的起点为原点，建立直角坐标系，X，Y 表示直线终点的坐标绝对值，单位为 μm。

② X、Y 的比值是表示该直线的斜率，所以可取直线终点坐标的公约数将 X、Y 的值缩小整数倍，用来简化数值。

③ 若直线与 X 或 Y 轴重合，为区别一般直线，X，Y 均可写作 0，且在 B 后可不写。

2）G 的确定。G 用来确定加工时的计数方向，分 G_x 和 G_y。直线编程的计数方向的选取方法是，若终点坐标为 $(X_e，Y_e)$，若 $|Y_e|<|X_e|$，则 $G=G_x$（见图 11-5a）；若 $|X_e|<|Y_e|$，则 $G=G_y$（见图 11-5b）；若 $|X_e|=|Y_e|$，则在一、三象限取 $G=G_y$，在二、四象限取 $G=G_x$。

3）J 的确定。J 的取值方法为：由计数方向 G 确定投影方向，若 $G=G_x$，则将直线向 X 轴投影得到长度的绝对值即为 J 的值；若 $G=G_y$，则将直线向 Y 轴投影得到长度的绝对值即为 J 的值。

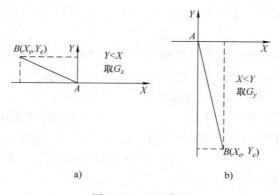

图 11-5　G 的确定

4）Z 的确定。加工指令 Z 按照直线走向和终点的坐标不同可分为 L_1、L_2、L_3、L_4，其中与 $+X$ 轴重合的直线算作 L_1，与 $+Y$ 轴重合的直线算作 L_2，与 $-X$ 轴重合的直线算作 L_3，与 $-Y$ 轴重合的直线算作 L_4，如图 11-6 所示。

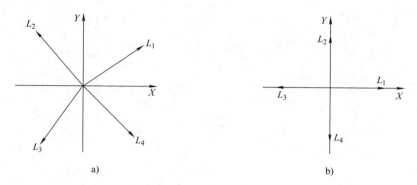

图 11-6 Z 的确定

3. 圆弧编程

1）X，Y 值的确定。以圆弧的圆心为原点，建立直角坐标系，X，Y 表示圆弧起点坐标的绝对值，单位为 μm。图 11-7a 中，X = 50000，Y = 75000；图 11-7b 中，X = 75000，Y = 50000。

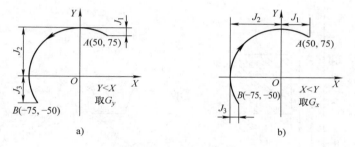

图 11-7 圆弧轨迹

2）G 的确定。G 用来确定加工时的计数方向，分 G_x 和 G_y。圆弧编程的计数方向的具体确定方法为：若圆弧终点坐标为 $(X_e，Y_e)$，若 $|Y_e| < |X_e|$，则 $G = G_y$（见图 11-8a）；若 $|X_e| < |Y_e|$，则 $G = G_x$（见图 11-8b）；若 $|X_e| = |Y_e|$，则 G_x、G_y 均可。

圆弧计数方向由圆弧终点的坐标绝对值大小决定，其确定方法与直线刚好相反，即取与圆弧终点处走向较平行的轴作为计数方向。

3）J 的确定。圆弧编程中 J 的取值方法为：由计数方向 G 确定投影方向，若 $G = G_x$，则将圆弧向 X 轴投影得到长度的绝对值即为 J 的值；若 $G = G_y$，则将圆弧向 Y 轴投影得到长度的绝对值即为 J 的值。J 值为各个象限圆弧投影长度绝对值的和。如在图 11-8a、b 中，J_1、J_2、J_3 大小分别如图中所示，$J = |J_1| + |J_2| + |J_3|$。

4）Z 的确定。加工指令 Z 按照第一步进入的象限可分为 R_1、R_2、R_3、R_4；按切割的走向可分为顺圆 S 和逆圆 N，于是共有 8 种指令：SR_1、SR_2、SR_3、SR_4、NR_1、NR_2、NR_3、NR_4，具体如图 11-8 所示。

4. 间隙补偿问题

在实际加工中，电火花线切割数控机床是通过控制电极丝的中心轨迹来加工的，也就是用电极丝作为工具电极来加工的。因为电极丝有一定的直径 d，加工时又有放电间隙 δ（或

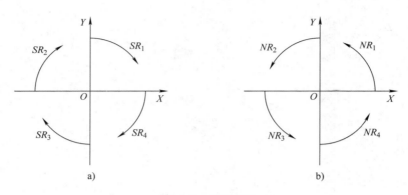

图 11-8　Z 的确定

称单边放电间隙），使电极丝中心运动轨迹与给定图线相差距离 l，如图 11-9 所示，$l = d/2 + \delta$。加工凸模类零件时，电极丝中心轨迹应放大；加工凹模类零件时，电极丝中心轨迹应缩小，如图 11-10 所示。

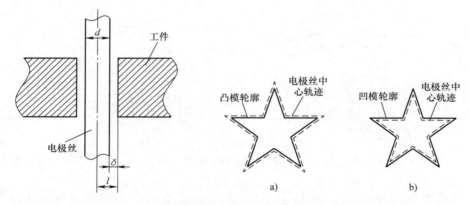

图 11-9　电极丝直径与放电间隙的关系　　图 11-10　电极丝中心轨迹与给定图线的关系
　　　　　　　　　　　　　　　　　　　　　　　a）凸模加工　b）凹模加工

　　一般数控装置都具有刀具补偿功能，不需要计算刀具中心运动轨迹，只需要按零件轮廓编程即可。在进行手工编程时，需要考虑电极丝直径及放电间隙，即要设置间隙补偿量 JB。

$$JB = \pm(d/2 + \delta)$$

加工凸模时取"＋"值，加工凹模时取"－"。

三、线切割机控制柜的使用

1. 控制器操作面板（见图 11-11）

（1）X、Y、Z 显示区显示说明

1）放电显示状态（加工显示灯亮、系统显示灯灭时的状态）

X 显示区：显示加工的目标值，即深度值。

S 显示区：显示 Y 轴数据的最大值。

Z 显示区：显示 Z 轴的当前数据。

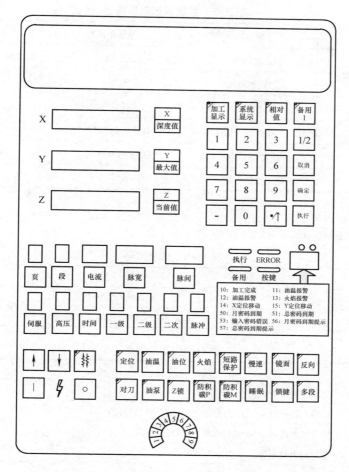

图 11-11 控制器操作面板示意图

2）三轴显示状态（$\boxed{\substack{\text{加工}\\\text{显示}}}$灯灭、$\boxed{\substack{\text{系统}\\\text{显示}}}$灯灭时的状态）

X 显示区：显示 X 轴的绝对值或相对值坐标数据。
Y 显示区：显示 Y 轴的绝对值或相对值坐标数据。
Z 显示区：显示 Z 轴的绝对值或相对值坐标数据。

（按$\boxed{\substack{\text{相对}\\\text{值}}}$切换坐标，灯亮表示为相对值）

3）系统显示状态（$\boxed{\substack{\text{加工}\\\text{显示}}}$灯灭、$\boxed{\substack{\text{系统}\\\text{显示}}}$灯亮时的状态）

此时报警显示区$\boxed{}$显示的为系统显示的页码，按数字键选择系统项，对应系统页下显示的内容见表 11-5。

（2）报警显示区$\boxed{}$说明　系统显示状态下显示的为系统的页码，其他显示状态下显示的为状态代码和报警代码，状态代码见表 11-6，报警代码见表 11-7。

279

表 11-5　系统页所显示内容

页码	X 显示内容	Y 显示内容	Z 显示内容
0	当前日期③	当前时间④	当前星期⑤
1	总到期日期①	月到期时间②	试用期到期时间
2	用户等级	客户等级	临时解密次数
3	006 板软件版本	006 板软件 SN 号	001 板软件版本
4	001 板软件 SN 号	003 板软件版本	003 板软件 SN 号
5	004 板软件版本	004 板软件 SN 号	

① 当显示为"－－－－－－",表示总密码解除。
② 显示的为"月到期时间",输入的为密码值。
③、④、⑤ 只有当密码解除的情况下才允许客户设定。

表 11-6　状态代码

代码	解　释
01	表示正极和负极短路
02	表示正极和负极开路(未短路)

表 11-7　报警代码

代码	解　释
10	此次放电加工正常完成
11	检测到油位(太低)报警,此功能需要用户开启
12	检测到油温(>60℃)报警,此功能需要用户开启
13	检测到火焰报警,此功能需要用户开启
14	X 定位时,移动报警,此功能需要用户开启
15	Y 定位时,移动报警,此功能需要用户开启
21	004 板上的 VMOS 击穿
20	004 板上的 FU1(0.15A)熔丝断了(电流为 0 时不检测)
22	电极过载超时错误
26	快上过冲
27	快下过冲
28	快下过冲距离超出了慢下的距离(慢下距离要求加大)
32	启动时 006 板检测错误
33	004 板初始化错误
40 - 43	数据存储错误
50	次密码到期
51	总时间到期(必须输入总密码才能解除)
52	系统时钟停止
53	密码错误

（3）使用操作说明

1）执行按键的特殊说明。放电加工时，经常会修改加工参数以适应加工要求，这样会导致放电不稳定，甚至有时不小心设置了错误的参数会直接导致工件的损坏。为防止此类情况的发生，系统特设此键，在输入参数确认无误后，按执行键后输入的参数有效。设置指示灯执行，灯亮时提示使用者对输入的参数必须按执行才能有效。

必须按执行才能有效的参数包括：X、Y、Z轴的绝对值数据、Z轴的相对值数据、加工深度、电流、脉宽、脉间、伺服、高压、时间、一级、二级、二次损耗等。

2）X、Y、Z数据显示部分的操作说明。

① 三轴数据清理操作。首先切换到三轴显示状态下a，然后

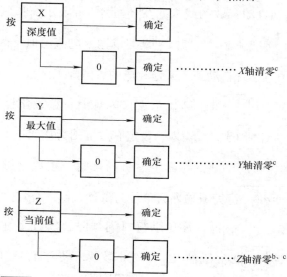

其中，a表示根据相对值的指示确认清零的数据所在的坐标状态。b表示Z轴清零步骤在加工显示状态下依然有效。c表示按取消键取消输入、恢复原来的值。

② 三轴数据中心值计算（分中）。首先切换到三轴显示状态的相对坐标下a，然后

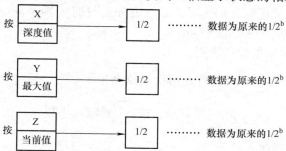

其中，a表示在绝对坐标下，此操作为清零操作。b表示当"除以2"操作结果为小数时，小数部分舍去，会造成误差，按取消键取消输入、恢复原来的值。

③ 三轴数据重新设定。首先切换到三轴显示状态的相对坐标下[a]，然后

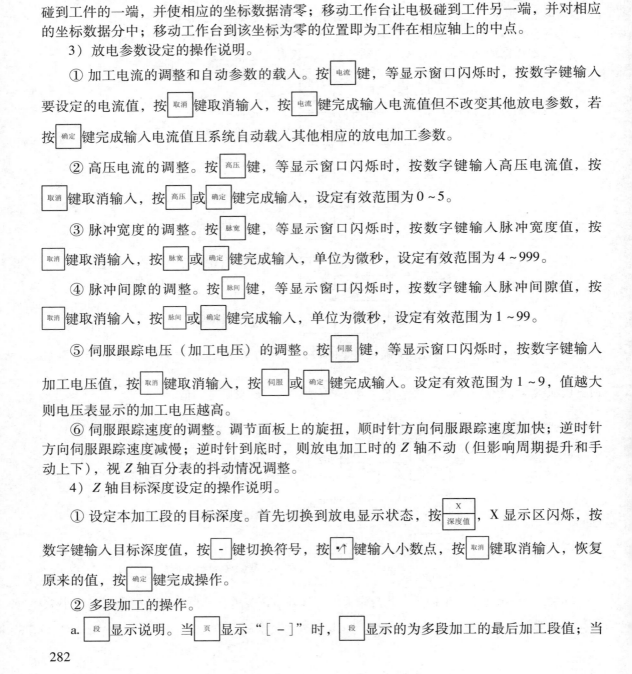

其中，a 表示在绝对坐标下，此操作为清零操作。b 表示按 $\boxed{-}$ 键切换符号，按 $\boxed{\cdot\uparrow}$ 键输入小数点。c 表示按 $\boxed{取消}$ 键取消输入、恢复原来的值。

④ 如何找工件的中点。首先切换到三轴显示状态的相对坐标下，移动工作台使电极轻碰到工件的一端，并使相应的坐标数据清零；移动工作台让电极碰到工件另一端，并对相应的坐标数据分中；移动工作台到该坐标为零的位置即为工件在相应轴上的中点。

3）放电参数设定的操作说明。

① 加工电流的调整和自动参数的载入。按 $\boxed{电流}$ 键，等显示窗口闪烁时，按数字键输入要设定的电流值，按 $\boxed{取消}$ 键取消输入，按 $\boxed{电流}$ 键完成输入电流值但不改变其他放电参数，若按 $\boxed{确定}$ 键完成输入电流值且系统自动载入其他相应的放电加工参数。

② 高压电流的调整。按 $\boxed{高压}$ 键，等显示窗口闪烁时，按数字键输入高压电流值，按 $\boxed{取消}$ 键取消输入，按 $\boxed{高压}$ 或 $\boxed{确定}$ 键完成输入，设定有效范围为 $0 \sim 5$。

③ 脉冲宽度的调整。按 $\boxed{脉宽}$ 键，等显示窗口闪烁时，按数字键输入脉冲宽度值，按 $\boxed{取消}$ 键取消输入，按 $\boxed{脉宽}$ 或 $\boxed{确定}$ 键完成输入，单位为微秒，设定有效范围为 $4 \sim 999$。

④ 脉冲间隙的调整。按 $\boxed{脉间}$ 键，等显示窗口闪烁时，按数字键输入脉冲间隙值，按 $\boxed{取消}$ 键取消输入，按 $\boxed{脉间}$ 或 $\boxed{确定}$ 键完成输入，单位为微秒，设定有效范围为 $1 \sim 99$。

⑤ 伺服跟踪电压（加工电压）的调整。按 $\boxed{伺服}$ 键，等显示窗口闪烁时，按数字键输入加工电压值，按 $\boxed{取消}$ 键取消输入，按 $\boxed{伺服}$ 或 $\boxed{确定}$ 键完成输入。设定有效范围为 $1 \sim 9$，值越大则电压表显示的加工电压越高。

⑥ 伺服跟踪速度的调整。调节面板上的旋钮，顺时针方向伺服跟踪速度加快；逆时针方向伺服跟踪速度减慢；逆时针到底时，则放电加工时的 Z 轴不动（但影响周期提升和手动上下），视 Z 轴百分表的抖动情况调整。

4）Z 轴目标深度设定的操作说明。

① 设定本加工段的目标深度。首先切换到放电显示状态，按 $\boxed{\substack{X \\ 深度值}}$，X 显示区闪烁，按数字键输入目标深度值，按 $\boxed{-}$ 键切换符号，按 $\boxed{\cdot\uparrow}$ 键输入小数点，按 $\boxed{取消}$ 键取消输入，恢复原来的值，按 $\boxed{确定}$ 键完成操作。

② 多段加工的操作。

a. $\boxed{段}$ 显示说明。当 $\boxed{页}$ 显示"［ - ］"时，$\boxed{段}$ 显示的为多段加工的最后加工段值；当

$\boxed{页}$ 显示数值时，$\boxed{段}$ 显示的为当前段值。显示切换为：按 $\boxed{段}$ 键，等显示窗口闪烁时，按 $\boxed{•↑}$ 进行切换显示。

b. 各段之间的切换步骤。按 $\boxed{段}$ 键，等显示窗口闪烁时，按数字键输入段值，按 $\boxed{取消}$ 键取消输入，按 $\boxed{段}$ 或 $\boxed{确定}$ 键完成输入。

c. 多段加工的开启和完成。按 $\boxed{多段}$ 键至指示灯亮，则开启多段加工，当完成当前段的目标深度后，系统自动切换下一段的放电参数并发出提示音，当完成最后一段的目标深度后，则认为此次放电加工完成。

最后加工段值，设定如下：将 $\boxed{段}$ 的显示状态切换到显示最后加工段值，按 $\boxed{段}$ 键，等显示窗口闪烁时，按数字键输入最后加工段值，按 $\boxed{取消}$ 键取消输入，按 $\boxed{段}$ 或 $\boxed{确定}$ 键完成输入。

2. 机床电器操作面板

图 11-12 为机床电器操作面板示意图，其操作顺序为：

1）选用截面为 $0.75mm^2$ 的三相四线电缆，按规定的要求，接入 XT1，同时接好地接，水泵插好。

2）接通机床外设电源开关，弹起 SB1 急停开关，打开工作灯可亮。

3）将 SB3 旋钮旋至"0"位，按 SB2 使主电源接通。

4）按 SB4 运丝电动机 M1 应正向运转，若反向，可调节 L1、L2、L3 中的任意两相。

5）按 SB6 水泵电动机 M2 正向运转。

6）将 SB3、SB8 旋钮旋至"1"位置（此时必须接好控制台，并缠上钼丝），断丝或加工结束后即可自动停机。

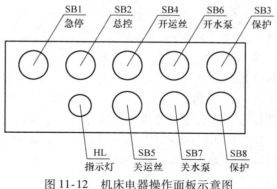

图 11-12　机床电器操作面板示意图

第四节　快 速 成 形

一、快速成形分类及特点

1. 快速成形技术起源

快速成形技术是 20 世纪 80 年代中后期发展起来的、观念全新的现代制造技术。这门崭新的技术不仅在成形方法上开辟了与传统方法截然不同的思路，而且为产品开发提供了一套新的流程，对传统制造业的常规组织结构产生了巨大冲击，是继数控技术之后制造业的又一次重大变革。

由于全球一体化市场的形成，制造业的竞争十分激烈，产品开发周期的长短直接影响到一个企业的生死存亡。一个新产品在开发过程中，总是要经过对初始设计的多次修改，才有可能真正推向市场。

制造业中的"修改"，哪怕是外观上的微小修改，往往都要推翻旧模具，重新制作新模具，费时、耗力、浪费成本；更为严重地是拖延工时，意味着可能失去市场。因此，客观上需要一种可以直接地将设计数据快速地转化为三维实体的技术。这样，不仅可以快速直观地验证设计的正确性，而且需要向客户，甚至仅仅是有意向的潜在客户提供未来产品的实体模型，从而达到迅速占领市场的目的。快速成形技术（Rapid Prototyping，RP）就是在这样的社会背景下出现的。

快速成形技术被认为是近 20 年来制造领域的一次重大突破，它综合了机械工程、CAD、数控技术、激光技术及材料科学技术，可以自动、直接、快速、精确地将设计思想转变为具有一定功能的原型或直接制造零件，从而可以对产品设计进行快速评估、修改及功能试验，大大缩短了产品的研制周期。而以 RP（即用分层制造产生三维实体）系统为基础发展起来并已成熟的快速工装模具制造、快速精铸技术则可实现零件的快速制造。

2. 物体成形方式

制造业中，各种零件的制造工艺按加工后原材料体积的变化分为：

1）去除成形（Dislodge Forming）传统的车、铣、刨、磨等工艺方法就属于去除成形，它是制造业最主要的零件成形方式。

2）受迫成形（Forced Forming）按其加工材料的自然状态又分为固态成形法（锻造、冲剪、挤压、拉拔等）、液态成形法（铸造）和半液态成形法（注塑）。

3）生长成形（Growth Forming）利用材料的活性进行成形的方法，自然界中的生物个体发育均属于生长成形，与人类采用自上而下干预成形的方法不同，生物的成形则是采用自下而上的手段由内在的基因控制通过遗传法则传递组织方案来构造高度复杂的有序结构，这种不依赖外界强制干预、浑然天成的自组织方法，不仅可以产生形态复杂、结构精巧的个体，而且在材质、结构和功能的协调方面让人类的工作难以媲美，生物的生长成形从细胞的形态发生、分化和成长逐步形成组织和器官，完全是高精度、低能耗、零污染的过程，这正是制造科学和成形工艺梦寐以求的境界。随着活性材料、仿生学、生物化学、生命科学的发展，生长成形将会得到很大的发展。

4）添加成形（Additive Forming）是 20 世纪 80 年代初一种全新的制造概念，通过添加材料来达到零件设计要求的成形方法，这种新型的零件生产工艺就是 RP（快速成形）的主要实现手段，它是基于一种全新的制造概念——增材制造。

3. 快速成形工艺过程

RP 技术不同于传统的机械加工，RP 技术采用了"离散—堆积"的原理实现快速成形，采用材料逐点或逐层堆积的基本思想，将计算机三维 CAD 模型快速转变为由具体物质构成的三维实体原型，RP 技术采用计算机生成零件的三维模型，将该模型按一定的厚度分层，即将三维信息转化成一系列的二维轮廓信息，再利用计算机控制的热源，将材料按照轮廓轨迹逐层堆积，最终加工成三维实体零件，其过程分为离散和堆积两个阶段。RP 技术加工基本过程与技术原理如图 11-13 和图 11-14 所示。

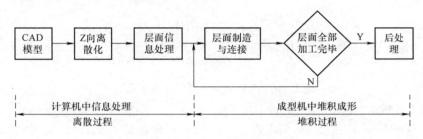

图 11-13　RP 技术加工基本过程

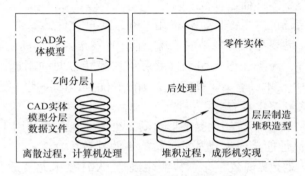

图 11-14　快速成形技术原理图

1）由 CAD 软件设计出所需零件的计算机三维曲面或实体模型。

2）将三维模型沿一定方向（通常为 Z 向）离散成一系列有序的二维层片（习惯称为分层）。

3）根据每层轮廓信息，进行工艺规划，选择加工参数，自动生成数控代码。

4）成形机制造一系列层片并自动将它们连接起来，逐层堆积得到三维物理实体。

5）对成形零件进行后处理，最后测试，达到要求，则完成零件的加工。

4. 快速成形的分类

1）按照成形原理不同，快速成形可分为两大类：基于喷射的成形技术和基于激光及其他光源的成形技术，如图 11-15 所示。

图 11-15　快速成形按原理分类示意图

2）按照成形材料的不同，快速成形可分为液体材料、粉状材料、片状材料，如图 11-16所示。

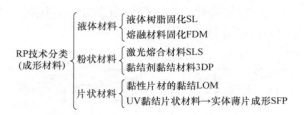

图 11-16　快速成形按材料分类示意图

5. 快速成形特点

RP 技术彻底摆脱了去除式的加工方法，而采用了全新的堆积叠加法，将复杂的三维加工分解成简单的二维加工，与 NC 机床的主要区别在于高度柔性。无论是数控机床还是加工中心，都是针对某一类型零件而设计的。对于不同的零件需要不同的装夹，用不同的工具。虽然它们的柔性非常高，可以生产批量只有几十件、甚至几件的零件，而不增加附加成本。但它们不能单独使用，需要先将材料制成毛坯。而 RP 技术具有最高的柔性，对于任何尺寸不超过成形范围的零件，无需任何专用工具就可以快速特方便的制造出它的模型（原型）。从制造模型的角度，RP 技术具有 NC 机床无法比拟的优点，即快速方便、高度柔性。

综上所述，快速成形技术具有以下特点。

① 具有高度柔性，可以制造任意复杂形状的三维实体，尤其适用于各种难熔"高活性""高纯净""易污染"高性能金属材料及复杂结构件的制备。

② RP 技术真正意义上实现数字化、智能化制造。RP 技术尤其适合难加工材料、复杂结构零件的研制生产，CAD 模型直接驱动，设计制造高度一体化。

③ 产品研制周期短。与传统制造技术相比，RP 技术不必事先制造模具，不必在制造过程中去除大量的材料，也无需专用夹具或工具，省去了传统加工技术的许多工序，加工速度快。

④ RP 技术所制造的零件具有致密度高、强度高等优异的性能，还可以实现结构减重，没有或极少有废弃材料，属于环保型制造技术。

⑤ RP 技术可实现多种材料任意配比复合材料零件的制造，无须人员干预或较少干预，是一种自动化的成形过程。

⑥ RP 技术是逐层累积成形，不受零件尺寸和形状限制。

⑦ 成形全过程的快速性，适合现代激烈竞争的产品市场。

RP 技术相对传统制造技术还面临许多新挑战和新问题。目前 3D 打印主要应用产品研发，其使用成本高，国内金属打印的商业化设备还比较薄弱，主要还依靠进口；相关数据、标准/认证尚不完备；制造精度尚不能令人满意，供应链薄弱；工艺与装备研发尚不充分，尚未进入大规模工业应用。应该说目前 RP 技术是传统大批量制造技术的一个补充。传统技术仍有强劲的生命力，增材制造应该与传统技术优选、集成，以形成新的发展增长点。

二、3D 打印

1. 3D 打印机的分类

目前国内还没有一个明确的 3D 打印机的分类标准，根据市场定位简单分成三个等级：个人级、专业级、工业级 3D 打印机。

1）个人级 3D 打印机。大部分国产 3D 打印机都是基于国外开源技术延伸，由于开发成本低，这类设备都采用熔丝堆积技术（FDM）。3D 打印使用的打印材料主要是 ABS 塑料或者是 PLA 塑料。这类设备能满足个人用户生活需要，各项技术要求并不突出，优点在于体积小巧，性价比高，因此称之为个人级 3D 打印机。

2）专业级 3D 打印机。专业级 3D 打印机，打印材料比个人 3D 打印机要丰富很多，可选用塑料、尼龙、光敏树脂、高分子、金属粉末等，设备结构和技术原理更先进，自动化程度则更高，应用软件的功能，以及设备稳定性也让个人 3D 打印机望尘莫及，如激光打印机、陶瓷打印机、建筑打印机、生物打印机等。

3）工业级 3D 打印机。工业级 3D 打印机要满足材料的特殊需求，结构尺寸的特殊要求还需要符合一系列特殊应用的标准，往往这类 3D 打印机还要通过研发成功才能直接应用，比如飞机制造中使用钛合金材料，对 3D 打印的构件还要有强度、刚度、韧性的要求。

2. 3D 打印技术的优缺点

1）优点：

① 不需要机械加工或任何模具，就能直接从计算机图形数据中生成任何形状的零件，从而极大地缩短产品的研制周期，提高生产率。

② 通过摒弃传统的生产线，有效降低生产成本，大幅减少材料浪费。

③ 可以制造出传统生产技术无法制造出的外形，让产品设计更加随心所欲。

④ 可以简化生产制造过程，快速有效又廉价地生产出单个物品，与机器制造出的零件相比，打印出来的产品的重量要轻 60%，并且同样坚固。

2）缺点：可打印的原材料少、打印精度低、速度较慢、打印成本高。

3. 3D 打印流程

1）三维建模。

① 三维软件建模：实体建模→封闭曲面建模→综合建模（实体建模和封闭曲面建模合成）。

② 3D 扫描仪建模：3D 扫描仪构建 3D 模型，通过 3D 扫描仪对物体表面扫描，采集点的空间坐标以及色彩信息，最终生成实体模型。

③ 三坐标测量仪逆向工程：三坐标测量仪扫描测量物体表面，形成测量点集，通过逆向工程软件处理点云为实体片集和封闭轮廓。

④ 拍照方式建模拍取实物多角度照片，通过计算机相关软件将照片数据转化成实体模型数据。

2）3D 打印软件处理。

① 导入三维实体。

② 输入三维打印工艺参数。

③ 三维实体切片处理。

④ 生成 3D 打印文件：将模型转换为 STL 格式文件→将走刀轨迹生成 G 代码。

3）3D 打印。

① 电脑和 3D 打印机连接。

② 选用打印材料。

③ 3D 打印机接受到指令打印模型。

第五节　激　光　加　工

　　自然界存在着自发辐射和受激辐射两种不同的发光方式，前者发出的光是随处可见的普通光，后者发出光便是激光。激光加工是利用光的能量，经过透镜聚焦，在焦点上达到很高的能量密度，靠光热效应来加工各种材料的。

　　人们曾用透镜将太阳光聚焦，使纸张木材引燃，但无法用作材料加工，这是因为：①地面上太阳光的能量密度不高。②太阳光不是单色光，而是由红、橙、黄、绿、青、蓝、紫等多种不同波长的光组成的多色光，聚焦后焦点并不在同一平面内。只有激光是可控的单色光。它强度高、能量密度大，可以在空气介质中高速加工各种材料。

1. 激光加工原理

　　激光加工是一种新的高能束加工方法，它是利用激光高强度、高亮度、方向性好、单色性好的特性，通过一系列的光学系统聚焦成平行度很高的直径为几十微米到几微米的极小光斑，获得极高的能量密度照射到材料上，使材料在极短的时间内（千分之几秒甚至更短）熔化甚至汽化，从而达到工件材料被去除、连接、改性或分离等，如图 11-17 所示。在微细加工方面，它的蚀除速度可以说是其他任何加工方法无法相比的。

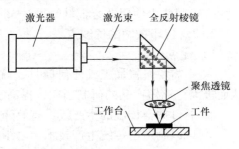

图 11-17　激光加工原理

　　激光通过光学系统聚焦后可得到柱状或带状光束，而且光束的粗细可根据加工需要调整，当激光照射在工件的加工部位时，工件材料迅速被熔化甚至气化。随着激光能量的不断被吸收，材料凹坑内的金属蒸气迅速膨胀，压力突然增大，熔融物爆炸式地高速喷射出来在工件内部形成方向性很强的冲击波。因此，激光加工是工件在光热效应下产生高温熔融和受冲击波抛出的综合作用过程。

　　加工过程大致可分为如下几个阶段。

　　1）激光束照射工件材料。

　　2）工件材料吸收光能。

　　3）光能转变成热能使工件材料无损加热。

　　4）工件材料被熔化、蒸发、汽化并被去除或破坏。

　　5）作用结束与加工区冷凝。

2. 激光的加工特点

激光加工的特点主要有以下几个方面。

　　1）可以在不同环境中加工不同种类材料，几乎对所有的金属和非金属材料都可以进行激光加工，并且激光加工不受电磁干扰，适应性强。

　　2）激光加工不需要工具，便于自动化连续操作，加工效率高。

　　3）激光能聚焦成极小的光斑，激光束可聚焦到微米级，输出功率可以调节，可进行微细和精密加工，加工质量好，如微细窄缝和微型孔的加工。

　　4）可用反射镜将激光束送往远离激光器的隔离室或其他地点进行加工。

5）加工工具是激光束，属于非接触加工，没有明显的机械力，无机械加工变形，且没有工具损耗问题。

6）可以透过透明的介质对封闭容器内的工件进行各种加工，故激光可以在任意透明的环境中操作，包括空气、惰性气体、真空甚至某些液体。

3. 激光加工设备

激光加工的基本设备包括激光器、电源、光学系统、冷却系统、机械系统、控制系统及安全系统等组成，如图 11-18 所示。

1）激光器。激光器是激光加工或处理的核心设备，由它实现电能至光能的转变，产生激光束。激光器主要包括工作物质、激励源、谐振腔三大部分，其中工作物质是其核心。按激活介质的种类不同，激光

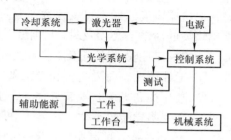

图 11-18 激光加工的设备组成

器可以分为固体激光器、气体激光器、液体激光器、半导体激光器；按激光器的工作方式，可分为脉冲激光器和连续脉冲激光器。表 11-8 主要列举了固体激光器和气体激光器的工作介质及主要用途等。

表 11-8 常用激光器的分类及主要性能特点

种类	工作介质	激光波长/μm	发散角/rad	输出方式	输出能量和功率	主要用途
固体激光器	红宝石	0.69	$10^{-2} \sim 10^{-8}$	脉冲	几焦耳至 10J	打孔、焊接
	钕玻璃	1.06	$10^{-2} \sim 10^{-3}$	脉冲	几焦耳至几十焦耳	打孔、焊接
	掺钕钇铝石榴石	1.06	$10^{-2} \sim 10^{-3}$	脉冲	几焦耳至几十焦耳	打孔、焊接、切割、微调
				连续	$100 \sim 1000W$	
气体激光器	二氧化碳	10.6	$10^{-2} \sim 10^{-3}$	脉冲	几焦耳	切割、焊接、热处理、微调
				连续	几十千瓦至几千瓦	
	氩	0.5145 0.488				光盘录刻

2）激光器电源。电源为激光器提供所需的能量。大功率激光器一般用特殊负载的电源来激励工作物质（如固体和气体工作物质）。在气体激光器中，电源直接激励气体放电管；在固体激光器中，激励工作物质的是泵浦灯。根据激光器的不同工作状态，电源可在连续或脉冲状态下运转。

3）光学系统。光学系统是激光加工设备的主要组成部分之一，它由导光系统（包括折反镜、分光镜、光导纤维及耦合元件等）、观察系统及改善光束性能装置（如匀光系统）等部分组成。它的特性直接影响激光加工的性能。在加工系统中，它的作用如下：

① 将激光束从激光器输出窗口引导至被加工工件的表面上，并在加工部位获得所需的光斑形状、尺寸及功率密度。

② 指示加工部位。由于大多数用于激光加工的激光器工作在红外波段，光束不可见。为便于激光束对准加工部位，多采用可见的氦氖氩激光器或白炽灯光同轴对准，以指示激光加工位置，便于整个光路系统的调整。

③ 观察加工过程及加工零件。尤其在微小型件的加工中是必不可少的。

4）机械系统。包括工件定位夹紧装置、机械运动系统、工件的上料下料装置等。它用来实现确定工件相对于加工系统的位置。

激光加工是一种微细精密加工，机床设计时要求机械传动链短，尽可能减小传动间隙；光路系统调整灵活方便，并牢靠锁紧；激光加工不存在明显的机械力，强度问题不必过多考虑，但机床刚度问题不可忽视；还要防止受环境温度影响而引起的变形；为保持工件表面及聚焦物镜的清洁，必须及时排除加工产物，因此机床上都设计有吹气或吸气装置。

激光加工中激光束与工件位置的控制，可用以下三种方式实现：

① 工件移动，而激光头和光束制导装置固定不动。

② 激光头和光束制导装置移动，工件固定不动。

③ 光束制导装置移动，激光头和工件不动。

5）控制系统。控制系统用来控制激光光斑与工件间的相对运动。比之金属切削机床，激光加工机的运动速度快，精度要求也相当高，因而对数控系统的插补速度和分解度有更高的要求。此外，控制系统还应能随运动状态而自动调节激光功率、连续与脉冲运行方式，并对激光加工过程所需的气体、添加材料等进行控制。

4. 激光加工工艺及应用

1）激光打孔技术。激光打孔采用脉冲激光器进行打孔，脉冲宽度为 $0.1 \sim 1\mu m$，特别适用于打微孔和异形孔，孔径为 $0.005 \sim 1mm$。激光打孔已广泛用于钟表和仪表的宝石轴承、金刚石拉丝模、化纤喷丝头等工件的加工。

利用激光几乎可在任何材料上打微型小孔，目前已应用于火箭发动机和柴油机的燃料喷嘴加工、化学纤维喷丝板打孔、钟表及仪表中的宝石轴承打孔、金刚石拉丝模加工等方面。

激光打孔适合于自动化连续打孔，如加工钟表行业红宝石轴承上 $\phi 0.12 \sim \phi 0.18mm$、深 $0.6 \sim 1.2mm$ 的小孔，采用自动传送每分钟可以连续加工几十个宝石轴承。又如生产化学纤维用的喷丝板，在 $\phi 100mm$ 直径的不锈钢喷丝板上打一万多个直径为 $\phi 0.06mm$ 的小孔，采用数控激光加工，不到半天即可完成。激光打孔的直径可以小到 $0.01mm$ 以下，深径比可达 $50:1$。

2）激光切割技术。激光切割一直是激光加工领域中最为活跃一项技术，它是利用光束聚焦形成高功率密度的光斑，将材料快速加热至气化温度，再用喷射气体吹化，以此分割材料。脉冲激光适用于金属材料，连续激光适用于非金属材料，通过与计算机控制的自动设备结合，使激光束具有无限的仿形切割能力，切割轨迹修改十分方便。激光切割技术的出现使人类可以切割一些硬度极高的物质，包括硬质合金，甚至金刚石，高科技已经让"削铁如泥"的传说变成了现实。

3）激光焊接技术。激光焊接是一种高速度、非接触、变形极小的焊接方式，非常适合大量而连续的在线加工。随着激光设备和加工技术的发展，激光焊接的能力也在不断增强。激光焊接技术从小功率薄板到大功率厚件焊接，由单工件加工到多工作台多工件同时焊接，由简单焊缝到复杂焊缝的发展，激光焊接的应用在不断发展。

4）激光打标技术。激光打标技术是激光加工最大的应用领域之一。激光打标是利用高能量密度的激光对工件进行局部照射，使表层材料气化或发生颜色变化的化学反应，从而留下永久性标记的一种打标方法。激光打标可以打出各种文字、符号和图案等，字符大小可以从毫米量级到微米量级，这对产品的防伪有特殊的意义。

5）激光表面改性技术。激光表面改性技术是将现代物理学、化学、计算机、材料科学、先进制造技术等多方面的成果和知识结合起来的高新技术。激光表面改性技术是采用大功率密度的激光束以非接触性的方式加热材料表面，借助于材料表面本身传导冷却，使金属材料表面在瞬间（毫秒甚至微秒级）被加热或熔化后高速冷却（可达 $10^4 \sim 10^8 \mathrm{K/s}$），来实现其表面改性的工艺方法。

第六节　数控雕刻加工

一、数控雕刻机的组成、分类及特点

雕刻技术是随着人类文明的推进而发展起来的，我国有五千多年的 灿烂文明。雕刻技术的发展经历了手工雕刻（像古代房屋建筑木工雕刻、石材雕刻、工艺品雕刻和各种装饰品雕刻就非常发达）、机械仿形雕刻和数控雕刻。

数控雕刻技术，即 CNC 雕刻，它是在工业领域中计算机辅助设计技术（CAD）、计算机辅助加工技术（CAM）、计算机数控技术（CNC）、高速铣削技术（HSM）的基础上发展起来的。在其发展的过程中又根据"雕刻"应用的特殊性，综合了广告业的艺术设计和造型技术，使得数控雕刻成为独特的专业技术。

1. 数控雕刻机的组成

数控雕刻机的结构主要有四大部分，分别是雕刻机床、雕刻控制软件、计算机和电气控制柜，各自扮演着重要的角色，下面具体介绍一下它们的作用。

1）数控雕刻机床。这是机械设备部分，通过它完成雕刻机械加工。

2）雕刻控制软件。用于处理、解释 CAD/CAM 软件生成的 NC 加工代码，发出加工控制指令，指挥雕刻机进行加工动作，完成产品的雕刻。

3）计算机。这是雕刻控制软件的运行载体，对雕刻机等各个硬件机构进行协调控制。

4）电气控制柜。这是雕刻机的驱动信号检测部分，根据控制计算机发送的控制指令直接驱动雕刻机产生机械运动，并对雕刻机的各种状态进行检测，反馈给控制计算机和控制软件进行识别和处理。

2. 数控雕刻机的分类

数控雕刻机从应用领域来分类，可以分为工业模具数控雕刻机、环境艺术数控雕刻机、专业产品加工数控雕刻机三大类。

精雕数控雕刻机的分类主要是根据加工产品的应用领域、产品形态特点以及成品精度的要求高低来分类，可以分为8大系列：嘉雕数控雕刻机系列、赛雕数控雕刻机系列、骏雕数控雕刻机系列、麒雕数控雕刻机系列、睿雕数控雕刻机系列、鹏雕数控雕刻机系列、毅雕数控雕刻机系列、辊雕数控雕刻机系列。

3. 数控雕刻机的特点

1）加工对象特点：尺寸小、形态复杂、成品要求精细。

2）工艺特点：只能且必须使用小刀具加工。

3）产品特点：尺寸精度高，产品一致性好 。

4）数控加工特点：高转速、小进给和快走刀的高速铣削加工。形象地称为"少吃快跑"的加工方式。

二、数控雕刻机的典型应用

数控雕刻的早期应用领域是标牌、广告、模型和模具仿形模板制造业等，这些行业主要应用平面图形设计功能。随着数控雕刻机在广告业中的应用增加，平面设计功能又扩展出文字清角功能，即立体字设计和雕刻。

随着数控雕刻机应用的不断深入，同时具有艺术雕刻曲面造型特征和精确几何曲面、自由曲面造型特征的曲面造型需求也越来越多，雕刻CAD/CAM软件必须将艺术浮雕曲面造型与精确曲面造型进行有机结合。

近年来，数控雕刻机逐渐成为工业模具业中的工具机，在模具生产制造、工业产品加工等领域越来越多地得到了应用。

1. 广告相关行业

1）胸牌、平面标牌、引导指示牌等的精细高效雕刻。

2）文字切割（水晶字和PVC字）

3）广告业中常用的PVC字和有机玻璃字的高效雕刻。

4）浮雕形态标牌、胸牌、引导指示牌等的精细高效雕刻。

5）建筑沙盘模型部件中的精细高效雕刻。

2. 模具加工相关行业

1）小型钢质模具的加工，如小型精密注塑模具等。

2）精密冲压模具加工，如加工纪念币、精密冲头、纽扣、餐具、眼镜腿、拉链、压花滚轮等产品的冲压模具。

3）雕刻加工用于服装、箱包、鞋业、礼品业、商标业和装饰业等行业的滴塑模和用于制鞋、箱包、服装等行业的高频模，如肩章高频模、鱼鳞纹高频模及实物、带刀口线的高频模。

4）精密纯铜电极加工、小型复杂形态产品的电极加工，如手机面板、手机零部件、手表表壳、肥皂表面、皮带扣表面的加工。

5）圆柱体产品的加工，如刻度盘加工、首饰加工、字轮加工、钟表零件加工等的成品加工，烫金模具、热切模具等的辊轮模具加工。

6）工业产品图案文字雕刻，如摩托车发动机气缸盖、仪器手柄、瞄准器等产品上进行文字图案或刻度线的雕刻。

3. 其他专业产品加工和批量产品加工

1）工业模型的成形雕刻加工，尤其适用于形体曲面加工。

2）各种治具的加工，如晶振电子治具的加工。

3）面板批量加工，如数码相机等面板的切割。

4）鞋底模型雕刻加工。

5）有机饰品图案花纹雕刻、铣槽和轮廓切割加工，如胶架产品批量加工。

6）发饰产品生产过程中的打孔、切线和切边等批量加工，工艺品和装饰品钻石镶嵌钻位加工，如在发卡、手表等产品上钻孔镶钻等。

7）手机、数码相机等产品中要求高光效果部件的加工。

三、数控雕刻机加工的一般步骤

1）开机前检查。

① 电源接头连接是否可靠。

② 主轴冷却液箱液位是否够高。

③ 切削液油箱的油量是否足够。

2）起动控制计算机，进行机床预热。

① 开启控制计算机。

② 进行主轴预热。

3）调入加工文件准备加工。

4）装卡材料。

5）装卡刀具。

6）定义工件坐标原点。

7）定义落刀延迟、Z 轴行程、起始序号、终止序号。

① 定义落刀延迟、Z 轴行程。

② 定义起始序号、终止序号。

8）设置主轴转速。

9）设置进给速度、落刀速度。

10）开启加工辅助设备——吸尘装置、切削液。

11）试切加工。具体操作方法：把进给速度和落刀速度调为比较小的数值，让刀具慢慢接近材料，如果发现加工不正常，立即按下红色急停按钮；如果一切正常，按 ESC 键使机床暂停，再把进给速度、落刀速度调回正常值。

12）开始加工。

13）更换刀具并对刀。

14）设置合理的主轴转速，进给速度，继续加工，如果还有刀具没有加工，重复 13 步骤直至加工完成。

15）检查工件。

16）拆卸工件，整理刀具。

17）清理机床，关闭计算机，关闭电源。数控雕刻流程，如图 11-19 所示。

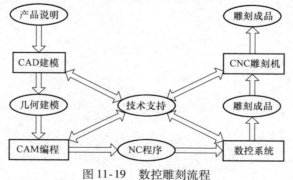

图 11-19 数控雕刻流程

参 考 文 献

［1］贺小涛，曾去疾，汤小红．机械制造工程训练［M］．长沙：中南大学出版社，2003．

［2］宋昭祥．现代制造工程技术实践［M］．北京：机械工业出版社，2004．

［3］谷春瑞，韩广利，曹文杰．机械制造工程实践［M］．天津：天津大学出版社，2004．

［4］张琦．现代机电设备维修质量管理概论［M］．北京：清华大学出版社，2004．

［5］孙以安．金工实习［M］．上海：上海交通大学出版社，2005．

［6］周利平，尹洋．数控技术基础［M］．成都：西南交通大学出版社，2011．

［7］董霖，尹洋，刘小莹．数控技术基础实训指导［M］．成都：西南交通大学出版社，2012．

［8］解乃军，仲高艳．数控技术及应用［M］．北京：科学出版社，2014．

［9］严绍华，张学政．金属工艺学实习：非机类［M］．2版．北京：清华大学出版社，2006．

［10］宋放之，等．数控工艺培训教程、数控车部分［M］．北京：清华大学出版社，2003．

［11］杨伟群．数控工艺培训教程、数控铣部分［M］．北京：清华大学出版社，2006．

［12］杨晓欣，郭常宁，裴景玉．电火花成形原理及工艺应用［M］．北京：国防工业出版社，2015．

［13］孙捷，丁怀清．特种加工技术［M］．北京：中央广播电视大学出版社，2014．

［14］中国机械工程学会特种加工分会．特种加工技术路线图［M］．北京：中国科学技术出版社，2016．

［15］杨晶，邢国芬，李婷婷．特种加工技术［M］．北京：中国石化出版社，2014．

［16］刘晋春．特种加工［M］．4版．北京：机械工业出版社，2004．

［17］鄂大辛，成志芳．特种加工基础实训教程［M］．北京：北京理工大学出版社，2007．

［18］曹凤国．激光加工［M］．北京：化学工业出版社，2015．

［19］刘志东．特种加工［M］．2版．北京：北京大学出版社，2017．

［20］杨树财，等．基础制造技术与项目实训［M］．北京：机械工业出版社，2012．

［21］周继烈，等．工程训练实训教程［M］．北京：科学出版社，2012．

［22］曾艳明，等．机械制造基础工程实训［M］．镇江：江苏大学出版社，2014．

［23］朱建军．制造技术基础实习教程［M］．北京：机械工业出版社，2013．

［24］朱绍胜，等．机械制造基础实训［M］．北京：化学工业出版社，2010．

［25］冯俊，等．工程训练基础教程：机械、近机械类［M］．北京：北京理工大学出版社，2005．

［26］黄丽明．金工实习［M］．北京：国防工业出版社，2013．

［27］郭永环，等．金工实习［M］．2版．北京：北京大学出版社，2010．